玻璃幕墙安全评估与风险检测

包亦望　刘小根　编著

中国建筑工业出版社

图书在版编目（CIP）数据

玻璃幕墙安全评估与风险检测/包亦望等编著. —北京：中国建筑工业出版社，2015.12
ISBN 978-7-112-18705-8

Ⅰ.①玻…　Ⅱ.①包…　Ⅲ.①玻璃-幕墙-安全评价②玻璃-幕墙-风险管理　Ⅳ.①TU227

中国版本图书馆 CIP 数据核字（2015）第 268978 号

本书共分为10章，系统地介绍了玻璃幕墙用材料、结构及其安装的规定、基本要求及检测方法。重点针对既有玻璃幕墙的典型失效和风险预测的两类问题：①钢化玻璃的自爆、②建筑玻璃的坠落，以及这两类常见的建筑公共安全问题缺乏科学解决方案的现状，介绍了最新的钢化玻璃自爆与幕墙玻璃坠落风险的现场检测和预测原理、技术及设备，并给出了操作步骤及大量的应用案例。

本书可作为既有玻璃幕墙安全性评估及风险检测的现场检测人员职业技术培训的教材，亦可作为从事玻璃幕墙设计、施工、维护与管理等有关工程技术人员的参考用书。

责任编辑：郦锁林　王砾瑶
责任校对：李美娜　刘梦然

玻璃幕墙安全评估与风险检测
包亦望　刘小根　编著
*
中国建筑工业出版社出版、发行（北京西郊百万庄）
各地新华书店、建筑书店经销
北京科地亚盟排版公司制版
北京同文印刷有限责任公司印刷
*
开本：787×1092 毫米　1/16　印张：12½　字数：312 千字
2016 年 3 月第一版　2016 年 3 月第一次印刷
定价：**30.00** 元
ISBN 978-7-112-18705-8
（27971）

前　言

我国20世纪70年代末期开始引入玻璃幕墙技术，80年代初期开始建设玻璃幕墙，并于90年代进入高速发展时期。到21世纪初，我国已发展成世界上玻璃幕墙生产和使用量最多的国家。截至目前，我国玻璃幕墙累计使用总量已经超过10亿m^2。

玻璃幕墙就像一件华丽的衣裳，它给我们的城市建筑赋予高贵、美观和抵挡风雨的同时，也带来了一些不和谐的因素。随着玻璃幕墙在我国建筑上的广泛应用，由幕墙钢化玻璃自爆及玻璃面板整体坠落引发的安全问题也逐渐增多。据不完全统计，目前，我国每年因幕墙玻璃破裂或坠落造成人员伤亡及财产损失的安全事故上万起。因此，钢化玻璃自爆被称为玻璃的癌症，玻璃幕墙也被人们称为“城市中的空中杀手”和“悬在市民头顶上的利剑”。有时，甚至因玻璃幕墙安全事故的发生，导致在特定的时间和地点造成人们极度的恐慌。因此，如何预防预测这种玻璃的癌症，如何现场检测预测有高空脱落风险的幕墙玻璃就成为检测人员和科研人员的一项重要的任务和责任。

玻璃幕墙的安全问题受到建筑行业和政府等机构的高度重视。从1997年至今，我国住房城乡建设部、发改委、国家质监总局、工商行政总局、全国政协及多家地方机构等陆续发文要求加强玻璃幕墙的安全维护与管理工作，并制定了相应的指导性建议。

玻璃幕墙安全问题主要有材料、设计、施工及维护等各方面引发的风险。我国的玻璃幕墙设计使用年限规定为25年，而应用于玻璃幕墙中起结构粘结作用的硅酮结构密封胶的大多数厂家保质期仅为10年。因此，部分20世纪90年代及更早期建设的玻璃幕墙已经接近甚至超过其使用寿命期。玻璃幕墙在长期的使用过程中，要受到风、雪、雨及振动、冲击载荷的作用与侵蚀，必然存在材料老化、性能退化及结构失效现象，从而最终引发安全问题。特别是，在我国最早于1995年颁布实施的有关建筑幕墙质量控制的相关标准之前，整个玻璃幕墙建筑行业均缺乏相应的建设质量、验收规范要求及技术指导，致使在这之前建设的玻璃幕墙经常存在结构设计不当、材料质量低劣等现象，从而导致玻璃幕墙在日后服役过程中大量安全事故发生。

既有玻璃幕墙安全检测与风险评估是一项繁琐而又复杂的工作。以往，人们只能通过目测、手动、耳听的方法，并结合一些简单的材料性能及尺寸测量等常规手段进行现场检测，这种检测方法往往只能定性地在表观层次上发现玻璃幕墙存在的一些安全问题表现，并不能从深层次上发现和预测玻璃幕墙存在的安全隐患。而且，有些如钢化玻璃自爆等安全隐患的现场检测，常规方法是根本无法检测出来的。近10多年来，笔者在科技部国际合作项目“安全玻璃可靠性评价与无损在线测试”（2005DFA51010）、科技部科研院所专项“玻璃幕墙在线性能和可靠性检测技术”（NCSTE-2006-JKZX-269）、科技部国际合作项目“建筑玻璃的结构/功能一体化研究”（2010DFB53100）等多个科研项目的支持下，开展了玻璃幕墙的失效机理、检测技术及方法、检测设备、标准编制、工程推广应用等一系列理论与应用研究，开发了钢化玻璃自爆风险检测与预测、幕墙玻璃整体松动坠落风险检测与预测、中空/真空玻璃结构安全隐患检测等一系列现场检测技术及设备。研究成果为我国玻璃幕墙安全检测与风险评估提供了相应的理论和技术的解决方案。钢化玻璃自爆风险检测和幕墙玻璃坠落风险检测都具有普适性。前者可推广到钢化玻璃生产线的质量检测和幕墙玻璃安装前的可靠性检测。后者可推广到其他建筑外饰件，如陶瓷、岩石、金属外饰砖的坠落风险检测。

本书在笔者长期研究的基础上，结合现行国家、行业及地方标准和规范，系统地介绍了玻璃幕墙的安全性能和自爆与脱落风险检测预测技术。这些工作聚集了中国建材检验认证集团中央研究院的全体同事的心血，感谢他们对这项工作和本书的重要贡献，特别感谢邱岩博士、万德田博士、刘正权高工等各位同事的大力支持和工作成果。

为了反映国内外相关研究动态及成果，本书参考了不少公开发表的论文、标准、规范及书籍等相关资料的内容，丰富了本书的内容，在此对这些资料的作者表示感谢。

玻璃幕墙的安全评估涉及材料、结构、物理化学及试验、测试、检测、仪器等多方面学科知识。由于笔者知识面、能力及时间有限，难免书中出现错误之处及词不达意和疏漏的地方，书中内容也难以全面覆盖玻璃幕墙安全评估与风险检测中涉及的全部检测内容，希望读者在阅读和使用过程中批评指正，以期达到共同的进步。

2015 年 10 月于北京朝阳区管庄

目　　录

第1章　玻璃幕墙概述及其发展现状

1.1　玻璃幕墙的概念及特征

建筑幕墙是由金属支承结构（铝横梁立柱、钢结构等）与板材（玻璃、铝板、石板、陶瓷板等）组成，不承担主体结构载荷与作用的建筑外围维护结构。当面板材料为玻璃时，则称为玻璃幕墙。玻璃幕墙具有以下三个主要特征[1,2]：

（1）由支承体系和玻璃面板材料组成；

（2）玻璃幕墙通常与建筑主体结构采用可动连接方式，可相对于主体结构有一定的位移；

（3）玻璃幕墙是一种建筑外围护结构或装饰性结构，是一种完整的结构体系，只承受直接施加其上的载荷作用，并传递到主体结构上，但并不分担主体结构所受载荷作用。

玻璃幕墙集采光、防风、遮雨、保温、隔热、御寒、防噪声、防空气渗透等使用功能与装饰功能有机地融合，是建筑技术、功能、结构和建筑艺术的综合体。

1.2　玻璃幕墙的发展历史

1.2.1　国外幕墙的发展[1,3]

1851年为在伦敦举行的工业博览会而建造的水晶宫（Crystal Palac)[4]（图1-1），其幕墙为工厂预制好的玻璃板，幕墙整个面积达到了90000m^2，它的安装宣告了现代幕墙的开始。

玻璃幕墙是近代科学技术发展的产物，是现代主义高层建筑时代的显著特征，最初具有代表性的“玻璃盒子”是20世纪50年代初建成的世界上第一座玻璃幕墙高层建筑纽约利华大厦和纽约联合国大厦。1953年设计的宾夕法尼亚阿尔考大楼A（local Building)[5]代表着幕墙发展的另一个重要阶段，它的幕墙支承结构完全是铝制的（过去皆为钢制的或青铜制的），它是世界上首先采用防雨幕墙围护结构技术的建筑物之一，外墙能通风且能达到压力平衡。

按幕墙结构发展形式及特点，可划分为三代幕墙[3,6]：

第一代幕墙（1800～1950年），通常是把幕墙固定在竖框（stick system）上，但存在渗雨、隔声和保温效果不佳、膨胀缝胶条老化等问题。第一代幕墙满足了新一代高层建筑所需要的两个重要的要求：即工厂预制构件和降低建筑物的总重量。

第二代幕墙（1950～1980年），其特点是大量的新材料和新技术出现并被应用到幕墙中来：

图1-1 1851年伦敦国际工业博览会展馆“水晶宫”

（1）压力平衡系统（Pressure Equivalization System）：采用该系统后不再需要封闭所有的洞口而使内外墙之间的空腔的压力保持平衡，从而消除压差。

（2）板式拼装体系（Construction of Panel System）：板式单元全部由工厂生产制作完成，并经常规质量检验，然后作为受检产品运至现场，因此现场安装简单，只需将板单元固定于楼板即可。

（3）楼层间隔水层（Water Barrier between Floors）：楼层间设有水平排水槽，将楼层隔开并可将渗进来的水排至外面；有些体系还在楼板下面设置第二个隔水层，以便排除从风机盘管漏出的水。

（4）改进的气密与水密技术性能（Improved Technical Performances，Air and Water Tightness）：高性能玻璃（反射或低辐射玻璃）的大量应用，提高了其保温性能，也出现了结构玻璃（板）和换气玻璃（板）。

图1-2 2007年国际玻璃大会会场——法国特拉斯堡的会议中心（全玻璃幕墙圆形建筑）

第三代幕墙（20世纪80年代至今），随着人们对居住环境需求的不断提高，各种新型建筑材料、设计理念和生产施工工艺在幕墙的生产和加工过程中得到了广泛的应用，从而使幕墙体系得到了持续和完善的发展，并不断创新。这一时期出现的许多新型的幕墙系统更强调人与自然的交互作用，能源的利用更加趋于合理化。各种“通风式幕墙”、“主动式幕墙”、“光电幕墙”、“生态幕墙”等新型系统得到了广泛的发展和应用。这种幕墙建筑的一个典型案例见图1-2。

第四纪幕墙体系——面向3000年。

第四纪（Quaternario）是一个意大利语中的拉丁语词，用以描述现代建筑技术的新发明和新哲学的词汇。现代建筑设计可以按结构部件的使用寿命分为三个相互独立的系统：

——结构系统（Structural System）：基础、柱子、楼板、楼梯、屋面等属长期寿命系统；

——组件系统（Components System）：幕墙、内隔墙、外围护结构、服务井道、吊顶、设备层等属中期寿命系统（其中还可分为，长期：支撑结构等，板与玻璃等，短期：管道与电缆等）；

——建筑服务系统（Building services system）：电缆，视、听通信，水处理厂、通风和空调、火灾报警等属短期寿命系统。

根据这一指导思想，在开始设计时，就考虑建筑材料的不同使用寿命和相应的施工方法，以便在构件坏损时能及时地更换，或当要改变建筑外观及风格时，也能轻而易举地进行改造。从长远观点看，这一方法更方便，更具灵活性，还可延长建筑物的使用寿命。

1.2.2　国内幕墙的发展

我国建筑幕墙从1978年开始起步，并于1983年建成了第一座采用玻璃幕墙的酒店：北京长城饭店。经过30多年发展，特别是20世纪90年代的高速发展，到21世纪初，我国已发展成世界第一幕墙生产大国和使用大国。21世纪头五年（2001～2005年）我国建筑幕墙又继续迅猛发展。2007年我国生产玻璃幕墙为2200万m^2，占当年我国建筑幕墙总产量的31.4%，占当年世界玻璃幕墙生产量的86.27%；累计使用玻璃幕墙为11000万m^2，占我国建筑幕墙总使用量的34.9%，占世界玻璃幕墙累计使用量的61.11%（见表1-1）。截至2008年年底，据不完全统计，我国已建幕墙3.7亿m^2，折合人民币产值5980亿元，到2009年我国年生产的幕墙总量等于全世界所有国家产量总和，成为世界第一幕墙生产大国，近5年来我国每年在国外幕墙市场约300亿～400亿人民币并以15%递增率在增长。截至2014年，中国已有的玻璃幕墙已占全球总量的85%～90%，总量超过10亿m^2。在建筑幕墙大力发展的同时，相关产业如玻璃、硅酮密封胶、铝合金建筑型材等也同步发展，不仅在数量上满足了建筑幕墙的需要（即建筑幕墙的大部分材料由国内生产、提供，仅小部分进口），而且这些行业的产品质量与世界先进水平相近，有些甚至超过了世界先进水平，这就为建筑幕墙的发展提供了坚实基础。

世界与我国玻璃幕墙产用量一览表（2003～2008年，单位：万m^2）[7]　　**表1-1**

项　目			2003年	2004年	2005年	2006年	2007年	2008年
项目	当年累计	生产总量	3500	5200	7300	8100	9000	9800
		其中玻璃幕墙	1400	1700	1950	2320	2550	2830
		使用总量	23000	27000	32500	40000	47500	54500
		其中玻璃幕墙	11000	12500	14000	16000	18000	20000
项目	当年累计	生产总量	3040	4660	5550	6800	7000	8000
		其中玻璃幕墙	950	1150	1700	1900	2200	2500
		使用总量	15500	16000	20000	26000	31500	37000
		其中玻璃幕墙	6000	7500	8000	9500	11000	13000

我国的建筑幕墙工业经历了3个发展阶段[6]：

（1）萌芽期（1983～1994年）

从1983年我国开始兴建第一栋现代化的玻璃幕墙开始到1994年建筑幕墙开始大量在我国得到了应用，这段时期，我国平均每年的幕墙产量约200万m^2，主要是构件式明框玻璃幕墙，且大多是原版引进或模仿国外的设计和技术，没有适合我国国情的标准和规范，技术水平较低，施工质量不高。

（2）成长期（1995～2002年）

从1995年到2002年，我国建筑幕墙的平均年产量达到了800万m^2，除了较为成熟的明框玻璃幕墙外，还引进和发展了隐框、半隐框玻璃幕墙、单元式玻璃幕墙、点支式玻璃幕墙。在引进国外先进技术的同时，开始逐步结合我国国情，走向技术创新的道路。随着我国玻璃幕墙相关标准和技术规范、规程的相继颁布，玻璃幕墙的设计水平与施工质量有了很大程度的提高。建设部1994年的776号文件中明确规定了建筑设计院和幕墙公司的分工，即：建筑设计单位负责选型、提出设计要求，幕墙的设计、制作与安装一般是由幕墙公司负责完成。建设部于1996年12月3日公布《建筑幕墙工程施工企业资质等级标准》，规范了建筑幕墙行业市场。同时，各级行业协会的成立也为推动建筑幕墙行业的繁荣和技术进步发挥了重要的作用。

我国建筑幕墙行业虽然起步较晚，但起步较高。30年来，始终坚持走向先进技术改造传统产业的发展道路。通过技术创新开拓市场，引进国外先进技术，不断地开发新产品，形成了优化产业结构可持续发展的技术创新机制。针对工程建设的关键技术，组织科研试验和技术攻关，运用国际同行业最新的前沿技术，建成了一批在国内外同行业中有影响的大型建筑工程，取得了一系列重大成果，受到国内外同行业人士的重视和好评。一大批国内知名的航空、军工、建材、机械行业企业投入到建筑幕墙行业，这些企业以其雄厚的资本，较强的技术力量和先进的管理，成为开拓市场和技术创新的骨干力量，为壮大行业队伍，提高行业素质发挥了重要作用。20世纪90年代以后，又有一大批中外合资企业，外商独资企业和股份制民营企业集团加盟到建筑幕墙行业。在1995年以前，国内知名的航空、军工、企业带动行业的发展；而在1996年以后，优秀民营企业集团以其新型的企业管理模式，先进的专业技术，现代的市场运作模式，为推动行业与国际市场接轨，发挥了良好的示范作用。目前建筑幕墙行业，已经形成了以100多家大型企业为主体，以50多家产值过亿元的骨干企业（民营企业集团为多数）为代表的技术创新体系。这批大型骨干企业完成的工业产值约占全行业工业产值的70%左右，在国家重点工程、大中城市形象工程、城市地标性建筑、外资工程以及国外工程建设中，为全行业树立了良好的市场形象，成为全行业技术创新、品牌创新、市场开拓的主力军。

在国家改革开放政策的推动下，我国建筑幕墙行业从引进国外先进技术起步，逐步缩小了与国际先进水平的差距。20世纪80年代，引进了一批铝门窗、幕墙专用加工设备和生产技术，这期间行业是以增量发展为主题。90年代，以引进建筑幕墙的先进生产技术和新型成套设备为主，相应地引进了国外最新的工程材料及国内的工艺技术、既缩小了与国际先进水平的差距，又掌握了国外前沿技术，这时候的行业是以学习国外先进技术、独立开发具有中国特色产品的动态发展为主题。

（3）发展期（2003年～至今）

从2003年到目前，我国建筑幕墙行业继续保持了稳步的增长势态，预计未来的几十年，这种增长的势头会更加猛烈。建筑幕墙仍旧是公共建筑中外围护结构的主导形式。这一时期，我国建筑幕墙行业迎来了前所未有的机遇，如2008年奥运会、上海世博会、广州亚运会等建设了大量的体育馆及配套设施，这为世界优秀的幕墙公司提供了一个展示自身实力和最新技术的舞台，各种幕墙工程成了这个时代的亮点。

这一时期，建筑幕墙的年平均产量为5000万m^2以上，除了现有的明框玻璃幕墙、隐框、半隐框玻璃幕墙、单元式玻璃幕墙、点支式玻璃幕墙等幕墙系统逐渐发展和成熟之外，具有高科技的先进幕墙将逐渐出现并得到应用，比如通风式双层玻璃幕墙、光电幕墙、生态幕墙等幕墙系统。到 2010 年，我国建筑幕墙的水平再升一个台阶，在主要的技术领域达到了国际先进水平。如新建的上海中心大厦。

技术创新、科技进步大大推动了我国玻璃幕墙工程市场的发展，加速了玻璃幕墙质量的升级；新型适销对路品的开发，进一步拓宽了市场空间。开发研制符合国家玻璃幕墙节能政策和建设产业化政策的新型幕墙系统是今后的主要发展方向，也是我国建筑幕墙走向可持续发展道路的基本条件。

1.3　玻璃幕墙的分类

随着新材料和新技术的不断出现，现代玻璃幕墙的种类繁多、形式多样。根据玻璃幕墙的发展历史和使用现状，按玻璃幕墙主要支承结构形式，玻璃幕墙可分为构件式、单元式、点支式、全玻和双层玻璃幕墙。

1.3.1　构件式玻璃幕墙

构件式幕墙是幕墙的立柱（或横梁）先安装在主体结构上，再安装横梁（或立柱），立柱和横梁组成框格，面板材料在工厂内加工成单元组件，再固定在立柱和横梁组成的框格上。面板材料单元组件所承受的荷载要通过立柱（或横梁）传递给主体结构。该结构常见的形式是：立柱和横梁现场安装形成框格后将面板材料单元组件固定于骨架上，面板材料单元组件竖向接缝在立柱上，横向接缝在横梁上，并进行密封胶结缝处理，防雨水渗透、空气渗透。对于具有结构强度要求的玻璃之间的连接常借助于不锈钢连接件，图 1-3 显示的是三块玻璃之间的垂直连接的节点图。

图 1-3　玻璃立柱与玻璃幕墙之间的垂直连接节点

构件式幕墙包括明框玻璃幕墙、隐框玻璃幕墙和半隐框玻璃幕墙。

（1）明框玻璃幕墙

明框玻璃幕墙是将玻璃板块用铝框镶嵌，形成四边有铝框的幕墙元件，将幕墙元件镶嵌在横梁上，幕墙成为四边铝框明显，横梁和立柱均在室内可见的幕墙。明框幕墙可采用多种形状和造型的金属扣条从而达到不同的装饰效果。明框玻璃幕墙是最传统的构件式幕墙，应用最广泛，工作性能可靠。这种安装的玻璃幕墙每块玻璃都受到边缘约束，因而不容易脱落，但每块玻璃之间的框架高出玻璃平面，在清洗操作和美观方面不如隐框玻璃幕墙。

（2）隐框玻璃幕墙

隐框玻璃幕墙是将玻璃面板用硅酮结构胶粘结在铝框上，铝框隐藏在玻璃的后面，从室外只能看到玻璃面板和面板间的胶缝，而看不到背后的支承铝框结构。硅酮结构胶要受到玻璃自重和风载荷、地震等外力作用以及温度变化的影响，因而结构胶的性能及打胶质量是隐框玻璃幕墙安全性的关键环节之一。

隐框玻璃幕墙外观简洁，无其他装饰构件，并且能形成大面积镜面，其简约的装饰风格、梦幻般的视觉效果及超然意境，使得建筑物更具有现代气派。

1971年世界上出现了首栋隐框玻璃幕墙建筑，而我国在1994年才开始使用，并迅速形成“隐框玻璃幕墙热”。

隐框玻璃幕墙中玻璃的自重以及外界载荷的承受者主要为结构胶，一旦胶老化或者粘结强度下降，则有可能导致玻璃整体坠落风险。

（3）半隐框玻璃幕墙

半隐框玻璃幕墙是金属框架竖向或横向支承构件显露在外表面的玻璃幕墙。半隐框玻璃幕墙的玻璃两对边镶嵌在铝框内，两对边用结构胶粘结在铝框上，形成半隐框形式。立柱外露，横梁隐蔽的则称为竖明横隐玻璃幕墙，横梁外露、立柱隐蔽则称为竖隐横明玻璃幕墙。有时，为了使建筑物更显线条明快、层次分明，也适当地在隐框玻璃幕墙表面镶、贴一定形状的装饰条，形成半隐框玻璃幕墙。

半隐框玻璃幕墙安装简便、易于调整、容易适应施工现场情况变化。与隐框玻璃幕墙相比，增加了玻璃幕墙结构的稳定性和安全性，避免了单一由结构胶长期承受玻璃自重的受力模式，增加了建筑物的层次感，能够在视觉上弥补建筑物外形的不足，提高了建筑幕墙的艺术效果。

1.3.2 单元式玻璃幕墙

单元式幕墙是指玻璃面板与支承框架在工厂制成完整的幕墙结构基本单元，以幕墙单元形式在现场完成安装施工的建筑幕墙形式，有明框、隐框等多种形式。单元式玻璃幕墙连接形式主要有插接型、对接型和连接型3种。

单元式玻璃幕墙具有如下特点：

（1）幕墙单元工厂内加工制作易实现工业化生产，降低人工费用，控制单元质量；大量的加工制作、准备工作在工厂内完成，从而缩短幕墙现场施工周期和工程施工周期，为业主带来较大的经济效益和社会效益。

（2）单元与单元之间阴阳镶嵌连接，适应主体结构位移能力强，能有效吸收地震作用、温度变化、层间位移，单元式幕墙较适用于超高层建筑和纯钢结构高层建筑。

（3）接缝处多使用胶条密封，不使用耐候胶（是目前国内外幕墙技术的发展趋势），不受天气对打胶的影响，工期易控制。

（4）由于单元式幕墙主要在室内施工安装，主体结构适应能力较差，不适用于有剪力墙和窗间墙的主体结构。

（5）要求有严格的施工组织管理，施工时有严格的施工顺序，必须按对插的次序进行安装。对主体施工用垂直运输设备等施工机械的安放位置有严格限制，否则将影响整个工程的安装。

此外，半单元式玻璃幕墙和小单元式玻璃幕墙也可看作单元式幕墙。

半单元式玻璃幕墙是介于构件式幕墙与单元式幕墙之间的一种幕墙结构。它是指玻璃饰面材料与部分主龙骨构件在工厂内组装完成，在施工现场将组装好的板块安装到与主体结构连接的主要受力龙骨上，从而完成幕墙安装。同单元式幕墙一样，半单元式幕墙大部分组装工作在工厂车间内完成，组装精度高，安装速度较快，施工周期短，便于成品保护，板块挂装后不需调整，板块可拆卸，便于更换。利用等压原理实现结构防水，水密性和气密性良好。

小单元式玻璃幕墙是指由金属副框、玻璃面板，采用金属挂钩与立柱、横梁连接的可拆装的玻璃幕墙形式。

1.3.3 点支式玻璃幕墙

由玻璃面板、点支撑装置和支撑结构构成的玻璃幕墙。点支式玻璃幕墙可分为三大类：一是金属支撑结构点支式玻璃幕墙，这是最早的点支式玻璃幕墙结构，也是采用最多的结构类型；二是点支式全玻璃幕墙，其支撑结构是玻璃板，称为玻璃肋。采用金属紧固件和连接件将玻璃面板和玻璃肋相连接，形成玻璃幕墙；三是杆（索）式玻璃幕墙，其支撑结构是不锈钢拉杆或拉索，玻璃由金属紧固件和金属连接件与拉杆或拉索连接。

点支式玻璃幕墙的构造元素均采用目前较为成熟的建筑材料，钢化玻璃和各种特效玻璃的使用增加了玻璃幕墙的安全性和建筑物理效果，高强度钢材的支承能力提高了整体支承结构的强度和刚度，各种金属驳接爪、转接件、拉杆及支撑杆等点支承式玻璃幕墙配件为工程的施工提供了方便、也易于维护。

支承结构是点支式玻璃幕墙的重要组成部分，它把玻璃面板承受的风载荷、温差作用、自身重量和地震载荷传递给建筑主体结构，隐藏必须具有足够的强度和刚度。相对于建筑物的主体结构，点支式玻璃幕墙的支承结构又有其特殊的独立性，既要与建筑主体结构又可靠的连接，又不承担主体结构因变形对玻璃幕墙产生的附和作用。点支承式玻璃幕墙的支承结构主要有钢结构支承体系、钢架、桁架和网架架构、预应力张拉索杆支承体系和玻璃肋板支承体系等，一般是根据承受的载荷大小和建筑造型来选择结构形式和材料。

1.3.4 全玻幕墙

全玻幕墙是指由玻璃面板和玻璃肋构成的玻璃幕墙。

全玻幕墙有落地式和吊挂式两种支承形式，玻璃面板背后辅以玻璃肋支承。落地式全玻幕墙的玻璃安装在下部的镶嵌槽内，玻璃自重会使玻璃变形，导致玻璃破坏，需采用吊挂式。即大片玻璃与玻璃框架在上部设置专用夹具，将玻璃吊挂起来，下部镶嵌槽的槽底与玻璃之间留有伸缩的空隙。全玻幕墙是一种全透明、全视野的玻璃幕墙，一般用于展厅、大堂或商场橱窗等。

吊挂式全玻幕墙（见图 1-4），玻璃面板采用吊挂支承，玻璃肋板也采用吊挂支承，幕墙玻璃重量都由上部结构梁承载，因此幕墙玻璃自然垂直，板面平整，反射映像真实，更重要的是在地震或大风冲击下，整幅玻璃在一定限度内作弹性变形，避免应力集中造成玻璃破裂。为保证质量，从建筑设计一开始就应明确方向，以便从承重梁考虑增加承载能力，并在土建阶段做好预埋构件工作；对于中间改变支承形式的幕墙结构设计，要求钢结构主要紧固件，要么贯穿楼板或横梁，要么打破混凝土表层，将构件与钢筋直接焊接，

图 1-4 吊挂式全玻幕墙

至少要采用骨胶螺栓，杜绝使用膨胀螺栓；与紧贴玻璃楔形金属接触的吊夹，最好采用整体式锻钢；钢夹接触部分禁止使用玻璃打孔，螺栓紧固工艺。

1.3.5　双层玻璃幕墙

双层玻璃幕墙是指由外层幕墙、空气腔（热通道）和内层幕墙（或门、窗）构成，且在热通道内能够形成空气有序流动的建筑玻璃幕墙。

根据幕墙通风形式，双层玻璃幕墙可分为：自然通风式双层玻璃幕墙、机械通风式双层玻璃幕墙、混合通风式双层玻璃幕墙。

根据空气腔的几何类型，双层玻璃幕墙可分为：窗合式双层玻璃幕墙、井箱式双层玻璃幕墙、走廊式双层玻璃幕墙、整体式双层玻璃幕墙。

根据气腔的通风模式，双层玻璃幕墙可分为：外循环双层玻璃幕墙、内循环双层玻璃幕墙、供气式双层玻璃幕墙、排气式双层玻璃幕墙、缓冲区双层玻璃幕墙。

1.4　国内外玻璃幕墙研究状况

建筑幕墙是随着高层建筑的不断发展而发展起来的，幕墙在国际上已经有了上百年的发展历史，在第二次世界大战后，世界上许多军事技术和材料转移到建筑工业上来，开发和利用了许多建筑幕墙的新理论、新材料和新工艺，从而使幕墙有了飞速的发展。国外学者们对幕墙的原理、结构、工艺等方面进行了大量的研究。

1.4.1　国外幕墙研究状况[8]

国外对玻璃幕墙的研究相对全面和成熟，处于领先地位。米歇尔·维金顿（Michael Wigginton）所著 *Glass in Architecture*（《建筑玻璃》）[9]和史蒂西、施塔伊贝等所著的 *Glass Construction Manual*（《玻璃结构手册》）[10]更类似一本完整的技术手册，不仅深入透彻地研究玻璃材料的各项性能及相关技术，同时辅以典型实例作为补充说明，为国内进行玻璃幕墙的研究提供了宝贵的参考价值。*Cultures of Glass Architecture*（《玻璃建筑文化》）[11]则从玻璃在建筑中应用的各个非物质性层面试图去解读玻璃建筑。帕特里克·洛克伦所著《坠落的玻璃——玻璃幕墙在当代建筑中的问题与解决方案》[12]对玻璃幕墙应用中的各种问题进行了剖析。此外，国外对玻璃幕墙的研究绝不仅仅停留于技术和表现的探讨，也充分关注玻璃幕墙发展的最新动态与成果，某些出版物将国际前沿、创新性地应用的大量玻璃幕墙实例呈现于读者面前，比如 *Great Glass Buildings*（《大型玻璃幕墙建筑设计》）[13]、*Clear Glass：Creating New Perspectives*（《玻璃幕墙：创意新视野》）[14]等。

1.4.2　国内幕墙研究现状

近十几年来，玻璃幕墙在国内得到了广泛的应用，而应用初期我国基本停留在“拿来主义”的层面，缺乏相应的行业技术标准。1996 年，建设部发布了《玻璃幕墙工程技术规范》JGJ 102—1996 作为玻璃幕墙行业强制执行的技术标准，2003 年在此基础上修订发布了《玻璃幕墙工程技术规范》JGJ 102—2003[15]。

随着行业规范的落实施行与玻璃幕墙的普及，国内开始出版一些研究玻璃幕墙的相关书籍，主要集中于从工程施工的角度编写的一类技术手册，如1997年出版的《玻璃工程施工技术》（张方著）。而对其进行系统论述的相关专著性书籍则相对滞后，仍以翻译为主，以白宝鲲、厉敏、赵波翻译的《玻璃结构手册》和李冠钦翻译的《建筑玻璃》为代表。

随着材料在建筑领域中的研究日益受到重视，国内陆续出现一些出版物以研究建筑材料为主，其中包括对玻璃材料的研究，比如《建筑设计的材料语言》（褚智勇著）[16]一书中，阐述了玻璃及玻璃类幕墙的基本特征和应用；受到东南大学预研基金资助的《日本现代空间与材料表现》（王静著）[17]一书中则从材料的角度出发，关于玻璃在日本建筑中的应用表现进行基本的探讨论述。

1.4.3 我国玻璃幕墙安全现状及安全评估方法研究概况

玻璃幕墙是随着现代科技进步所发展起来的一种新型的建筑表现方式，成为城市中的一道靓丽风景线。然而，任何事物都有它的双重性，玻璃幕墙自然也不例外。随着使用年限的增加及使用量的增多，玻璃幕墙的质量问题越来越突出，其危害性已逐渐的表现出来，如：玻璃幕墙的作用产生的光污染问题，吸热作用产生的热岛效应问题，尤其是幕墙存在的安全隐患问题。既有玻璃幕墙在长期的自然力作用以及热应力作用下，必然存在材料老化、损伤、脱落问题，支承结构松动，造成玻璃破碎、炸裂甚至整体脱落，成了城市上"定时炸弹"。经过近30多年的发展，我国已发展成全世界玻璃幕墙在建和使用最多的国家。由于玻璃幕墙的设计年限标准一般为25年，特别是玻璃幕墙使用结构胶质量保证期一般为10年，因此，早期建设的幕墙已经接近甚至超过了幕墙的使用年限，安全隐患越来越多。由于玻璃幕墙大都处于城市繁华区域，幕墙玻璃破裂或幕墙单元整体坠落造成的人员伤亡及财产损失状况时有发生。

由于近年来玻璃幕墙的安全事故频发，玻璃幕墙的安全性能受到了工程界的重视，对于玻璃幕墙的安全性能评估方法也开始了大量的研究和探索。张元发、陆津龙采用现场检测评估技术，对已建幕墙工程检测分析，综合评价幕墙的安全性能以及结构胶、玻璃对建筑物的影响，建立了一套有效的在用玻璃幕墙的安全性能现场检测评估的综合技术[18,19]。黄宝锋等指出现在国内外建筑幕墙破坏的事故时有发生的原因与设计不当有关，而且玻璃的破裂、坠落、结构胶老化、五金件锈蚀甚至损坏已经影响到了玻璃幕墙的安全使用。从既有建筑幕墙结构体系各组成部分的健康状况进行分析，观测他们的使用状况，提出了既有建筑幕墙的健康机制和寿命预测机制，对安全评价方法进行了初步探讨[20]。方东平等在文中归纳概述了国内外多年来幕墙面临的安全问题及有关责任，概括了幕墙的安全及耐久性的检查和评估方法，并提出了一些建议[21]。笔者在承担的科技部项目《玻璃幕墙在线性能和可靠性检测技术》、北京市公共安全项目《玻璃幕墙安全检测技术》等项目的基础上，提出了一系列检测技术来预测玻璃脱落或钢化玻璃自爆。2005年，上海市首次制定并颁布了《玻璃幕墙安全性能检测评估技术规程》（试行），并于2013年进行了修订，对现有的玻璃幕墙安全方面的功能的评估做了多方面的研究，对玻璃幕墙的各项性能给出了标准的检测方法。任鲁川在灾害损失等级划分的研究中应用了模糊模式识别理论，提出了模糊灾度等级划分方法。吴红华基于灰色系统理论和模糊数学理论提出了一种新的灾难损失评估方法。朱绍强等根据灰色模糊数学基础理论，用区间数来表示隶属度，建立了区间数灰色模糊综合评判的数学模型等。

1.5　我国玻璃幕墙行业标准化发展及现状

除了在建筑玻璃幕墙产业化方面发展之外，在玻璃幕墙标准化工作方面，为了适应玻璃幕墙行业的发展，近年来，住房城乡建设部和国家技术监督局等先后颁布了多项标准和规范，对玻璃幕墙行业的发展起到规范和指导作用。我国于1995年8月1号分别颁布了《建筑幕墙物理性能分级》GB/T 15225—1994、《建筑幕墙空气渗透性能检测方法》GB/T 15226—1994、《建筑幕墙风压变形性能检测方法》GB/T 15227—1994、《建筑幕墙雨水渗漏性能检测方法》GB/T 15228—1994国家标准，规定了建筑幕墙物理性能分级标准和相应的实验室检测方法，以上四项主要的幕墙标准使我国的幕墙行业迅速走上了快速、健康发展之路。1996年，建设部发布了《建筑幕墙》JG 3035—1996行业标准，标准中详细规定了幕墙各项性能要求、材料要求、组装质量要求和检测项目；同年，建设部颁布了行业标准《玻璃幕墙工程技术规范》JGJ 102—2003；2000年和2001年，建设部分别颁布了《建筑幕墙平面内变形性能检测方法》GB/T 18250—2000和《建筑幕墙抗震性能振动台试验方法》GB/T 18575—2001；2001年，中国工程建设标准化协会发布了《点支式玻璃幕墙工程技术规范》CECS 127—2001，同年12月发布了《玻璃幕墙工程质量验收标准》JGJ/T 139—2003规定了玻璃幕墙工程主要进场材料的验收指标以及玻璃幕墙工程安装质量检验方法等项目。2005年9月，《既有建筑幕墙可靠性鉴定及加固规程》编制组成立，标志着我国开始重视既有建筑幕墙的质量和安全问题，同年，《公共建筑节能设计标准》GB 50189—2005的正式实施，也说明为降低建筑能耗，实现建筑的可持续发展，建筑幕墙开始承担更多的责任，开发节能环保的幕墙系统也标志着我国建筑幕墙行业开始逐渐走向一条技术创新的道路。2007年，原《建筑幕墙》JG 3035—1996由行业标准升为国家标准《建筑幕墙》GB/T 21086—2007，同时，建筑幕墙的三性检测方法也经过修订合并为《建筑幕墙气密、水密、抗风压性能检测方法》GB/T 15227—2007，上述两个标准是目前最新的建筑幕墙产品标准和物理性能检测方法标准，对推动我国建筑幕墙行业的健康发展将起到重要作用。2012年后，又先后颁布了《采光顶与金属屋面技术规程》JGJ 255—2012、《建筑幕墙热循环试验方法》JGJ 397—2012、《建筑幕墙保温性能检测及分级》GB/T 29043—2012、《建筑幕墙和门窗抗风携碎物冲击性能分级及检测方法》GB/T 29738—2013、《建筑幕墙动态风压作用下水密性能检测方法》GB/T2 9907—2013、《玻璃幕墙和门窗抗爆炸冲击波性能分析及检测方法》GB/T 29908—2013、《建筑幕墙工程检测方法标准》JGJ/T 324—2014的国家和行业标准。

为了适应建筑幕墙发展的需要，我国在玻璃幕墙的材料、设计、施工、节能、检测、验收、安全与维护方面，分别颁布了或即将颁布如下标准。

材料方面：《建筑门窗及幕墙用玻璃术语》JG/T 354—2012、《建筑幕墙用陶板标准》JG/T 324—2011、《建筑幕墙用瓷板》JG/T 217—2007、《建筑幕墙用铝塑复合板》GB/T 17748—2008、《干挂石材幕墙用环氧胶粘剂》JC 887—2001、《建筑门窗、幕墙用密封胶条》GB/T 24498—2009、《建筑用钢索压管接头》JG/T 201—2007、《建筑玻璃点支承装置》JG/T 138—2010、《吊挂式玻璃幕墙支承装置》JG 139—2001。

结构设计与施工方面：《建筑结构载荷规范》GB 50009—2012、《玻璃幕墙工程技术规范》JGJ 102—2003、《金属与石材幕墙工程技术规范》JGJ 133—2007、《建筑幕墙》GB/T 21086—2007、《建筑玻璃应用技术规程》JGJ 113—2005、《采光顶与金属屋面技术规程》JGJ 255—2012、《建筑抗震设计规范》GB 50011—2010、《混凝土结构后锚固技术规程》JGJ 145—2013。

节能设计方面：《民用建筑热工设计规范》GB 50176—1993、《公共建筑节能设计标准》GB 50189—2015、《严寒和寒冷地区居住建筑节能设计标准》JGJ 26—2010、《夏热冬冷地区居住建筑节能设计标准》JGJ 134—2010、《夏热冬暖地区居住建筑节能设计标准》JGJ 75—2012、《建筑门窗玻璃幕墙热工计算规程》JGJ 151—2008。

检测方面：《建筑幕墙气密、水密、抗风压性能检测方法》GB/T 15227—2007、《建筑幕墙平面内变形性能分级及检测方法》GB/T 18250—2015、《建筑幕墙抗震性能振动台试验方法》GB/T 18575—2001、《建筑幕墙动态风压作用下水密性能检测方法》GB/T 29907—2013、《建筑幕墙保温性能分级及检测方法》GB/T 29043—2012、《透光围护结构太阳得热系数检测方法》GB/T 30592—2014、《玻璃幕墙光热性能》GB/T 18091—2015、《建筑幕墙热循环试验方法》JG/T 397—2012、《建筑幕墙和门窗抗风携碎物冲击性能分级及检测方法》GB/T 29738—2013、《玻璃幕墙和门窗抗爆炸冲击波性能分级及检测方法》GB/T 29908—2013、《双层玻璃幕墙热性能检测 示踪气体法》GB/T 30594—2014。

验收方面：《玻璃幕墙工程质量检验标准》JGJ/T 139—2001、《建筑工程施工质量验收统一标准》GB 50300—2013、《建筑节能工程施工质量验收规范》GB 50411—2007、《建筑装饰装修工程质量验收规范》GB 50210—2001。

安全检测与维护方面：上海市工程建设规范《玻璃幕墙安全性能检测评估技术规程》DG/T J08—803—2013、四川省地方标准《既有玻璃幕墙安全使用性能检测鉴定技术规程》DB51/T 5068—2010、广东省地方标准《建筑幕墙可靠性鉴定技术规程》DBJ/T 15—88—2011；国家标准《玻璃缺陷检测方法 光弹扫描法》GB/T 30020—2013，国家标准《中空玻璃结构安全隐患现场检测方法》GB/T XXXXX—XXXX，行业标准《既有建筑幕墙可靠性鉴定及加固规程》JGJ/T XXX—201X。上述已经颁布或即将发布的标准为玻璃幕墙安全评估提供了操作规程和实施标准手段。其他部分省市也在加紧编制当地玻璃幕墙安全检测与维护技术规程。

1.6 我国建筑幕墙相关管理规定

为了规范建筑幕墙使用，加强建筑幕墙安全维护，杜绝建筑幕墙安全事故，我国各部委分别颁布了如下相关通知和规定：

(1) 1994 年，建设部关于确保玻璃幕墙质量与安全的通知（建设［1994］776 号），其中第十条规定各地建设行政主管部门要在 1995 年上半年内组织一次对本地玻璃幕墙工程项目的质量全面检查，并出具检验报告，对不符合本通知精神的工程项目要严令其改正，对已造成质量与安全事故的工程项目要采取围护、补救等措施，甚至重新安装。对已造成质量事故者要追究有关单位的责任，严肃处理并将检查与处理结果报建设部勘察设计司。

（2）建设部1997年7月8日公布的《加强建筑幕墙工程管理的暂行规定》（建[1997]167号），其中第六章第二十条：建设项目法人对已交付使用的玻璃幕墙的安全使用和维护负有主要责任，按国家现行标准的规定，定期进行保养，至少每五年进行一次质量安全性检测。

（3）2000年6月30日建设部令第80号《房屋建筑工程质量保修办法》规定，装修工程为2年。

（4）建设部2001年12月26日公布的《玻璃幕墙工程质量检验标准》JGJ/T 139—2001，2003年12月4日国家发改委、建设部、国家质检总局、国家工商总局四部门联合发布的《建筑安全玻璃管理规定》（发改运行[2003]2116号）均要求定期加强玻璃幕墙安全检测与评估。

（5）建设部2003年11月14日修订的《玻璃幕墙工程技术规范》JGJ 102—2003，其中12.2.2.1条：在幕墙工程竣工验收后一年时，应对幕墙工程进行一次全面的检查，以后每五年应检查一次。12.2.2.4条：幕墙工程使用十年后应对该工程不同部位的硅酮结构密封胶进行粘结性能的抽样检查；此后每三年宜检查一次。

（6）四部委（发改委、建设部、国家质量监督总局、国家工商行政管理总局）2003年12月4日发布的《建筑安全玻璃管理规定》（发改运行[2003]2116）规定，建筑物需要以玻璃作为建筑材料的下列部位必须使用安全玻璃：1）7层及7层以上建筑物外开窗；2）面积大于1.5m^2的窗玻璃或玻璃底边离最终装修面小于500mm的落地窗；3）幕墙（全玻幕除外）；4）倾斜装配窗、各类天棚（含天窗、采光顶）、吊顶；5）观光电梯及其外围护；6）室内隔断、浴室围护和屏风；7）楼梯、阳台、平台走廊的栏板和中庭内拦板；8）用于承受行人行走的地面板；9）水族馆和游泳池的观察窗、观察孔；10）公共建筑物的出入口、门厅等部位；11）易遭受撞击、冲击而造成人体伤害的其他部位。同时第十一条规定安全玻璃安装施工完成后，由建设单位组织设计、施工、监理等有关单位进行中间验收，未经中间验收或验收不合格的，不得进行下一道工序施工。

（7）上海市建委、市房地资源局2004年11月29日公布了《关于开展本市玻璃幕墙建筑普查工作的通知》（沪建建[2004]834号），普查内容为2004年12月31日前竣工的玻璃、金属和石材组合幕墙，重点是8层以上高层和8层以下人流密集区域和青少年或幼儿活动公共场所，具体工作由上海市装饰装修行业协会建筑幕墙专业委员会负责，由市幕墙检测中心配合。

（8）2005年7月，九三学社北京市委一份《关于开展北京市玻璃幕墙安全隐患普查建议》的调研报告引起了市政府的重视，这份报告从玻璃幕墙行业现状、主要问题等几个方面对北京市玻璃幕墙进行了彻底的分析调查，建议政府有关部门尽快对本市玻璃幕墙进行一次排查，并采取相应的工程整改措施。

（9）建设部2006年12月5日印发的《既有建筑幕墙安全维护管理办法》通知（建质[2006]291号）中规定了建筑幕墙必须进行安全性鉴定的需求，并给出了安全性鉴定的进行程序。

（10）住房城乡建设部2012年3月1日颁布的《关于组织开展全国既有玻璃幕墙安全排查工作的通知》（建质[2012]29号）中规定了对既有玻璃幕墙排查范围、内容、方式和步骤及相关要求。

（11）北京市住房和城乡建设委 2012 年 5 月 26 日颁布了《北京市既有玻璃幕墙安全排查工作实施方案》（京建发［2012］222 号）中规定了对全市已投入使用的既有玻璃幕墙的安全使用进行全面排查的排查内容、排查方式和步骤及工作要求，同时印发了《既有玻璃幕墙安全检查及整治技术导则》。

（12）住房城乡建设部、安全监督总局 2015 年《关于进一步加强玻璃幕墙安全防护工作的通知》（建标［2015］38 号）中对充分认识玻璃幕墙安全防护工作的重要性进行了说明，其中第二章第二条规定新建住宅、党政机关办公楼、医院门诊急诊楼和病房楼、中小学校、托儿所、幼儿园、老年人建筑，不得在二层及以上采用玻璃幕墙。第三条规定人员密集、流动性大的商业中心，交通枢纽，公共文化体育设施等场所，临近道路、广场及下部为出入口、人员通道的建筑，严禁采用全隐框玻璃幕墙。以上建筑在二层及以上安装玻璃幕墙的，应在幕墙下方周边区域合理设置绿化带或裙房等缓冲区域，也可采用挑檐、防冲击雨篷等防护设施。第三章第一条明确了既有玻璃幕墙安全维护责任人，第二条规定了加强玻璃幕墙的维护检查。玻璃幕墙竣工验收 1 年后，施工单位应对幕墙的安全性进行全面检查。安全维护责任人要按规定对既有玻璃幕墙进行专项检查。

第 2 章 玻璃幕墙用材料基本规定及检测

2.1 引言

作为一名专业的玻璃幕墙安全检测与评估的现场检测与操作人员，有必要熟练掌握玻璃幕墙用各种材料的基本性能及现行规范对其质量基本要求及规定，才能在现场检测过程中有针对性的发现问题并提出相应的检测方法及解决方案。玻璃幕墙使用的材料主要包括玻璃、粘结密封材料、钢材、铝合金型材、金属连接件、五金件等。材料的质量优越与控制直接关系到玻璃幕墙的安全使用与耐久性能。我国相关标准均规定了用于玻璃幕墙上材料的基本质量要求和规定，本章节对玻璃幕墙使用的各种材料种类及其在相关标准和规范中要求的质量、控制规定进行了归纳总结，从而为玻璃幕墙安全检测人员充分了解材料的质量控制要求，并根据基本要求进行现场检测，以便确定玻璃幕墙用材料是否满足规定要求等提供参考和指导。

2.2 玻璃[6,22]

2.2.1 建筑幕墙玻璃的品种

玻璃是铝合金玻璃幕墙最主要的材料之一，它的性能直接决定着幕墙的各项性能，同时也是幕墙艺术风格的主要体现者，因此，玻璃的选择是幕墙设计的重要内容，如果玻璃选择不当，会给幕墙安全性能带来严重的安全隐患。

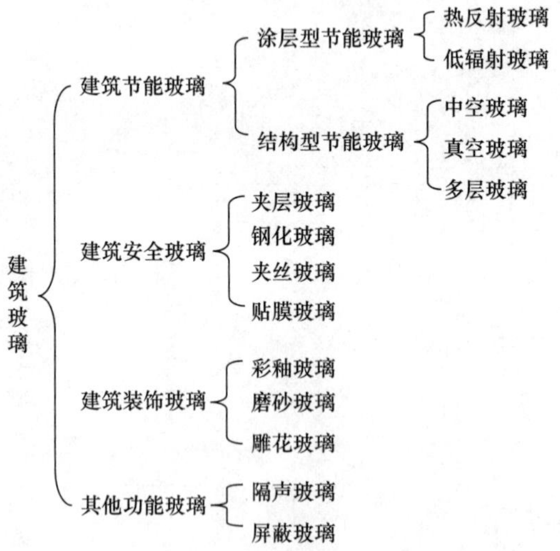

在材料业界通常按照建筑玻璃的制造方法分类，可将建筑玻璃分为平板玻璃、深加工玻璃、熔铸成型玻璃三类。针对建筑幕墙应用，按使用功能分类，建筑玻璃的品种见图 2-1。

- 建筑玻璃
  - 建筑节能玻璃
    - 涂层型节能玻璃
      - 热反射玻璃
      - 低辐射玻璃
    - 结构型节能玻璃
      - 中空玻璃
      - 真空玻璃
      - 多层玻璃
  - 建筑安全玻璃
    - 夹层玻璃
    - 钢化玻璃
    - 夹丝玻璃
    - 贴膜玻璃
  - 建筑装饰玻璃
    - 彩釉玻璃
    - 磨砂玻璃
    - 雕花玻璃
  - 其他功能玻璃
    - 隔声玻璃
    - 屏蔽玻璃

图 2-1 建筑幕墙玻璃的品种

2.2.2 平板玻璃

平板玻璃主要有两种，即普通平板玻璃和浮法玻璃。普通平板玻璃是指用有槽垂直引上、平拉、无槽垂直引上及旭法等工艺生产，用于一般建筑和其他方面的平板状玻璃。浮法玻璃是以熔化的玻璃液浮在锡床上，靠自重和表面张力的作用而形成的平滑表面。幕墙用的无色、灰色、茶色玻璃都是浮法玻璃，其特点是表面平整、无波纹、“不走像”。国家标准 GB 11614—2009[23] 对平板玻璃的相关技术条件规定如下：

（1）分类

1）按颜色属性分为无色透明平板玻璃和本体着色平板玻璃；

2）按外观质量分为合格品、一等品和优等品；

3）按公称厚度分为：

2mm、3mm、4mm、5mm、6mm、8mm、10mm、12mm、15mm、19mm、22mm、25mm 共 12 类。

（2）要求：

1）尺寸偏差

平板玻璃应切裁成矩形，其长度和宽度的尺寸偏差不超过表 2-1 中的规定。

尺寸允许偏差（mm） **表 2-1**

公称厚度	尺寸偏差	
	尺寸小于 3000	尺寸大于 3000
2～6	±2	±3
8～10	+2，−3	+3，−4
12～15	±3	±4
19～25	±5	±5

2）对角线偏差

平板玻璃对角线差应不大于其平均长度的 0.2%。

3）厚度偏差和厚薄差

平板玻璃的厚度偏差和厚薄差应不超过表 2-2 的规定。

厚度允许偏差（mm） **表 2-2**

公称厚度	厚度偏差	厚薄差
2～6	±0.2	0.2
8～12	±0.3	0.3
15	±0.5	0.5
19	±0.7	0.7
22～25	±1.0	1.0

4）外观质量

不同等级平板玻璃外观质量按表 2-3 中规定。

平板玻璃外观等级 **表 2-3**

缺陷种类	说　明	优等品	一等品	合格品
波筋（包括波纹棍子花）	不产生变形的 最大入射角度	60°	45°，50mm 边部，30°	30°，100mm 边部，0°
气泡	长度 1mm 以下的	集中的不允许	集中的不允许	不限
	长度 1mm 以上的， 每平方米面积允许个数	≤6mm，6 个	≤8mm，8 个 >8～10mm，2 个	≤10mm，12 >10～20mm，2 个 >20～25mm，1 个

续表

缺陷种类	说　明	优等品	一等品	合格品
划伤	宽度 0.1mm 以下的，每平方米面积允许条数	长度≤50mm，3 个	长≤100mm，5 个	不限
	宽度 0.1mm 以上的，每平方米面积允许条数	不许有	宽度≤0.4mm，长<100mm，1 个	宽度≤0.8mm，长<100mm，3 个
砂粒	非破坏性的，直径 0.5～2mm，每平方米面积允许个数	不允许	3 个	8 个
疙瘩	非破坏的透明疙瘩，波及范围直径不超过 3mm，每平方米面积允许个数	不允许	1 个	3 个
线道	正面可以看到的每片玻璃允许条数	不允许	30mm 边部允许有 0.5mm 宽以下的 1 条	宽 0.5mm 以下的 2 条
麻点	表面呈现的集中麻点	不许有	不许有	每平方米不超过
	稀疏的麻点，每平方米允许个数	10 个	15 个	30 个

注：集中气泡、麻点是指 100mm 直径圆面积内超过 6 个。砂粒的延续部分，入射角 0°能看出的当线道论。

5）弯曲度

平板玻璃弯曲度不应超过 0.2%。

6）光学特性

无色透明平板玻璃可见光透射比应不小于表 2-4 中的规定。

无色透明平板玻璃可见光透射比最小值　　表 2-4

公称厚度（mm）	可见光透射比最小值（%）
2	89
3	88
4	87
5	86
6	85
8	83
10	81
12	79
15	76
19	72
22	69
25	67

本体着色平板玻璃可见光透射比、太阳光直接透射比、太阳能总透射比偏差应不超过表 2-5 中的规定。

本体着色平板玻璃透射比偏差　　表 2-5

种　类	偏差（%）
可见光（380～780nm）透射比	2.0
太阳光（300～250nm）直接透射比	3.0
可见能（300～250nm）总透射比	4.0

2.2.3 钢化玻璃

钢化玻璃是将普通退火玻璃先切割成要求尺寸，然后加热到接近软化点的700℃左右，再进行快速均匀的冷却而得到的（通常5～6mm的玻璃在700℃高温下加热240s左右，降温150s左右。8～10mm玻璃在700℃高温下加热500s左右，降温300s左右。总之，根据玻璃厚度不同，选择加热降温的时间也不同）。经过热处理的钢化玻璃提高了玻璃的机械性能，它对均匀载荷、热应力和大多数冲击载荷的作用，大约是退火玻璃的4倍，而且破碎时，玻璃碎片为小颗粒，对安全影响较小。因此，钢化玻璃是一种安全玻璃，但这种玻璃不能加工和切割。钢化玻璃按形状分平面钢化玻璃和曲面钢化玻璃。

《建筑用安全玻璃 第2部分：钢化玻璃》GB 15763.2—2005[24]对钢化玻璃质量规定如下：

（1）尺寸偏差

1）尺寸及偏差见表2-6。

钢化玻璃允许尺寸偏差（mm） **表2-6**

<table>
<tr><th>长边边长
玻璃厚度</th><th>L≤1000</th><th>1000<L≤2000</th><th>2000<L≤3000</th></tr>
<tr><td>4、5、6</td><td>+1
−2</td><td rowspan="2">±3</td><td rowspan="2">±4</td></tr>
<tr><td>8、10、12</td><td>+2
−3</td></tr>
<tr><td>15</td><td>±4</td><td>±4</td><td></td></tr>
<tr><td>19</td><td>±5</td><td>±5</td><td>±6</td></tr>
</table>

2）曲面钢化玻璃形状和边长的允许偏差、吻合度由供需方商定。

3）钢化玻璃的厚度允许偏差应符合表2-7要求。

钢化玻璃的厚度允许偏差（mm） **表2-7**

<table>
<tr><th>名　称</th><th>厚　度</th><th>厚度允许偏差</th></tr>
<tr><td rowspan="8">钢化玻璃</td><td>4.0</td><td rowspan="3">±0.3</td></tr>
<tr><td>5.0</td></tr>
<tr><td>6.0</td></tr>
<tr><td>8.0</td><td rowspan="2">±0.6</td></tr>
<tr><td>10.0</td></tr>
<tr><td>12.0</td><td rowspan="2">±0.8</td></tr>
<tr><td>15.0</td></tr>
<tr><td>19.0</td><td>±1.2</td></tr>
</table>

4）边部加工及孔径允许偏差

① 磨边形状及质量由供需方双方协定；

② 孔径一般不小于玻璃的厚度，小于4mm的孔径由供需方协定，孔径的允许偏差应符合表2-8的规定。

孔径及其允许偏差（mm）　　**表 2-8**

公称孔径	允许偏差	公称孔径	允许偏差	公称孔径	允许偏差
4～50	±1.0	51～100	±2.0	>100	供需方协定

③ 孔径的大小及质量由供需方协定，但不允许有大于 1mm 的爆边。

（2）外观质量

钢化玻璃的外观质量应符合表 2-9 的规定。

钢化玻璃外观质量　　**表 2-9**

缺陷种类	说　明	允许缺陷数量	
		优等品	合格品
爆边	每片玻璃每米边长上允许有长度不超过 10mm，自玻璃边部向玻璃板表面延伸深度不超过 2mm，自板面向玻璃厚度延伸深度不超过 1/3 的爆边	不允许	1 个
划伤	宽度在 0.1mm 以下的轻微划伤，每平方米面积内允许存在条数	长≤50mm，4 条	长≤100mm，4 条
	宽度大于 0.1mm 的划伤，每平方米面积内允许存在条数	宽 0.1～0.5mm，长≤50mm，1 条	宽 0.1～1mm，长≤100mm，4 条
夹钳印	夹钳印中心与玻璃边缘的距离	玻璃厚度≤9.5mm，≤13mm	
		玻璃厚度≥9.5mm，≤19mm	
结石、裂纹、缺角	均不允许存在		
波筋（光学变形）、气泡	优等品不得低于 GB 11614 一等品的规定 合格品不得低于 GB 11614 合格品的规定		

（3）弯曲度

平型钢化玻璃的弯曲度，弓形弯曲不应超过 0.5%，波形弯曲不应超过 0.3%。

（4）抗冲击性

取 6 块钢化玻璃试样进行试验，试样破坏数量，不超过 1 块为合格，多于或等于 3 块为不合格，破坏数为 2 块时，再取 6 块进行试验，6 块必须全部不被破坏为合格。

（5）碎片状态

取 4 块钢化玻璃试样进行试验，每块试样在 50mm×50mm 区域内的碎片数必须超过 40 个，且允许有少量长条形碎片，其长度不超过 75mm，其端部不是刀状，延伸至玻璃边缘的长条形碎片与边缘形成的角不大于 45°。

（6）表面应力

钢化玻璃表面应力不应小于 90MPa。

（7）耐热冲击性

钢化玻璃应能耐 200℃左右的温差。

2.2.4　夹层玻璃

夹层玻璃是由两片或多片玻璃，之间夹了一层或多层有机聚合物中间膜，经过特殊的高温预压（或抽真空）及高温高压工艺处理后，使玻璃和中间膜永久粘合为一体的复合玻璃产品。常用的夹层玻璃中间膜有：PVB、SGP、EVA、PU 等。由于玻璃与中间层胶片组合在一起，当玻璃破裂时，夹层玻璃仍能保持完整性，破碎的玻璃不会掉落。

《建筑用安全玻璃 第 3 部分：夹层玻璃》GB/T 15763.3—2009[25] 中对夹层玻璃的质量规定如下：

（1）外观质量

1）裂纹：不允许存在；

2）爆边：长度或宽度不得超过玻璃的厚度；

3）划伤或磨伤：不得影响使用；

4）脱胶：不允许存在；

5）气泡、中间层杂质及其他可观察到的不透明的缺陷应符合表 2-10 中的要求。

（2）尺寸允许偏差

1）长度与宽度

平面夹层玻璃长度及宽度的允许偏差应符合表 2-11 中的规定。

2）叠差

夹层玻璃最大叠差应符合表 2-12 中的规定。

夹层玻璃中允许的点状缺陷数（个）　　表 2-10

缺陷尺寸 λ（mm）			$0.5<L\leqslant1.0$	$1.0<\lambda\leqslant3.0$			
板面面积 S（m^2）			S 不限	$S\leqslant1$	$1<S\leqslant2$	$2<S\leqslant8$	$S>8$
允许的缺陷个数	玻璃层数	2 层	不得密集存在	1	2	1/m^2	1.2/m^2
		3 层		2	3	1.5/m^2	1.8/m^2
		4 层		3	4	2/m^2	2.4/m^2
		5 层		4	5	2.5/m^2	3/m^2

注：1. 小于 0.5mm 的缺陷不予以考虑，不允许出现大于 3mm 的缺陷。

2. 当出现下列情况之一时，视为密集存在。

1）两层玻璃时，出现 4 个或 4 个以上的缺陷，且彼此相距不到 200mm；

2）三层玻璃时，出现 4 个或 4 个以上的缺陷，且彼此相距不到 180mm；

3）四层玻璃时，出现 4 个或 4 个以上的缺陷，且彼此相距不到 150mm；

4）五层及以上玻璃时，出现 4 个或 4 个以上的缺陷，且彼此相距不到 100mm。

边长的允许偏差（mm）　　表 2-11

总厚度 D	长边边长 L	
	$L\leqslant1200$	$1200<L<2400$
$4\leqslant D\leqslant6$	+2 −1	— —
$6\leqslant D<11$	+2 −1	+3 −1
$11\leqslant D<17$	+3 −2	+4 −2
$17\leqslant D<24$	+4 −3	+5 −3

最大允许叠差（mm） **表 2-12**

长边边长 L	最大允许叠差 δ	长边边长 L	最大允许叠差 δ
$L<1000$	2.0	$2000\leqslant L<4000$	4.0
$1000\leqslant L\leqslant 2000$	3.0	$L\geqslant 4000$	6.0

3）厚度

对于多层制品，原片玻璃总厚度超过 24mm 及使用钢化玻璃作为原片时，其厚度允许偏差由供需方协定。

① 干法夹层玻璃的厚度偏差

干法夹层玻璃的厚度偏差不能超过构成夹层玻璃的原片允许偏差和中间层允许偏差之和。中间层总厚度小于 2mm 时，其允许偏差不予考虑。中间层总厚度大于 2mm 时，其允许偏差为±0.2mm。

② 湿法夹层玻璃的厚度偏差

湿法夹层玻璃的厚度偏差不能超过构成夹层玻璃的原片允许偏差和中间层允许偏差之和。

③ 对角线偏差

对于矩形夹层玻璃制品，一边长度小于 2400mm 时，其对角线偏差不得大于 4mm，一边长度大于 2400mm 时，其对角线偏差由供需方协定。

（3）弯曲度

平面夹层玻璃的弯曲度不得超过 0.3%。使用夹丝玻璃或钢化玻璃制作的夹层玻璃由供需方协定。

（4）可见光透射比

可见光透射比由供需双方协定，取 3 块玻璃进行试验，3 块玻璃均符合要求时为合格。

（5）可见光反射比

可见光反射比由供需方协定，取 3 块玻璃进行试验，3 块玻璃均符合要求时为合格。

（6）耐热性

试验后允许玻璃存在裂口，但超过边部或裂口 13mm 部分不能产生气泡或其他缺陷。取 3 块玻璃进行试验，3 块玻璃均符合要求时为合格，1 块符合时为不合格。当 2 块玻璃试样符合时，再追加 3 块新试样，全部符合时则为合格。

（7）耐湿性

试验后超出原始边 15mm、新切边 25mm、裂口 10mm 部分不能产生气泡或其他缺陷。允许玻璃存在裂口，但超过边部或裂口 13mm 部分不能产生气泡或其他缺陷。取 3 块玻璃进行试验，3 块玻璃均符合要求时为合格，1 块符合时为不合格。当 2 块玻璃试样符合时，再追加 3 块新试样，全部符合时则为合格。

（8）耐辐照性

试验后要求式样不可产生显著变色、气泡及混浊现象。

可见光透射比相对减少率 ΔT 应不大于 10%。

$$\Delta T=(T_1-T_2/T_1)\times 100\% \tag{2-1}$$

式中　ΔT——可见光透射比相对减少率，%；

T_1——紫外线照射前的可见光透射比；

T_2——紫外线照射后的可见光透射比。

取 3 块玻璃进行试验，3 块玻璃均符合要求时为合格，1 块符合时为不合格。当 2 块玻璃试样符合时，再追加 3 块新试样，全部符合时则为合格。

（9）落球冲击剥离性能

试验后中间层不得断裂或不得因碎片的剥落而暴露。

钢化夹层玻璃、弯夹层玻璃、总厚度超过 16 的夹层玻璃及原片在 3 片或 3 片以上的夹层玻璃由供需方协定。

取 6 块玻璃进行试验，当 5 块或 5 块以上玻璃符合要求时为合格，3 块或 3 块以下玻璃符合要求时为不合格，当 4 块玻璃试样符合时，再追加 6 块新试样，全部符合时则为合格。

（10）霰弹袋冲击性能

取 4 块玻璃试样进行试验，4 块试样均应符合表 2-13 的规定。

霰弹袋冲击性能 **表 2-13**

种类	冲击高度（mm）	结果判定
Ⅱ-1 类	1200	试样不破坏，如果试样破坏，破坏部分不应存在断裂或使直径 75mm 球可自由通过孔
Ⅱ-2 类	750	
Ⅲ类	300→450→ 600→750→ 900→1200	需同时满足以下要求： （1）破坏时，允许出现裂缝和碎裂物，但不允许出现断裂产生使直径 75mm 球自由通过孔洞； （2）在不同高度冲击后发生崩裂而产生碎片时，称试验后 5min 内掉下来的 10 块最大碎片，其质量不得超过 65cm^2 面积内原始试样的质量； （3）1200mm 冲击后，试样不一定保留在试验框内，但应保持完整

（11）抗风压性能

应由供需双方协定，是否有必要进行该项试验，以便选择给定风压下的合理的夹层玻璃厚度，或验证给定的玻璃是否能满足设计抗风压值的要求。

2.2.5 中空玻璃

中空玻璃是将两片或多片玻璃以有效支撑均匀隔开并周边粘结密封，使玻璃层间形成有干燥气体空间的玻璃制品。

常用中空玻璃规格的形状和最大尺寸见表 2-14。

常见中空玻璃形状和最大尺寸（mm） **表 2-14**

玻璃厚度	间隔厚度	长边最大尺寸	短边最大尺寸	最大面积（mm^2）	正方形边长最大尺寸
3	6	2110	1270	2.4	1270
	9～12	2110	1270	2.4	1270
4	6	2420	1300	2.86	1300
	9～10	2420	1300	3.17	1300
	12～20	2420	1300	3.17	1300

续表

玻璃厚度	间隔厚度	长边最大尺寸	短边最大尺寸	最大面积（mm^2）	正方形边长最大尺寸
5	6	3000	1570	4.00	1750
	9～10	3000	1570	4.80	2100
	12～20	3000	1815	5.10	2100
6	6	4550	1980	5.88	2000
	9～10	4550	2280	8.54	2440
	12～20	4550	2440	9.00	2440
10	6	4720	2000	8.54	2440
	9～10	5000	3180	15.90	3000
	12～20	5000	3180	15.90	3250
12	12～20	5000	3180	15.90	3250

中空玻璃的技术要求，《中空玻璃》GB/T 11944—2012[26]的规定如下：

（1）材料

1）玻璃可采用浮法玻璃、夹层玻璃、钢化玻璃、半钢化玻璃、着色玻璃、镀膜玻璃、压花玻璃等。各种玻璃应符合相关标准的要求。

2）密封胶应满足以下要求：

① 中空玻璃用弹性密封胶应符合《中空玻璃弹性密封胶》GB/T 29755—2013 的规定；

② 中空玻璃用弹性密封胶应符合有关的规定。

3）胶条：用塑性密封胶制成的含有干燥剂和波浪形铝带的胶条，其性能应符合相应标准。

4）间隔框：使用金属间隔框时应去污或进行化学处理。

5）干燥剂的质量、性能应符合相应标准。

（2）中空玻璃的长度及宽度允许偏差见表 2-15。

中空玻璃的长度及宽度允许偏差（mm）　　**表 2-15**

长（宽）度	允许偏差	长（宽）度	允许偏差	长（宽）度	允许偏差
$L<1000$	±2.0	$1000\leqslant L<2000$	+2，−3	$L\geqslant 2000$	±3.0

（3）中空玻璃厚度允许偏差见表 2-16。

中空玻璃厚度允许偏差（mm）　　**表 2-16**

公称厚度	允许偏差	公称厚度	允许偏差	公称厚度	允许偏差
$t<17$	±1.0	$17\leqslant t<22$	±1.5	$t>22$	±2.0

注：中空玻璃的公称厚度为两片玻璃公称厚度与间隔框厚度之和。

（4）中空玻璃两对角线之差。正方形和矩形中空玻璃对角线之差应不大于对角线平均长度的 0.2%。

（5）中空玻璃的胶层厚度

单道密封胶层厚度为（10±2）mm，双道密封外层密封胶层厚度为 5～7mm，胶条密封胶层厚度为（8±2）mm，特殊规格或有特殊要求的产品由供需双方协定（隐框幕墙中空玻璃第二道密封胶厚度需进行力学计算）。

（6）外观

中空玻璃不得有妨碍透视的污迹、夹杂物及密封胶飞溅等现象。

（7）密封性能

20 块 4mm+12mm+4mm 试样全部满足以下两条规定为合格：1）在试验压力低于环境气压 10±0.5kPa 下，初始偏差必须≥0.8mm；2）在该气压保持 2.5h 后，厚度偏差的减小应不超过初始偏差的 15%。

20 块 5mm+9mm+5mm 试样全部满足以下两条规定为合格：1）在试验压力低于环境气压 10±0.5kPa 下，初始偏差必须≥0.5mm；2）在该气压保持 2.5h 后，厚度偏差的减小应不超过初始偏差的 15%。

其他厚度的样品由供需双方协定。

（8）露点

20 块试样露点均≤－40℃为合格。

（9）耐紫外线辐射性能

2 块试样紫外线照射 168h，试样内表面上均无结雾或污染的痕迹、玻璃原片无明显错位和产生胶条蠕变为合格。如果有 1 块或 2 块试样不合格，可另取 2 块备用试样重新试验，2 块试样均满足要求为合格。

（10）气候循环耐久性能

试样经循环试验后进行露点测试。4 块试样露点≤－40℃为合格。

（11）高温高湿耐久性能

试样经循环试验后进行露点测试。8 块试样露点≤－40℃为合格。

隐框幕墙选用中空玻璃时，必须做到中空玻璃二道密封胶一定要采用硅酮密封胶，并与结构性玻璃装配用密封胶相容，即两者必须采用相互相容的密封胶，当结构性装配使用某一厂硅酮密封胶，最好订购的中空玻璃密封胶层也用同一厂商的硅酮密封胶。

2.2.6 阳光控制镀膜玻璃

阳光控制镀膜玻璃（也称热反射镀膜玻璃），是选用优质浮法玻璃为基片，采用真空磁控溅射设备将溅射材料原子溅射到玻璃表面形成单层或多层金属或化合物薄膜而制成。阳光控制镀膜玻璃对波长 0.35～1.8μm 的太阳光具有一定控制作用，具有良好的可见光透射、反射调控能力，有较强的热吸收。《镀膜玻璃 第 1 部分：阳光控制镀膜玻璃》GB/T 18915.1—2013[27]对阳光控制镀膜玻璃技术要求作了如下规定：

（1）非钢化阳光控制镀膜玻璃尺寸允许偏差、厚度允许偏差、弯曲度、对角线差应符合《平板玻璃》GB 11614—2009 的规定。

（2）钢化阳光控制镀膜玻璃与非钢化阳光控制镀膜玻璃尺寸允许偏差、厚度允许偏差、弯曲度、对角线差应符合《建筑用安全玻璃 第 2 部分：钢化玻璃》GB 15763.2—2005 的规定。

（3）外观质量

作为幕墙用的钢化、半钢化阳光控制镀膜玻璃原片应进行边部精磨边处理。

阳光控制镀膜玻璃的外观质量应符合表 2-17 规定。

阳光控制镀膜玻璃的外观质量　　**表 2-17**

缺陷名称	说明	优等品	合格品
针孔	直径＜0.8mm	不允许集中	—
	0.8mm≤直径＜1.2mm	中部：3.0×S，个，且任意两钉孔之间的距离大于 300mm 75mm 边部：不允许集中	不允许集中
	1.2mm≤直径＜1.6mm	中部：不允许 75mm 边部：3.0×S，个	中部：3.0×S，个 75mm 边部：8.0×S，个
	1.6mm≤直径＜2.5mm	不允许	中部：5.0×S，个 75mm 边部：6.0×S，个
	直径＞2.5mm	不允许	不允许
斑点	1.0mm≤直径≤2.5mm	中部：不允许 75mm 边部：2.0×S，个	中部：5.0×S，个 75mm 边部：6.0×S，个
	2.5mm＜直径≤5.0mm	不允许	中部：1.0×S，个 75mm 边部：4.0×S，个
	直径＞5.0mm	不允许	不允许
斑纹	目视可见	不允许	不允许
暗道	目视可见	不允许	不允许
膜面划伤	0.1mm≤宽度≤0.3mm 长度≤60mm	不允许	不限 划伤间距不得小于 100mm
	宽度≤0.5mm 长度≤60mm	不允许	不允许
玻璃面划伤	宽度＞0.5mm	3.0×S，个	
	长度＞60mm	不允许	不允许

注：1. 针孔集中是指在面积 $\phi 100cm^2$ 内超过 20 个；
2. S 是以平方米为单位的玻璃板面积，保留小数点后两位；
3. 允许个数及允许条数为各系数与 S 相乘所得的数值，按《数值修约规则与极限数值的表示和判定》GB/T 8170 修约至整数；
4. 玻璃板的中部是指距玻璃板边缘 75mm 以内的区域，其他部分为边部。

（4）光学性能

光学性能包括：紫外线透射比、可见光透射比、可见光反射比、太阳光直接透射比、太阳光直接反射比和太阳光总透射比，其差值应符合表 2-18 的规定。

阳光控制镀膜玻璃的光学性能要求　　**表 2-18**

项目	允许偏差最大值（明示标称值）		允许最大值（未明示标称值）	
可见光透射比大于 30%	优等品	合格品	优等品	合格品
	±1.5%	2.5%	≤3.0%	≤5.0%
可见光透射比小于 30%	优等品	合格品	优等品	合格品
	±1.0%	2.0%	≤2.0%	≤4.0%

（5）颜色均匀性

阳光控制镀膜玻璃的颜色均匀性，采用 CIELAB 均匀色空间的色差 ΔE_{ab}^{*} 来表示，单位为 CIELAB。阳光控制镀膜玻璃的反射色色差优等品不得大于 2.5CIELAB，合格品不得大于 3.0CIELAB。

（6）耐磨性

阳光控制镀膜玻璃的耐磨性，按《镀膜玻璃 第1部分：阳光控制镀膜玻璃》GB/T 18915.1—2013第6.6条进行试验，试验前后可见光透射比平均值的差值的绝对值不应大于4%。

（7）耐酸性

阳光控制镀膜玻璃的耐酸性，按《镀膜玻璃 第1部分：阳光控制镀膜玻璃》GB/T 18915.1—2013第6.7条进行试验，试验前后可见光透射比平均值的差值的绝对值不应大于4%，并且膜层不能有明显的变化。

（8）耐碱性

阳光控制镀膜玻璃的耐碱性，按《镀膜玻璃 第1部分：阳光控制镀膜玻璃》GB/T 18915.1第6.8条进行试验，试验前后可见光透射比平均值的差值的绝对值不应大于4%，并且膜层不能有明显的变化。

2.2.7　低辐射镀膜玻璃

低辐射镀膜玻璃，亦称Low-E玻璃、低辐射玻璃，是浮法玻璃基片表面上涂覆特殊的薄膜，这种膜层对可见光具有高透光性，保证了室内的采光，又对远红外光具有高反射性，从而做到阻止玻璃吸收室外热量再产生热辐射将热量传入室内，又将室内物体产生的热量反射回来，达到降低玻璃的热辐射通过量的目的。低辐射镀膜玻璃还可以复合阳光控制功能，称为阳光控制低辐射玻璃。

《镀膜玻璃 第2部分：低辐射镀膜玻璃》GB/T 18915.2—2013[28]对低辐射玻璃技术要求作了如下规定。

（1）总则

不同种类的低辐射镀膜玻璃应符合表2-19相应条款的要求。

技术要求与试验方法条款　　　　**表2-19**

技术要求	离线低辐射镀膜玻璃	在线低辐射镀膜玻璃	试验方法
厚度偏差	5.2	5.2	6.1
尺寸偏差	5.3	5.3	6.2
外观质量	5.4	5.4	6.3
弯曲度	5.5	5.5	6.4
对角线差	5.6	5.6	6.5
光学性能	5.7	5.7	6.6
颜色均匀性	5.8	5.8	6.7
辐射率	5.9	5.9	6.8
耐磨性	—	5.10	6.9
耐酸性	—	5.11	6.10
耐碱性	—	5.12	6.11

（2）厚度偏差

低辐射镀膜玻璃的厚度偏差应符合《平板玻璃》GB 11614—2009标准的有关规定。

（3）尺寸偏差

1）低辐射镀膜玻璃的尺寸偏差应符合《平板玻璃》GB 11614—2009标准的有关规

定，不规则形状的尺寸偏差由供需方协定；

2）钢化、半钢化低辐射镀膜玻璃的尺寸偏差应符合标准《建筑用安全玻璃 第 2 部分：钢化玻璃》GB 15763.2—2005 的有关规定。

（4）外观质量

低辐射镀膜玻璃的外观质量应符合表 2-20 的规定。

低辐射镀膜玻璃的外观质量　　表 2-20

缺陷名称	说　明	优 等 品	合 格 品
针孔	直径＜0.8mm	不允许集中	
	0.8mm≤直径＜1.2mm	中部：3.0×S，个，且任意两钉孔之间的距离大于 300mm 75mm 边部：不允许集中	不允许集中
	1.2mm≤直径＜1.6mm	中部：不允许 75mm 边部：3.0×S，个	中部：3.0×S，个 75mm 边部：8.0×S，个
	1.6mm≤直径＜2.5mm	不允许	中部：5.0×S，个 75mm 边部：6.0×S，个
	直径＞2.5mm	不允许	不允许
斑点	1.0mm≤直径≤2.5mm	中部：不允许 75mm 边部：2.0×S，个	中部：5.0×S，个 75mm 边部：6.0×S，个
	2.5mm＜直径≤5.0mm	不允许	中部：1.0×S，个 75mm 边部：4.0×S，个
	直径＞5.0mm	不允许	不允许
膜面划伤	0.1mm≤宽度≤0.3mm 长度≤60mm	不允许	不限 划伤间距不得小于 100mm
	宽度≤0.5mm 长度≤60mm	不允许	不允许
玻璃面划伤	宽度＞0.5mm	3.0×S，个	
	长度＞60mm	不允许	不允许

注：1. 针孔集中是指在面积 ϕ100cm^2 内超过 20 个；
2. S 是以平方米为单位的玻璃板面积，保留小数点后两位；
3. 允许个数及允许条数为各系数与 S 相乘所得的数值，按《数值修约规则与极限数值的表示和判定》GB/T 8170 修约至整数；
4. 玻璃板的中部是指距玻璃板边缘 75mm 以内的区域，其他部分为边部。

（5）弯曲度

1）低辐射镀膜玻璃的弯曲度不应超过 0.2%。

2）钢化、半钢化低辐射镀膜玻璃的弓形弯曲度不得超过 0.3%，波形弯曲度（mm/300mm）不得超过 0.2%。

（6）对角线差

1）低辐射镀膜玻璃的对角线差应符合标准《平板玻璃》GB 11614—2009 的有关规定；

2）钢化、半钢花低辐射镀膜玻璃的对角线差应符合标准《建筑用安全玻璃 第 2 部分：钢化玻璃》GB 15763.2—2005 的有关规定。

（7）光学性能

低辐射镀膜玻璃的光学性能包括：紫外线透射比、可见光透射比、太阳光直接透射比、太阳光直接反射比和太阳能总透射比。这些性能的差值应符合表 2-21 规定。

低辐射镀膜玻璃的光学性能要求　　表 2-21

项目	允许偏差最大值（明示标称值）	允许最大值（未明示标称值）
指标	±1.5	≤3.0

注：对于明示标称值（系列值）的产品，以标称值作为偏差的基础，偏差的最大值应符合本表的规定；对于未明示标称值的产品，则取 3 块试样进行测试，3 块试样之间差值的最大值应符合本表的规定。

(8) 颜色均匀性

低辐射镀膜玻璃的颜色均匀性，采用 CIELAB 均匀色空间的色差 ΔE_{ab}^{*} 来表示，单位为 CIELAB。测量低辐射镀膜玻璃在使用时朝向室外的表面，该表面的反射色差 ΔE_{ab}^{*} 不应大于 2.5CIELAB。

(9) 辐射率

离线低辐射镀膜玻璃应低于 0.15，在线低辐射镀膜玻璃应低于 0.25。

(10) 耐磨性

试验前后可见光透射比平均值的差值的绝对值不应大于 4%。

(11) 耐酸性

试验前后可见光透射比平均值的差值的绝对值不应大于 4%。

(12) 耐碱性

试验前后可见光透射比平均值的差值的绝对值不应大于 4%。

2.2.8 真空玻璃

真空玻璃是指由两片或两片以上的平板玻璃以支撑物隔开，周边密封在玻璃间形成真空层的玻璃制品。

《真空玻璃标准》JC/T 1079—2008[29]对真空玻璃产品质量规定如下：

(1) 材料

构成真空玻璃的原片质量应符合《平板玻璃》GB 11614—2009 中一等品以上（含一等品）的要求，其他材料的质量应符合相应标准中的技术要求。

(2) 厚度允许偏差

真空玻璃厚度允许偏差见表 2-22。

真空玻璃厚度允许偏差（mm）　　表 2-22

公称厚度	允许偏差
≤12	±0.4
>12	供需双方商定

(3) 尺寸偏差

对于矩形真空玻璃制品，其长度和宽度尺寸的允许偏差应符合表 2-23 的规定。

尺寸允许偏差（mm）　　表 2-23

公称厚度	边的长度 L		
	$L\leqslant1000$	$1000<L\leqslant2000$	$2000<L$
≤12	±2.0	+2.0 −3.0	±3.0
>12	±2.0	±3.0	±3.0

（4）对角线差

对于矩形真空玻璃制品，其对角线差值应不大于对角线平均长度的 0.2%。

（5）边部加工质量

真空玻璃边部加工应磨边倒角，不允许有裂纹等缺陷。

（6）封帽

真空玻璃单独使用时应使用封帽对抽气孔加以保护。真空玻璃封帽高度及形状由供需双方商定。

（7）支撑物

支撑物应以方阵的形式均匀排列。支撑物的排列质量应满足表 2-24 的规定。

支撑物的排列质量　　表 2-24

缺陷种类	质量要求
缺位	连续缺位不允许，非连续性缺位每平方米不允许超过 3 个
重叠	不允许
多余	每平方米不允许超过 3 个

（8）外观质量

真空玻璃外观质量应满足表 2-25 的规定。

真空玻璃的外观质量　　表 2-25

缺陷种类	质量要求
划伤	宽度在 0.1mm 以下的轻微划伤，长度≤100mm 时，每平方米面积允许存在 4 条； 宽度在 0.1～1mm 的划伤，长度≤100mm 时，每平方米面积允许存在 4 条
爆边	每片玻璃每米边长上允许有长度不超过 10mm，自玻璃边部向玻璃板表面延伸深度不超过 2mm，自板面向玻璃厚度延伸深度不超过 1.5mm 的爆边 1 个
内面污迹	不允许
裂纹	不允许

（9）封边质量

封边后的熔封接缝应保持饱满、平整，有效封边宽度应≥5mm。

（10）弯曲度

真空玻璃弯曲度应满足表 2-26 的规定。

真空玻璃弯曲度　　表 2-26

玻璃厚度 d（mm）	弓形弯曲度
≤12	0.3%
＞12	供需双方商定

（11）真空玻璃保温性能（K 值）

真空玻璃保温性能按照表 2-27 分三个级别。

真空玻璃保温性能　　表 2-27

级别	K 值 [W/(m^2·K)]
1	$K \leq 1.0$
2	$1.0 < K \leq 2.0$
3	$2.0 < K \leq 2.8$

(12) 耐辐照性

紫外线照射 200h，真空玻璃试验前后 K 值的变化率应不超过 3%。

(13) 气候循环耐久性

经循环试验后，样品不允许出现炸裂，真空玻璃试验前后 K 值的变化率应不超过 3%。

(14) 高温高湿耐久性

经循环试验后，样品不允许出现炸裂，真空玻璃试验前后 K 值的变化率应不超过 3%。

(15) 隔声性能

真空玻璃隔声性能应≥30dB。

2.3 玻璃幕墙结构密封胶材料[6,22]

2.3.1 玻璃幕墙结构密封胶的种类

用于幕墙工程中的几种常用胶的名称及其用途和特点见表 2-28。

幕墙工程中的几种常用胶（按化学组成分类）[6] **表 2-28**

种类	用途举例	优点	缺点
硅酮胶	玻璃幕墙结构粘结、中空玻璃二道密封、接缝密封	耐紫外老化，幕墙首选粘结密封材料	表面不能刷漆，普通硅酮胶容易吸附灰尘，造成垂流污染
聚氨酯胶	接缝密封	可以刷漆	不耐紫外老化。老化后表面出现裂纹，且会不粘玻璃
聚硫胶	中空玻璃二道密封	气体透过率低	不耐紫外老化，老化后变硬，且不粘玻璃
有机硅改性聚醚胶	接缝密封	可以刷漆	耐候性不如硅酮胶，老化后表面出现裂纹，且不粘玻璃

2.3.2 玻璃幕墙密封胶

用于玻璃幕墙上的密封胶，主要有硅酮密封胶、丙烯酸酯密封胶、聚氨酯密封胶和聚硫密封胶。聚硫密封胶和硅酮结构密封胶相容性能差，不适宜配合使用。

(1)《硅酮建筑密封胶》GB/T 14683—2003[30] 规定了镶装于玻璃和建筑接缝用硅酮密封胶的产品分类、要求、性能、试验方法等。

1) 分类

① 种类

硅酮建筑密封胶按固化机理分为 A 型-脱酸（酸性）和 B 型-脱醇（中性）两种。

硅酮建筑密封胶按用途分为类 G 类-镶装玻璃用和 F 类-建筑接缝用两种。

② 级别

产品按位移能力分为 25、20 两个级别，见表 2-29。

密封胶级别（%）　　表 2-29

级　别	试验拉压幅度	位移能力
25	±25	25
20	±20	20

③ 次级别

产品按拉伸模量分为高模量（HM）和低模量（LM）两个次级别。

2）要求

外观需满足如下要求：

① 产品应为细腻、均匀膏状物，不应有气泡、结皮和凝结；

② 产品的颜色与供需双方商定的样品相比，不应有明显区别。

3）理化性能

硅酮密封胶的理化性能应符合表 2-30 的需求。

硅酮密封胶的理化性能　　表 2-30

序号	项　目		技术指标			
			25HM	20HM	25LM	20LM
1	密度（g/cm³）		规定值±0.1			
2	下垂度（mm）	垂直	≤3			
		水平	无变形			
3	表干时间（h）①		≤3			
4	挤出性（mL/min）		≥80			
5	弹性恢复率（%）		≥80			
6	拉伸模量（MPa）	23℃	>0.4	>0.4	≤0.4	≤0.4
		−20℃	>0.6	>0.6	≤0.6	≤0.6
7	定伸粘结性		无破坏			
8	紫外线辐照后粘结性②		无破坏			
9	冷拉-热压后粘结性		无破坏			
10	浸水后定伸粘结性		无破坏			
11	质量损失率（%）		≤10			

注：① 允许采用供需双方商定的其他指标值。
　　② 此项仅适用于G类产品。

（2）《聚氨酯建筑密封胶》JC/T 482—2003[31] 规定了建筑接缝用聚氨酯建筑密封胶的质量要求如下：

1）外观

① 产品应为细腻、均匀膏状物或黏稠液，不应有泡；

② 产品的颜色与供需双方商定的样品相比，不得有明显的差异；多组分产品各组分的颜色间应有明显差异。

2）物理力学性能

聚氨酯建筑密封胶的物理力学性能应符合表 2-31 的规定。

聚氨酯物理力学性能 **表 2-31**

试验项目		技术指标		
		20HM	25LM	20LM
密度（g/cm³）		规定值±0.1		
流动性	下垂度（N）（mm）	≤3		
	流平性（L型）	光滑平整		
表干时间（h）		≤24		
挤出性（mL/min）①		≥80		
适用性（h）②		≥1		
弹性恢复率（%）		≥70		
拉伸模量（MPa）	23℃	>0.4 或>0.6	≤0.4 或≤0.6	
	−20℃			
定伸粘结性		无破坏		
浸水后定伸粘结性		无破坏		
冷拉-热压后的粘结性		无破坏		
质量损失率（%）		≤7		

注：① 此项仅适用于单组分产品；
② 此项仅适用于多组分产品，允许采用供需双方商定的其他指标值。

(3)《幕墙玻璃接缝用密封胶》JC/T 882—2001[32]对耐候密封胶的技术要求作了如下规定：

1）外观

① 产品应为细腻、均匀膏状物，不应有气泡、结皮和凝结；

② 产品的颜色与供需双方商定的样品相比，不应有明显区别。多组分密封胶各组分的颜色应有明显差异。

2）密封胶的适用期指标由供需双方商定。

3）物理力学性能

幕墙玻璃接缝用密封胶的物理力学性能应符合表2-32的规定。

幕墙玻璃接缝用密封胶的物理力学性能 **表 2-32**

序号	项目		技术指标			
			25HM	20HM	25LM	20LM
1	下垂度（mm）	垂直	≤3			
		水平	无变形			
2	表干时间（h）		≤3			
3	挤出性（mL/min）		≥80			
4	弹性恢复率（%）		≥80			
5	拉伸模量（MPa）		>0.4		≤0.4	
			>0.6		≤0.6	
6	定伸粘结性		无破坏			
7	冷拉-热压后粘结性		无破坏			
8	浸水后定伸粘结性		无破坏			
9	质量损失率（%）		≤10			

试验基材选用无镀膜浮法玻璃。根据需要也可选择其他基材，但粘结试件一侧必须选用浮法玻璃。当基材需用涂覆底涂料时，应按生产厂要求进行。

注：实际工程用基材的粘结性应按《建筑用硅酮结构密封胶》GB 16776—2005[33]附录 A 进行相容性试验。

2.3.3　硅酮结构密封胶

在玻璃幕墙上用的硅酮结构密封胶，其作用是将玻璃粘结在铝合金附框上。硅酮结构密封胶在长期服役期间，要受到玻璃自重、热效应、风载荷、气候变化及地震作用，这就要求硅酮结构密封胶必须有足够的粘结性能和长久的耐久性能。

《建筑用硅酮结构密封胶》GB 16776—2005[33]对硅酮结构密封胶的技术要求作了如下规定。

（1）外观

1）产品应为细腻、均匀膏状物，不应有气泡、结皮和凝结；

2）双组分密封胶各组分的颜色应有明显差异。

（2）物理力学性能

产品的物理力学性能应符合表 2-33 的要求。

产品的物理力学性能　　表 2-33

序号	项　目			技术指标
1	下垂度	垂直放置，不大于（mm）		3
		水平放置		不变形
2	挤出性，不大于（s）			10
3	适用性，不小于（min）			20
4	表干时间，不大于（h）			3
5	邵氏硬度			30～60
6	拉伸粘结性	拉伸粘结强度不小于（MPa）	标准条件	0.45
			90℃	0.45
			−30℃	0.45
			浸水后	0.45
			水-紫外线光照后	0.45
	粘结破坏面积，不大于（%）			5
	热失重，90%　不大于（%）			10
	龟裂			无
	粉化			无

注：本表只适用于双组分产品。

硅酮结构密封胶的性能有以下几项：

1）抗拉强度

按 GB 13477 规定，试件用（75mm×50mm×6mm）的铝板或玻璃，在期间注（50mm×50mm×12mm）的结构胶，在标准条件下放置 28d。

试验的标准条件为 23±2℃、相对湿度 45%～55%。其结果反映了硅酮结构胶在常温条件下的抗拉强度。同时，还规定了进行下列四种情况下的抗拉强度检测：

①90℃；②−30℃；③浸水（7d）后；④水-紫外线光照（300h）后。并要求上述四

项检测结果不得小于 0.45N/mm²，且粘结破坏面积不大于 5%。

2）撕裂强度

表征沿胶层本身撕开的能力，用《硫化橡胶或热塑性橡胶撕裂强度的测定（裤形、直角形和新月形试样）》GB/T 529—2008 中新月形试样进行检测，要求不小于 4.7255N/mm²。

3）弹性模量

指密封胶应力与应变的关系，按密封胶的弹性模量特征，分为高模量密封胶、中模量密封胶与低模量密封胶。对应于一给定的拉伸应力，高模量密封胶发生的应变比中模量和低模量密封胶要小，而大的应变对粘结会产生不利影响。硅酮密封胶的特点是在低温条件下并不变硬和增大其弹性模量。

4）硬度

《硫化橡胶或热塑性橡胶压入硬度试验方法 第 1 部分：邵氏硬度计法（邵氏硬度）》GB/T 531.1—2008 规定了硬度试验方法，结构硅酮密封胶要求硬度值（邵尔）在 25～45 之间，已证明这个值域在活动胶缝中是最适宜的，并要求结构密封胶在低温不变硬，高温时不软化。

5）弹性恢复力

密封胶要有较好的弹性恢复能力，即被外力作用伸长（压缩）之后，能恢复到它原来的尺寸并保持粘结性能。具有良好弹性恢复能力的密封胶，即使在反复伸缩活动之后也能保持其弹性。如果密封胶的弹性恢复能力不好，产生应力松弛现象，卸载后不能恢复到其原始位置，对其粘结效果的长久性会有影响。

2.3.4 中空玻璃双道密封胶

中空玻璃双道密封胶包括起密封作用的一道密封胶（主要材料为聚异丁烯密封胶）及起结构粘结作用的二道弹性密封胶（主要材料包括硅酮结构密封胶及聚硫密封胶，由于聚硫密封胶的粘结强度及胶体本身强度远不及结构密封胶，且不耐紫外线作用，因此，聚硫密封胶只适用于明框玻璃幕墙上用的中空玻璃，不适合用于全隐框及半隐框的玻璃幕墙）。

《中空玻璃用弹性密封胶》GB/T 29755—2013[34] 对中空玻璃用双道密封胶的技术要求作了如下规定：

（1）外观质量

1）密封胶不应有粗粒、结块和结皮，无不易迅速均匀分散的析出物；

2）双组分产品各组分颜色应有明显的差别。

（2）物理性能

中空玻璃用弹性密封胶的物理性能应符合表 2-34 的规定。

中空玻璃用弹性密封胶的物理性能　　表 2-34

序号	项目		技术指标				
			PS类		SR类		
			20HM	12.5E	25HM	20HM	12.5E
1	密度（g/cm³）	A组分 B组分	规定值±0.1 规定值±0.1				

续表

序号	项　　目		技术指标				
			PS 类		SR 类		
			20HM	12.5E	25HM	20HM	12.5E
2	黏度（Pa·s）	A 组分 B 组分	规定值±10% 规定值±10%				
3	挤出性（仅单组分）(s)≤		10				
4	适用性（min）≥		30				
5	表干时间（h）≤		2				
6	下垂度	垂直放置（min）≤	3				
		水平放置	不变形				
7	弹性恢复率（%）≥		60%	40%	80%	60%	40%
8	拉伸模量（MPa）	23℃ −20℃	>0.4 或 >0.6	—	>0.4 或 >0.6		—
9	热压-冷压后粘结性	位移（%）	±20	±12.5	±25	±20	±12.5
		破坏性质	无破坏				
10	热空气-水循环后 定伸粘结性	伸长率（%）	60	40	80	60	40
		破坏性质	无破坏				
11	紫外线辐射-水浸后 定伸粘结性	伸长率（%）	60	10	100	60	60
		破坏性质	无破坏				
12	水蒸气渗透率［g/(m²·d)］	15	—				
13	紫外线辐照发雾性 （仅用于单道密封时）	无	—				

注：原始尺寸为 100%。

1）双组分混合应均匀，避免形成气泡；

2）应使挤注涂施的密封胶表面，使其表面齐平。

《中空玻璃用丁基热溶密封胶》JC/T 914—2014[35] 规定了中空玻璃用丁基热溶密封胶的要求，试验方法、检验规格等。

（1）外观

1）产品应为细腻、无可见颗粒的均质胶泥。

2）产品颜色为黑色或供需双方商定的颜色。

（2）物理力学性能

产品物理力学性能应符合表 2-35 的要求。

丁基热溶密封胶物理力学性能　　**表 2-35**

序号	项　　目		指　　标
1	密度（g/cm³）		规定值±0.05
2	针入度 1/10mm	25℃	30～50
		130℃	230～330
3	剪切强度（MPa）≥		0.10
4	紫外线照射发雾性		无雾
5	水蒸气透过率（g/m²）≤		1.1
6	热失重（%）≤		0.5

2.4 铝合金型材[6,22]

铝合金型材是由铝合金基材并在其表面通过阳极氧化、电泳涂漆、粉末喷涂、氟碳喷涂等方式形成一层保护膜的材料，是玻璃幕墙上使用最广泛的结构支承材料。

2.4.1 铝合金牌号与状态

《变形铝及铝合金牌号表示方法》GB/T 16474—2008[36] 规定了变形铝及铝合金的牌号表示方法，根据变形铝及铝合金国际牌号注册协议组织推荐的国际四位数字体系牌号来命名。按化学成分，已在国际牌号注册组织命名的铝及铝合金，直接采用国际四位数字体系牌号，国际牌号注册组织未命名的铝及铝合金，则按四位字符体系牌号命名，见表 2-36。

铝及铝合金牌号表示法[6]　　表 2-36

组　别	牌号系列
纯铝（铝含量不小于 99.00%）	1×××
以铜为主要合金元素的铝合金	2×××
以锰为主要合金元素的铝合金	3×××
以硅为主要合金元素的铝合金	4×××
以镁为主要合金元素的铝合金	5×××
以镁和硅为主要合金元素并以 Mg_2Si 相为强化相的铝合金	6×××
以锌为主要合金元素的铝合金	7×××
以其他合金元素为主要合金元素的铝合金	8×××
备用合金组	9×××

GB/T 16475—2008 规定了变形铝及铝合金的状态代号。基础状态代号用一个英文大写字母表示。基础状态分为五种，如表 2-37 所示。

变形铝及铝合金的状态代号[6]　　表 2-37

代号	名　称	说明与应用
F	自由加工状态	适用于在成型过程中，对于加工硬化和热处理条件无特殊要求的产品，该状态产品的力学性能不作规定
O	退火状态	适用于经完全退火获得最低强度的加工产品
H	加工硬化状态	适用于经过加工硬化提高强度的产品，产品在加工硬化后可经过（也可不经过）使强度有所降低的附加热处理，H 代号后面必须跟有两位或三位阿拉伯数字
W	固熔热处理状态	一种不稳定状态，仅适用于经固熔热处理后，室温下自然时效的合金，该状态代号仅表示产品处于自然实效阶段
T	热处理状态（不同于 F、O、H 状态）	适用于热处理后，经过（或不经过）加工硬化达到稳定状态的产品，T 代号后面必须跟有一位或多位阿拉伯数字

目前，门窗幕墙常用的主要是 6061（30 号锻铝）和 6063、6063A（31 号锻铝）高温挤压成型、快速冷却并人工时效（T5）或经固熔热处理（T6）状态的铝合金型材，再经阳极氧化（着色）、或电泳喷涂、粉末喷涂、氟碳喷涂表面处理。

2.4.2　建筑用铝合金型材基本性能要求及检测技术

（1）化学成分

不同牌号的铝合金的化学成分应符合国家标准《变形铝及铝合金化学成分》GB/T 3190—2008[37]和《铝合金建筑型材 第 1 部分：基标》GB 5237.1—2008[38]的相关规定。

铝合金化学成分的不同，会导致型材综合性能的较大差异。例如，6063 铝合金是以镁和硅为主要合金元素并以 Mg_2Si 相为强化相的铝合金系列中具有中等强度可热处理的强化合金，镁的含量越高，Mg_2Si 的数量就越多，热处理强化效果就越大，型材的抗拉强度就越高，但变形抗力也随之增大，合金的塑性下降，加工性能较差，耐腐蚀也降低；硅的数量增加，合金的晶粒变细，金属的流动性变大，加工性能提高，热处理强化效果增加，型材的抗拉强度提高，而塑性和耐腐蚀性也会降低。因此，优选铝合金化学成分是生产优质铝合金建筑型材的重要基础。

（2）材质标准

铝合金建筑型材是铝合金门窗幕墙的主要材料，铝合金的牌号和状态如表 2-38 所示，型材表面一般经阳极氧化（着色）、电泳喷涂、氟碳喷涂处理。合金牌号供应状态应符合表 2-38 的要求。

合金牌号及供应状态[6]　　**表 2-38**

合金牌号	供应状态
6005，6060，6063，6063A，6463，6463A	T5，T6
6061	T4，T6

注：（1）订购其他牌号或状态时，需供需双方协商。

（2）如果同一建筑结构型材同时选用 6005，6060，6061，6063 等不同合金（或同一合金不同状态），采用同一工艺进行阳极氧化，将难以获得颜色一致的阳极氧化表面，建议选用合金牌号和供应状态时，充分考虑颜色不一致性对建筑结构的影响。

（3）壁厚尺寸及偏差

根据标准《铝合金建筑型材 第 1 部分：基材》GB 5237.1—2008，型材壁厚尺寸分为 A、B、C 共 3 种。除压条、压盖、扣板等需要弹性装配的型材之外，型材最小公称壁厚应不小于 1.2mm。型材壁厚偏差应符合表 2-39 的规定，壁厚偏差等级由供需双方协定，但有装配关系的 6060-T5，6063-T56063A-T5，6463-T5，6463A-T5 型材壁厚偏差，应选择高精级和超高精度级。壁厚偏差选择高精级和超高精度级时，其允许偏差值应在型材图样中注明，图样中不注明允许偏差值，但可以直接测量的壁厚，其偏差值按普通级别级执行。壁厚公称尺寸及允许偏差相同的各个面的壁厚偏差不大于相应的壁厚公差之半。

型材的壁厚采用相应精度的卡尺、千分尺等测量工具或专用仪器进行测量。

壁厚允许偏差（mm）[6]　　**表 2-39**

级别	公称壁厚	对应于下列外接圆直径的型材壁厚尺寸允许偏差					
		≤100		>100～250		>250～350	
		A	B，C	A	B，C	A	B，C
普通级	≤1.50	0.15	0.23	0.20	0.30	0.38	0.45
	>1.50～3.00	0.15	0.25	0.23	0.38	0.54	0.57

续表

级别	公称壁厚	对应于下列外接圆直径的型材壁厚尺寸允许偏差					
		≤100		>100～250		>250～350	
		A	B，C	A	B，C	A	B，C
普通级	>3.00～6.00	0.18	0.30	0.27	0.45	0.57	0.60
	>6.00～10.00	0.20	0.60	0.30	0.90	0.62	1.20
	>10.00～15.00	0.20	—	0.30	—	0.62	—
	>15.00～20.00	0.23	—	0.35	—	0.65	—
	>20.00～30.00	0.25	—	0.38	—	0.69	—
	>30.00～40.00	0.30	—	0.45	—	0.72	—
高精级	≤1.50	0.13	0.21	0.15	0.23	0.30	0.35
	>1.50～3.00	0.13	0.21	0.15	0.25	0.36	0.38
	>3.00～6.00	0.15	0.26	0.18	0.30	0.38	0.45
	>6.00～10.00	0.17	0.51	0.20	0.60	0.41	0.90
	>10.00～15.00	0.17	—	0.20	—	0.41	—
	>15.00～20.00	0.20	—	0.23	—	0.43	—
	>20.00～30.00	0.21	—	0.25	—	0.46	—
	>30.00～40.00	0.26	—	0.30	—	0.48	—
超高精级	≤1.50	0.09	0.10	0.10	0.12	0.15	0.25
	>1.50～3.00	0.09	0.13	0.10	0.15	0.15	0.25
	>3.00～6.00	0.10	0.21	0.12	0.25	0.18	0.35
	>6.00～10.00	0.11	0.34	0.13	0.40	0.20	0.70
	>10.00～15.00	0.12	—	0.14	—	0.22	—
	>15.00～20.00	0.13	—	0.15	—	0.23	—
	>20.00～30.00	0.15	—	0.17	—	0.25	—
	>30.00～40.00	0.17	—	0.20	—	0.30	

注：1. 表中无数值表示偏差无要求；

2. 含封闭空腔的空心型材，或含不完全封闭空腔、但所包围空腔截面积不小于豁口尺寸平方的2倍的空心型材，当空腔某一边的壁厚大于或等于其对边壁厚的3倍时，其壁厚允许偏差由供需双方协商；当空腔对边壁厚不相等，且厚边壁厚小于其对边壁厚的3倍时，其任一边壁厚的允许偏差均应采用两对边平均壁厚对应的B组允许偏差值。

3. 当型材所包围的空腔截面面积不小于70mm² 时，且大于等于豁口尺寸平方的2倍时，未封闭的空腔周壁壁厚允许偏差采用B组允许偏差值。

4. 含封闭空腔的空心型材，所包围的空腔截面面积小于70mm² 时，其空腔周边壁厚允许偏差值采用A组允许偏差值。

（4）角度及允许偏差

图样上有标注，且能直接测量的角度，其角度偏差应符合表2-40的规定，精度等级需在图样或合同中注明，未注明时，6060-T5，6063-T56063A-T5，6463-T5，6463A-T5型材角度偏差按高精级执行，其他型材按普通级执行。不采用对称的“±”偏差时，正负偏差的绝对值之和应为表中对应数值的2倍。

横截面的角度允许偏差[6] **表2-40**

级 别	允许偏差（°）
普通级	±1.5
高精级	±1.0
超高精级	±0.5

型材图样上标注有倒角半径“r”字样时，倒角半径“r”应不大于 0.5mm。要求倒角半径为其他数值时，应将该数值标注在图样上。型材图样上标注有圆角半径“R”值时，圆角半径的允许偏差应符合表 2-41 的规定。不同于表 2-41 规定时，应将偏差值标注在图样上。不采用对称的“±”偏差时，正负偏差的绝对值之和应为表中对应数值的 2 倍。

圆角半径允许偏差[6]　　**表 2-41**

圆角半径 R（mm）	圆角半径的允许偏差（mm）
≤5.0	±0.5
>5.0	±0.1R

型材横截面上的倒角（或过渡圆角）半径（r）及圆角半径（R）应采用相应精度的 R 规等测量工具或专用仪器测量。

（5）型材的曲面间隙

对曲面间隙有要求时，应双方协商曲面弧样板。任意 25mm 弦长上的圆弧曲面间隙不超过 0.13mm。当横截面圆弧部分的圆心角不大于 90°时，曲面间隙不超过 0.13×弦长/25mm，弦长不足 25mm 时，按 25mm 计算；当横截面圆弧部分的圆心角大于 90°时，型材的曲面间隙不超过 0.13×90°圆心角对应弦长＋其余数圆心角对应弦长)/25mm，弦长不足 25mm 时，按 25mm 计算。将标准弧样板紧贴在型材的曲面上，测量型材曲面与标准弧样板之间的最大间隙值，该值即为型材的曲面间隙。

（6）型材的平面间隙

型材的平面间隙应符合表 2-42 的规定，精度等级需在图样上注明，未注明时，6060-T5，6063-T56063A-T5，6463-T5，6463A-T5 型材平面间隙按高精级执行，其他型材按普通级执行。

型材的平面间隙（mm）[6]　　**表 2-42**

型材公称宽度 W	平面间隙，不大于		
	普通级	高精级	超高精级
≤25	0.20	0.15	0.10
>25～100	0.80%×W	0.60%×W	0.40%×W
>100～350	0.80%×W	0.60%×W	0.33%×W
任意 25mm 宽度上	0.20	0.15	0.10

将 25mm 长的直尺沿宽度方向靠在型材的凹面上，测量直尺与型材凹面间的最大间隙值，该值即为型材任意宽度上的平面间隙；将长度大于型材宽度的直尺靠在型材凹面上，测量直尺与型材之间的最大间隙值，该值即为型材在其整个宽度上的平面间隙。

（7）弯曲度

弯曲度应符合表 2-43 的规定，精度等级需在图样或合同中注明，未注明时，6060-T5，6063-T56063A-T5，6463-T5，6463A-T5 型材按高精级执行，其他型材按普通级执行。

允许的弯曲度（mm）[6] **表 2-43**

外接圆直径	最小壁厚	弯曲度，不大于					
		普通级		高精级		超高精级	
		任意 300mm 长度上 h_s	全长 L（m）H_t	任意 300mm 长度上 h_s	全长 L（m）H_t	任意 300mm 长度上 h_s	全长 L（m）H_t
≤38	≤2.4	1.5	4×L	1.3	3×L	0.3	0.6×L
	>2.4	0.5	2×L	0.3	1×L	0.3	0.6×L
>38	—	0.5	1.5×L	0.3	0.8×L	0.3	0.5×L

测量时，将型材放在平台上，借自重达到稳定时，沿型材长度方向测量型材底面与平台间的最大间隙，该值即为型材全长上的弯曲度；将 300mm 长的直尺，沿型材长度方向靠在型材表面上，测量型材与直尺之间的最大间隙值，该值即为型材任意 300mm 长度上的弯曲度。

（8）扭拧度

公称长度不大于 7m 的型材，扭拧度应符合表 2-44 的规定。公称长度大于 7m 时，型材扭拧度由供需双方协定。扭拧度精度等级需在图样或合同中注明，未注明精度等级时，6060-T5，6063-T56063A-T5，6463-T5，6463A-T5 型材按高精级执行，其他型材按普通级执行。

允许的扭拧度（mm）[6] **表 2-44**

级别	公称宽度	下列长度 L（m）上的扭拧度					
		≤1m	>1～2m	>2～3m	>3～4m	>4～5m	>5～7m
		不大于					
普通级	≤25.00	1.30	2.00	2.30	3.10	3.30	3.90
	>25.00～50.00	1.80	2.60	3.90	4.20	4.70	5.50
	>50.00～75.00	2.10	3.40	5.20	5.80	6.30	6.80
	>75.00～100.00	2.30	3.50	6.20	6.60	7.00	7.40
	>100.00～125.00	3.00	4.50	7.80	8.20	8.40	8.60
	>125.00～150.00	3.60	5.50	9.80	9.90	10.10	10.30
	>150.00～200.00	4.40	6.60	11.70	11.90	12.10	12.30
	>200.00～350.00	5.50	8.20	15.60	15.80	16.00	16.20
高精级	≤25.00	1.20	1.80	2.10	2.60	2.60	3.00
	>25.00～50.00	1.30	2.00	2.60	3.20	3.70	3.90
	>50.00～75.00	1.60	2.30	3.90	4.10	4.30	4.70
	>75.00～100.00	1.70	2.60	4.00	4.40	4.70	5.20
	>100.00～125.00	2.00	2.90	5.10	5.50	5.70	6.00
	>125.00～150.00	2.40	3.60	6.40	6.70	7.00	7.20
	>150.00～200.00	2.90	4.30	7.60	7.90	8.10	8.30
	>200.00～350.00	3.60	5.40	10.20	10.40	10.70	10.90
超高精级	≤25.00	1.00	1.20	1.50	1.80	2.00	2.00
	>25.00～50.00	1.00	1.20	1.50	1.80	2.00	2.00
	>50.00～75.00	1.00	1.20	1.50	1.80	2.00	2.00
	>75.00～100.00	1.00	1.20	1.50	2.00	2.20	2.50
	>100.00～125.00	1.00	1.50	1.80	2.20	2.50	3.00
	>125.00～150.00	1.20	1.50	1.80	2.20	2.50	3.00
	>150.00～200.00	1.50	1.80	2.20	2.60	3.00	3.50
	>200.00～350.00	1.80	2.50	3.00	3.50	4.00	4.50

测量时将型材置于平台上，并使其一端紧贴平台。型材借自重达到稳定时，测量型材翘起端的两侧端点与平台间的间隙值 T_1 和 T_2，T_1 和 T_2 的差值即为型材的扭拧度。

（9）长度

要求定尺时，应在合同中注明，公称长度小于或等于 6m 时，允许偏差为＋15mm，长度大于 6m，允许偏差有双方协定。以倍尺交货的型材，其总长度允许偏差为＋20mm，需要加锯口余量时，应在合同中注明。

采用相应精度的测量工具或专用仪器测量型材的长度。

（10）端头切斜度

端头切斜度不应超过 2°。可采用相应精度的测量工具或专用仪器测量型材的端头切斜度。

（11）外观质量

型材表面应整洁，不允许有裂纹、起皮、腐蚀和气泡等缺陷存在。

型材表面上允许有轻微的压坑、碰伤、擦伤存在，其允许深度见表 2-45。模具挤压痕的深度见表 2-46。装饰面要在图纸中注明，未注明时按非装饰面执行。

型材表面缺陷允许深度（mm）[6]　　**表 2-45**

状　　态	缺陷允许深度，不大于	
	装饰面	非装饰面
T5	0.03	0.07
T4，T6	0.06	0.10

模具挤压痕的允许深度（mm）[6]　　**表 2-46**

合金牌号	模具挤压痕深度，不大于
6005，6061	0.06
6060，6063，6063A，6463，6463A	0.03

型材端头允许有因锯切产生的局部变形，其纵向长度不应超过 10mm。

在自然散射光下，以正常视力（不得使用放大镜）检查型材外观。对缺陷深度不能确定时，可采用打磨法测量。

（12）力学性能

型材的室温力学性能应符合表 2-47 的规定，取样部位的公称壁厚小于 1.2mm 时，不测定断后伸长率。

型材的室温力学性能[6]　　**表 2-47**

合金牌号	供应状态		壁厚（mm）	拉伸性能				硬度		
				抗拉强度（MPa）	规定非比例延伸强度（MPa）	断后伸长率		试样厚度（mm）	维氏硬度 HV	韦氏硬度 HW
						A	A_{50mm}			
				不小于						
6005	T5		≤6.3	260	240	—	8	—	—	—
	T6	实心型材	≤5	270	225	—	6	—	—	—
			＞5～10	260	215	—	6	—	—	—
			＞10～25	250	200	8	6	—	—	—
		空心型材	≤5	255	215	—	6	—	—	—
			＞5～15	250	200	8	6	—	—	—

续表

合金牌号	供应状态	壁厚（mm）	拉伸性能				硬度		
			抗拉强度（MPa）	规定非比例延伸强度（MPa）	断后伸长率		试样厚度（mm）	维氏硬度 HV	韦氏硬度 HW
					A	A_{50mm}			
			不小于						
6060	T5	≤5	160	120	—	6	—	—	—
		>5～25	140	100	8	6	—	—	—
	T6	≤3	190	150	—	6	—	—	—
		>3～25	170	140	8	6	—	—	—
6061	T4	所有	180	110	16	16	—	—	—
	T6	所有	265	245	8	8	—	—	—
6063	T5	所有	160	110	8	8	0.8	58	8
	T6	所有	205	180	8	8	—	—	—
6063A	T5	≤10	200	160	—	5	0.8	65	10
		>10	190	150	5	4	0.8	65	10
	T6	≤10	230	190	—	5	—	—	—
		>10	220	180	4	4	—	—	—
6463	T5	≤50	150	110	8	6	—	—	—
	T6	≤50	195	160	10	8	—	—	—
6463A	T5	≤12	150	110	—	6	—	—	—
	T6	≤3	205	170	—	6	—	—	—
		>3～12	205	170	—	8	—	—	—

拉伸试验按《金属材料 拉伸试验 第1部分：室温试验方法》GB/T 228.1—2010规定的方法进行，断后伸长率按GB/T 228的规定确定；维氏硬度试验按《金属材料 维氏硬度试验 第1部分：试验方法》GB/T 4340.1—2009规定的方法进行；韦氏硬度试验按《铝合金韦氏硬度试验方法》YS/T 420—2000规定的方法进行。

2.4.3 建筑用铝合金型材表面处理技术要求及检测

(1)《铝合金建筑型材 第2部分：阳极氧化型材》GB/T 5237.2—2008[39]对阳极氧化、着色型材膜进行了如下规定：

1）基材质量、产品的化学成分、力学性能应符合《铝合金建筑型材 第1部分：基材》GB/T 5237.1—2008的规定。

2）产品的尺寸允许偏差（包括氧化膜在内）应符合《铝合金建筑型材 第1部分：基材》GB/T 5237.1—2008的规定。

3）阳极氧化膜的厚度级别应按表2-48的规定执行。

阳极氧化膜的厚度级别　　　表2-48

氧化膜厚度等级	单根平均膜厚不小于（μm）	单根局部膜厚不小于（μm）
AA10	10	8
AA15	15	12
AA20	20	16
AA25	25	20

4）阳极氧化膜的厚度级别应根据使用环境加以选择，可参考表2-49进行选择。

阳极氧化膜厚度级别所对应的使用环境　　**表 2-49**

厚度等级	使用环境	应用举例
AA10	室外大气清洁、远离工业污染、远离海洋，室内一般情况下均可使用	车辆内外装饰件、屋内、外门窗等
AA15 AA20	存在有大气污染、酸或碱的气氛，潮湿或受雨淋，但都不十分严重；海洋性气候下服役	船舶、屋外建筑材料、幕墙等
AA20 AA25	用于环境非常恶劣的地方；长期受大气污染、受潮或雨淋、摩擦，特别是表面可能发生凝霜的地方	船舶、幕墙、门窗、机械零件

5）氧化膜的封孔质量采用磷铬酸侵蚀质量损失方法试验，失重不大于 $30mg/dm^2$。

6）电解着色、有机着色的型材，其氧化膜颜色，应符合供需双方协商认可的实物标样及允许偏差。非装饰面上允许有轻微的颜色不均，不均匀度由供需双方协定。

7）阳极氧化膜的耐侵蚀性采用铜加速醋酸盐雾试验（CASS）和滴碱试验、耐磨性落砂检测，结果应符合表 2-50 的要求。

阳极氧化膜分级表　　**表 2-50**

氧化膜厚度级别	CASS 试验		滴碱试验（S）	落砂试验磨耗系数 f(g/μm)
	时间（h）	级别		
AA10	16	≥9	≥50	≥300
AA15	32	≥9	≥75	≥300
AA20	56	≥9	≥100	≥300
AA25	72	≥9	≥125	≥300

8）氧化膜的耐候性采用 313B 荧光紫外灯人工加速老化试验，经 300h 连续照射后，电解着色膜色差至少应达到 1 级，有机着色膜色差至少应达到 2 级。具体色差级别应根据颜色的不同，由供需双方协商确定。

9）外观质量

产品表面不允许有电烫伤、氧化膜脱落等影响使用的缺陷。距型材端头 80mm 以内允许有局部无膜或电烫伤。

（2）《铝合金建筑型材 第 3 部分：电泳涂漆型材》GB/T 5237.3—2008[40] 对电泳涂漆复合膜的质量进行了如下规定：

1）基材质量应符合 GB/T 5237.1 的规定。

2）电泳涂漆型材去除膜层后的化学成分、室温力学性能应符合 GB/T 5237.1 的规定。

3）电泳涂漆型材尺寸允许偏差（包括复合膜在内）符合 GB/T 5237.1 的规定。

4）电泳涂漆型材厚度应符合表 2-51 中的规定。

电泳涂漆型材厚度　　**表 2-51**

级别	阳极氧化膜		漆膜	复合膜
	平均膜厚	局部膜厚	平均膜厚	局部膜厚
A	≥10	≥8	≥12	≥21
B	≥10	≥8	≥7	≥16

注：在苛刻，恶劣环境条件下的室外用建筑构件应采用 A 级的型材，在一般环境条件下的室外用建筑构件、车辆用构件，可采用 B 级型材。

5）阳极氧化膜的耐蚀性、漆膜的附着力和硬度以及复合膜的耐碱性应符合表 2-52 的要求。

阳极氧化膜的耐蚀性 **表 2-52**

膜厚级别	阳极氧化膜		漆膜		复合膜				
	耐蚀性（CASS 试验）		附着力等级	硬度	耐蚀性				耐磨性（g）
					CASS 试验		耐碱性		
	试验时间（h）	保护等级（R）			时间（h）	保护等级（R）	时间（h）	保护等级（R）	—
A	8	≥9	0	≥2H	48	≥9.5	24	≥9.5	≥3000
B	8	≥9	0	≥2H	24	≥9.5	16	≥9.5	≥2750

注：表中所指的阳极氧化膜是指型材在涂漆前经阳极氧化处理所形成的氧化膜，其耐蚀性的要求应在加工过程中予以保证，并作定期检查，不作为产品最终的检验项目。

6）颜色、色差

颜色、色差应符合供需双方确定的实物标样及允许偏差。

7）人工加速耐候性

复合膜经氙灯照射人工加速老化试验后，应无粉化现象，失光程度至少达到 1 级（失光率≤15%），变色程度至少达到 1 级。

8）耐沸水性

在≥95°的去离子水中煮沸 5h，漆膜表面不应有皱纹、裂纹、气泡、脱落及变色现象出现。

9）外观质量

涂漆前型材的外观质量应符合 GB/T 5237.2 的有关规定。涂漆后的涂膜应均匀、整洁、不允许有皱纹、裂纹、气泡、流痕、夹杂物，发黏和漆膜脱落等影响使用的缺陷。但在电泳型材端头 80mm 范围内允许局部无漆膜。

(3)《铝合金建筑型材 第 4 部分：粉末喷涂型材》GB/T 5237.4—2008[41] 对粉末喷涂型材膜进行了如下规定：

1）喷粉型材的牌号和状态规格应符合 GB/T 5237.1 的规定，涂层种类为热固性饱和聚酯粉末涂层。

2）基材质量：喷粉型材用基材应符合 GB/T 5237.1 的规定。

3）尺寸允许偏差：喷粉型材去掉涂层后，尺寸允许偏差应符合 GB/T 5237.1 的规定，产品因涂层引起的尺寸变化应不影响装配和使用。

4）喷粉型材的化学成分、力学性能：喷粉型材去掉涂层后，其化学成分、室温力学性能应符合 GB/T 5237.1 的规定。

5）预处理：基材喷涂前，其表面应进行预处理，以提高涂层的附着力。化学转化膜应有一定的厚度，当采用铬化处理时，铬化转化膜的厚度应控制在 200～1300mg/m² 范围内（用重量法测定）。

6）外观质量：喷粉型材装饰面上涂层应平滑、均匀、不允许有皱纹、裂纹、气泡、流痕、夹杂物，发黏等影响使用的缺陷。允许有轻微的橘色现象，其允许程度由供需双方商定的实物标样表明。

7）涂层性能

① 光泽：涂层的 60°光泽值应与合同规定值一致。光泽值≥80 个光泽单位的高光产

品，其允许偏差为±10个光泽单位，其他产品允许偏差为±7个光泽单位；

② 颜色和色差：涂层颜色应与合同规定值一致。使用仪器测定时，单色粉末的涂层与标准色板间的色差 $\Delta E_{ab}^{*} \leqslant 1.5$，同一批产品之间的色差 $\Delta E_{ab}^{*} \leqslant 1.5$；

③ 涂层厚度：装饰面上涂层最大局部厚度≤120μm，最小局部厚度≥40μm；

④ 压痕硬度：涂层经压痕试验，其抗压痕性≥80；

⑤ 附着力：涂层经过划格试验，其附着力达到0级；

⑥ 耐冲击性：涂层经正面冲击试验后无开裂或脱落现象；

⑦ 杯突试验：涂层经压陷深度为6mm的杯突试验后，无开裂或脱落现象；

⑧ 抗弯曲性：涂层经曲率半径为3mm，弯曲180°的试验后，无开裂或脱落现象。

8）耐化学稳定性

① 耐灰浆性：涂层经灰浆试验后，其表面不应有脱落和其他明显的变化；

② 耐盐酸性：涂层经盐酸试验后，目视检查表面不应有气泡或其他明显变化；

③ 耐溶剂性：经二甲苯试验后，应无软化和其他明显变化。

9）耐盐雾腐蚀性

在带有交叉划痕的试验板上，经过1000h CASS试验后，先对交叉划线两侧各2.0mm以外部分的涂层进行目测检测，其涂层不应有腐蚀现象，再按GB/T 9286—1998中的7.2.6条进行试验，在离划线2.0mm以外部分，不应有涂层脱落现象。

10）耐湿热性

涂层经过1000h试验后，变化小于等于1级；

11）人工加速耐候性

涂层经过250h氙灯照射人工加速老化试验后，不应产生粉化现象（0级），失光率和变色色差至少达到1级。经供需双方协定，可采用其他加速老化试验方法，其具体要求需双方商定并在合同中注明。

12）耐沸水性

涂层经过耐沸水试验后，不应有气泡、皱纹、水斑或脱落等缺陷，允许色泽有变化。

(4)《铝合金建筑型材 第5部分：氟碳漆喷涂型材》GB/T 5237.5—2008[42]对氟碳漆喷涂型材进行了如下规定：

1）喷漆型材的合金牌号、状态、规格应符合GB/T 5237.1的规定，涂层种类应符合表2-53中的规定。

氟碳漆喷涂种类 **表2-53**

二层涂层	三层涂层	四层涂层
底漆加面漆	底漆、面漆加清漆	底漆、过渡漆面、面漆加清漆

2）基材质量

喷粉型材所用的基材应符合GB/T 5237.1的规定。

3）喷漆型材的化学成分和力学性能

喷漆型材去掉涂层后，其化学成分、室温力学性能应符合GB/T 5237.1的规定。

4）预处理

型材喷漆前，其表面应进行铬化处理，以提高基体与涂层的附着力。化学转化膜应有一定的厚度，当采用铬化处理时，铬化转化膜的厚度应控制在200～1300mg/m² 范围内

(用重量法测定)。

5) 尺寸允许偏差

喷漆型材去掉漆膜后的尺寸允许偏差应符合 GB/T 5237.1 的规定，产品因涂层引起的尺寸变化应不影响装配和使用。

6) 涂层性能

① 光泽：涂层的 60°光泽值应与合同规定一致，其允许偏差为±5 个光泽单位；

② 颜色和色差：涂层颜色应与合同规定的标准色板基本一致。使用仪器测定时，单色涂层与标准色板间的色差 $\Delta E_{ab}^{*} \leqslant 1.5$，同一批产品之间的色差 $\Delta E_{ab}^{*} \leqslant 1.5$；

③ 涂层厚度

喷漆型材装饰面上的漆膜厚度应符合表 2-54 的规定，非装饰面如需要喷漆应在合同中注明。

喷漆型材装饰面上的漆膜厚度（um） **表 2-54**

涂层种类	平均厚度	最小局部厚度
二涂	⩾30	⩾25
三涂	⩾40	⩾30
四涂	⩾65	⩾55

7) 硬度

涂层经铅笔划痕试验，硬度⩾1H。

8) 附着力

涂层的干式、湿式和沸水附着力均达到 0 级。

9) 耐冲击性

涂层正面经冲击试验后应无开裂或脱落现象，在凹面的周边处允许有细小皱纹。

10) 耐磨性

涂层经落砂试验后，其磨耗率应⩾1.6L/μm。

11) 耐化学稳定性

耐盐酸性：涂层经盐酸试验后，目视检查表面不应有气泡或其他明显变化。

耐硝酸性：土层经硝酸试验后，颜色变化 $\Delta E_{ab}^{*} \leqslant 6$。

耐溶剂性：经过丁酮试验后，漆膜应无软化及其他明显变化。

耐洗涤剂：涂层经洗涤剂试验后，其表面不应有气泡、脱落或其他明显变化。

耐灰浆性：涂层经过灰浆试验后，其表面不应有脱落或其他明显变化。

12) 耐盐雾性

在带有交叉划痕的试验板上，经过 1500h NSS 试验后，先对交叉划线两侧各 2.0mm 以外部分的涂层进行目测检测，其涂层不应有腐蚀现象，再按 GB/T 9286—1998 中的 7.2.6 条进行试验，在离划线 2.0mm 以外部分，不应有涂层脱落现象。

13) 耐湿热性

涂层经过 3000h 试验后，变化小于等于 1 级。

14) 人工加速耐候性

涂层经过 5000h 氙灯照射人工加速老化试验后，不应产生粉化现象（0 级），失光率和变色色差至少达到 1 级。经供需双方协定，可采用其他加速老化试验方法，其具体要求需双方商定并在合同中注明。

15）外观质量

喷漆型材装饰面上的涂层应平滑、均匀、不允许有流痕、皱纹、气泡、脱落及其他影响使用的缺陷。

2.5　钢材[6,22]

钢材在玻璃幕墙上得到了大量应用，是幕墙上起结构支承和连接的最主要材料之一。钢门窗的型材、大跨度幕墙工程的钢结构支承结构、拉索式幕墙的钢拉索及拉杆、幕墙与主体结构之间的连接件等都采用钢材。门窗幕墙上使用的钢材以碳素结构钢、低合金钢和耐候钢为主。

《碳素结构钢》GB/T 700—2006[43]规定了碳素结构钢的技术条件。

（1）牌号表示方法、代号和符号

1）牌号表示方法

钢的牌号由表示屈服点的字母、屈服点数值、质量等级符号、脱氧方法符号四个部分按顺序组成。

2）符号

Q——钢材的屈服点；

A、B、C、D——分别为质量等级；

F——沸腾钢；

b——半镇静钢；

Z——镇静钢；

TZ——特殊镇静钢。

（2）钢的牌号和化学成分（熔炼分析）应符合表 2-55 的规定。

钢的牌号和化学成分表[22]　　表 2-55

牌号	等级	化学成分					脱氧方法
		C	Mn	Si	S	P	
				不大于			
Q195	—	0.06～0.12	0.25～0.50	0.30	0.050	0.045	F、b、Z
Q215	A	0.09～0.15	0.22～0.55	0.30	0.050	0.045	F、b、Z
	B				0.045		
Q235	A	0.14～0.22	0.30～0.65	0.30	0.050	0045	F、b、Z
	B	0.12～0.20	0.30～0.70		0.045		
	C	≤0.18	0.35～0.80		0.040	0.040	Z
	D	≤0.17			0.035	0.035	
Q255	A	0.18～0.28	0.40～0.70	0.30	0.050	0.045	F、b、Z
	B				0.045		
Q275		0.28～0.38	0.50～0.80	0.35	0.050	0.045	b、Z

1）沸腾钢含量不大于0.07%，半镇静钢硅含量不大于0.17%，镇静钢硅含量下限值为0.12%。

2）D级钢应含有足够的形成细晶粒结构的元素，例如钢中酸溶铝含量不小于0.015%或全铝含量不小于0.020%。

3）钢中残余元素铬、镍、铜含量应各不大于0.30%，氧气转炉钢的氮含量应不大于0.008%，如供方能保证，均可不做分析。

4）钢中砷的残余含量应不大于0.080%。用含砷矿冶炼生铁所冶炼的钢，砷含量由供需双方协议规定。如原料中没有砷，对钢中的砷可不做分析。

5）在保证钢材力学性能符合本标准规定情况下，各牌号A级钢的碳、硅、锰含量和各牌号其他等级钢碳、锰含量下限可以不作为交货条件，但其含量（熔炼分析）应在质量证书中注明。

6）在供应商品钢锭时，供方应保证化学成分符合表2-55的规定。但为保证轧制钢材各项性能符合本标准要求，各牌号A、B级钢的化学成分可以根据需方进行适当调整，另订协议。

（3）钢材的拉伸和冲击试验应符合表2-56的规定，弯曲试验的规定应符合表2-57的规定。碳素结构钢的化学成分和力学性能试验方法见表2-58。

钢材的拉伸和冲击试验[22] **表2-56**

牌号	等级	屈服强度（MPa），不小于						抗拉强度（MPa）	断后伸长率 A（%），不小于					冲击试验	
		厚度（或直径）（mm）							厚度（或直径）（mm）					温度（℃）	冲击吸收（纵向）J不小于
									≤40	>40～50	>60～100	>100～150	>150～200		
Q195	—	195	185	—	—	—	—	315～430	33	—	—	—	—	—	—
Q215	A	215	205	195	185	175	165	335～450	31	30	29	27	26	+20	27
	B													—	—
Q235	A	235	225	215	215	195	185	370～500	26	25	24	22	21	+20	27
	B													0	
	C														
	D													−20	
2-57 Q275	A	275	265	255	245	225	215	410～540	22	21	20	18	17	—	27
	B													+20	
	C													0	
	D													−20	

钢材的弯曲试验 **表2-57**

牌号	试样方向	冷弯试验180° $B=2d$	
		钢材厚度（或直径）（mm）	
		≤60	>60～100
		弯心直径 d	
Q195	纵	0	—
	横	0.5a	
Q215	纵	0.5a	1.5a
	横	a	2a

续表

牌号	试样方向	冷弯试验 180°$B=2d$	
		钢材厚度（或直径）(mm)	
		≤60	>60～100
		弯心直径 d	
Q235	纵	a	2a
	横	1.5a	2.5a
Q275	纵	1.5a	2.5a
	横	2a	3a

化学成分和力学性能试验方法 **表 2-58**

序号	检验项目	取样数量（个）	取样方法	试验方法
1	化学分析	1（每炉）	GB/T 20066	GB/T 223，GB/T 4336
2	拉伸	1	GB/T 2975	GB/T 228
3	冷弯			GB/T 232
4	冲击	3		GB/T 229

2.6 幕墙连接与紧固件[6,22]

玻璃幕墙由支承体系、面板体系及连接体系等组成，其中连接体系是将面板体系与主体结构粘结为一体的结构或构件形式。因此，在幕墙制作、安装过程中连接体系占有重要地位，连接体系质量的优劣，直接影响到玻璃幕墙的后期安全服役性能。

幕墙构件的连接，除隐框幕墙结构装配组件玻璃与铝框的连接采用硅酮结构密封胶连接外，通常用紧固件连接。紧固件把两个以上的金属或非金属构件连接在一起，连接方法分不可拆卸连接和可拆卸连接两类。铆合属于不可拆卸连接，螺纹连接属于可拆卸连接，使用这类连接的构件可自由拆卸，使用方便。

紧固件有普通螺栓、螺钉、螺柱、螺母以及抽芯铆钉等。

《紧固件机械性能 螺栓、螺钉和螺柱》GB/T 3098.1—2010[44]规定了碳钢或合金钢制造的螺栓、螺钉和螺柱的机械性能。

1）螺栓、螺钉和螺柱的机械物理性能见表 2-59。

螺栓、螺钉和螺柱的机械物理性能[22] **表 2-59**

分项条号	机械性能和物理性能		性能等级										
			3.6	4.6	4.8	5.6	5.8	6.8	8.8		9.8	10.9	12.9
									d≤16mm	d>16mm			
1	公称抗拉强度（MPa）		300	400		500		600	800	800	900	1000	1200
2	最小抗拉强度（MPa）		330	400	420	500	520	600	800	830	900	1040	1220
3	维氏硬度	min	95	120	130	155	160	190	250	255	290	320	385
		max	220					250	320	335	360	380	435

续表

分项条号	机械性能和物理性能			性能等级										
				3.6	4.6	4.8	5.6	5.8	6.8	8.8		9.8	10.9	12.9
										$d \leqslant$ 16mm	$d >$ 16mm			
4	布氏硬度	min		90	114	124	147	152	181	238	242	276	304	366
		max		209					238	304	318	342	361	414
5	洛氏硬度	min	*HRB*	52	67	71	79	82	89	—	—	—	—	—
			HRC	—	—	—	—	—	—	22	23	28	32	39
		max	*HRB*	95.0					99.5	—	—	—	—	—
			HRC	—					—	32	34	37	39	44
6	表面硬度			—						—				
7	屈服点（MPa）	公称		180	240	320	300	400	480	—	—	—	—	—
		min		190	240	340	300	420	480	—	—	—	—	—
8	规定非比例伸长应力（MPa）			—					—	640	640	720	900	1080
				—					—	640	660	720	940	1100
9	保证应力	S_P/σ_s		0.94	0.94	0.91	0.93	0.90	0.92	0.91	0.91	0.90	0.88	0.88
		S_P（MPa）		180	225	310	280	380	440	580	600	650	830	970
10	破坏扭矩（N·m）min			—						按 GB/T 3098.13 规定				
11	断后伸长率（%）min			25	22	—	20	—	—	12	12	10	9	8
12	断后收缩率（%）min			—						52		48	48	44
13	楔负载			对螺栓和螺钉（不包括螺柱）实物进行测试，应符合相关规定										
14	冲击吸收功（J）min			—				25	—	30	30	25	20	15
15	头部坚固性			不得断裂										
16	螺纹未脱碳层的最小高度 G			—						$1/2H_1$			$2/3H_1$	$3/4H_1$
	全脱碳层的最大深度 E			—						0.015				
17	再回火后的硬度			—						回火前后硬度均值之差不大于 20HV				
18	表面缺陷			按 GB/T 5779.1 或 GB/T 5779.3 规定										

2）螺纹紧固件应力截面积值

《螺纹紧固件应力截面积和承载面积》GB/T 16823.1—1997[45]对螺纹紧固件应力截面积值作了规定，见表 2-60。

螺纹紧固件应力截面积和承载面积[22] **表 2-60**

粗牙螺纹				细牙螺纹			
螺纹直径（mm）	螺距 p（mm）	应力截面积 A_s（mm²）	内径 d_1（mm）	螺纹直径（mm）	螺距 p（mm）	应力截面积 A_s（mm²）	内径 d_1（mm）
1	0.25	0.460	0.729	8	1	39.2	6.918
1.1	0.25	0.588	0.829	10	1	64.5	8.918
1.2	0.25	0.732	0.929	10	1.25	61.2	8.647
1.4	0.3	0.983	1.075	12	1.25	92.1	10.647
1.6	0.35	1.27	1.221	12	1.5	88.1	10.376

续表

粗牙螺纹				细牙螺纹			
螺纹直径(mm)	螺距 p (mm)	应力截面积 A_s (mm^2)	内径 d_1 (mm)	螺纹直径(mm)	螺距 p (mm)	应力截面积 A_s (mm^2)	内径 d_1 (mm)
1.8	0.35	1.70	1.421	14	1.5	125	12.376
2	0.4	2.07	1.567	16	1.5	167	14.376
2.2	0.45	2.48	1.713	18	1.5	216	16.376
2.5	0.45	3.39	2.013	20	1.5	272	18.376
3	0.5	5.03	2.459	20	2	258	17.835
3.5	0.6	6.78	2.850	22	1.5	333	20.376
4	0.7	8.78	3.424	24	2	384	21.835
4.5	0.75	11.3	3.688	27	2	496	24.835
5	0.8	14.3	4.134	30	2	621	27.835
6	1	20.1	4.918	33	2	761	30.835
7	1	28.9	5.918	36	3	865	32.752
8	1.25	36.6	6.647	39	3	1030	35.752
10	1.5	58.0	8.376	45	3	1400	41.752
12	1.75	84.3	10.106	52	4	1830	47.670
14	2	115	11.835	56	4	2144	51.670
16	2	157	13.835	60	4	2490	55.670
18	2.5	192	15.294	64	4	2851	59.670
20	2.5	245	17.294	72	6	3460	—
22	2.5	303	19.294	76	6	3890	—
24	3	353	20.752	80	6	4340	—
27	3	459	23.752	85	6	4950	—
30	3.5	561	26.211	90	6	5590	—
33	3.5	694	29.211	95	6	6270	—
36	4	817	31.670	100	6	7000	—
39	4	976	34.670	105	6	7760	—
42	4.5	1120	37.129	110	6	8560	—
45	4.5	1310	40.129	115	6	9390	—
48	5	1470	42.588	120	6	10300	—
52	5	1760	46.588	125	6	11200	—
56	5.5	2030	50.046	130	6	12100	—
60	5.5	2360	54.046	—	—	—	—
64	6	2680	57.505	—	—	—	—
68	6	3060	61.505	—	—	—	—

注：应力截面积 A_s 用于螺栓抗拉、抗剪强度验算；内径 d_1 用于拉杆抗拉强度验算。

《紧固件机械性能螺母粗牙螺纹》GB/T 3098.2—2000 规定了螺母的机械性能，螺母的机械性能应符合表 2-61 的规定。

螺母的机械性能[22]　　**表 2-61**

<table>
<tr><th colspan="2" rowspan="3">螺纹规格</th><th colspan="15">性能等级</th></tr>
<tr><th colspan="5">04</th><th colspan="5">05</th><th colspan="5">4</th></tr>
<tr><th rowspan="2">保证应力(MPa)</th><th colspan="2">维氏硬度 HV</th><th colspan="2">螺母</th><th rowspan="2">保证应力(MPa)</th><th colspan="2">维氏硬度 HV</th><th colspan="2">螺母</th><th rowspan="2">保证应力(MPa)</th><th colspan="2">维氏硬度 HV</th><th colspan="2">螺母</th></tr>
<tr><th>></th><th>≤</th><th>min</th><th>max</th><th>热处理</th><th>型式</th><th>min</th><th>max</th><th>热处理</th><th>型式</th><th>min</th><th>max</th><th>热处理</th><th>型式</th></tr>
<tr><td>—</td><td>M4</td><td rowspan="5">380</td><td rowspan="5">188</td><td rowspan="5">302</td><td rowspan="5">不淬火回火</td><td rowspan="5">薄型</td><td rowspan="5">500</td><td rowspan="5">272</td><td rowspan="5">353</td><td rowspan="5">淬火并回火</td><td rowspan="5">薄型</td><td rowspan="4">—</td><td rowspan="4">—</td><td rowspan="4">—</td><td rowspan="4">—</td><td rowspan="4">—</td></tr>
<tr><td>M4</td><td>M7</td></tr>
<tr><td>M7</td><td>M10</td></tr>
<tr><td>M10</td><td>M16</td></tr>
<tr><td>M16</td><td>M39</td><td>510</td><td>117</td><td>302</td><td>不淬火回火</td><td>1</td></tr>
</table>

<table>
<tr><th colspan="2" rowspan="3">螺纹规格</th><th colspan="15">性能等级</th></tr>
<tr><th colspan="5">5</th><th colspan="5">6</th><th colspan="5">7</th></tr>
<tr><th rowspan="2">保证应力(MPa)</th><th colspan="2">维氏硬度 HV</th><th colspan="2">螺母</th><th rowspan="2">保证应力(MPa)</th><th colspan="2">维氏硬度 HV</th><th colspan="2">螺母</th><th rowspan="2">保证应力(MPa)</th><th colspan="2">维氏硬度 HV</th><th colspan="2">螺母</th></tr>
<tr><th>></th><th>≤</th><th>min</th><th>max</th><th>热处理</th><th>型式</th><th>min</th><th>max</th><th>热处理</th><th>型式</th><th>min</th><th>max</th><th>热处理</th><th>型式</th></tr>
<tr><td>—</td><td>M4</td><td>520</td><td rowspan="4">130</td><td rowspan="5">302</td><td rowspan="5">不淬火回火</td><td rowspan="5">1</td><td>600</td><td rowspan="4">150</td><td rowspan="5">302</td><td rowspan="5">不淬火并回火</td><td rowspan="5">1</td><td>800</td><td>180</td><td rowspan="4">302</td><td rowspan="4">不淬火回火</td><td rowspan="5">1</td></tr>
<tr><td>M4</td><td>M7</td><td>580</td><td>670</td><td>855</td><td rowspan="3">200</td></tr>
<tr><td>M7</td><td>M10</td><td>590</td><td>680</td><td>870</td></tr>
<tr><td>M10</td><td>M16</td><td>610</td><td>700</td><td>880</td></tr>
<tr><td>M16</td><td>M39</td><td>630</td><td>146</td><td>720</td><td>170</td><td>920</td><td>233</td><td>353</td><td>淬火并回火</td></tr>
</table>

<table>
<tr><th colspan="2" rowspan="3">螺纹规格</th><th colspan="15">性能等级</th></tr>
<tr><th colspan="5">8</th><th colspan="5">9</th><th colspan="5">10</th></tr>
<tr><th rowspan="2">保证应力(MPa)</th><th colspan="2">维氏硬度 HV</th><th colspan="2">螺母</th><th rowspan="2">保证应力(MPa)</th><th colspan="2">维氏硬度 HV</th><th colspan="2">螺母</th><th rowspan="2">保证应力(MPa)</th><th colspan="2">维氏硬度 HV</th><th colspan="2">螺母</th></tr>
<tr><th>></th><th>≤</th><th>min</th><th>max</th><th>热处理</th><th>型式</th><th>min</th><th>max</th><th>热处理</th><th>型式</th><th>min</th><th>max</th><th>热处理</th><th>型式</th></tr>
<tr><td>—</td><td>M4</td><td rowspan="4">—</td><td rowspan="4">—</td><td rowspan="4">—</td><td rowspan="4">—</td><td rowspan="4">—</td><td>900</td><td>170</td><td rowspan="5">302</td><td rowspan="5">不淬火并回火</td><td rowspan="5">2</td><td>1040</td><td rowspan="5">272</td><td rowspan="5">353</td><td rowspan="5">淬火并回火</td><td rowspan="5">1</td></tr>
<tr><td>M4</td><td>M7</td><td>915</td><td rowspan="4">188</td><td>1040</td></tr>
<tr><td>M7</td><td>M10</td><td>940</td><td>1040</td></tr>
<tr><td>M10</td><td>M16</td><td>950</td><td>1050</td></tr>
<tr><td>M16</td><td>M39</td><td>890</td><td>180</td><td>302</td><td>不淬火回火</td><td>2</td><td>920</td><td>1060</td></tr>
</table>

续表

<table>
<tr><th colspan="2" rowspan="3">螺纹规格</th><th colspan="10">性能等级</th></tr>
<tr><th colspan="10">12</th></tr>
<tr><th rowspan="2">保证应力（MPa）</th><th colspan="2">维氏硬度 HV</th><th colspan="2">螺母</th><th rowspan="2">保证应力（MPa）</th><th colspan="2">维氏硬度 HV</th><th colspan="2">螺母</th></tr>
<tr><th>></th><th>≤</th><th>min</th><th>max</th><th>热处理</th><th>型式</th><th>min</th><th>max</th><th>热处理</th><th>型式</th></tr>
<tr><td>—</td><td>M4</td><td>1140</td><td rowspan="4">295</td><td rowspan="4">353</td><td rowspan="4">淬火并回火</td><td rowspan="4">1</td><td>1150</td><td rowspan="5">270</td><td rowspan="5">353</td><td rowspan="5">淬火并回火</td><td rowspan="5">2</td></tr>
<tr><td>M4</td><td>M7</td><td>1140</td><td>1150</td></tr>
<tr><td>M7</td><td>M10</td><td>1140</td><td>1160</td></tr>
<tr><td>M10</td><td>M16</td><td>1170</td><td>1190</td></tr>
<tr><td>M16</td><td>M39</td><td>—</td><td>—</td><td>—</td><td>—</td><td>—</td><td>1200</td></tr>
</table>

第3章　玻璃幕墙制作安装质量要求及检测

3.1　引言

玻璃幕墙通常是将单元构件在工厂制作好，运送到工地上进行安装这么一个过程。制作及安装施工不当是引发幕墙安全问题的一个重要方面，施工及组装的优劣直接影响着玻璃幕墙的安全与可靠性应用。因此，现场对玻璃幕墙进行安全评估时，对玻璃幕墙组件的制作、安装质量检验与复验是一项重要检测内容。

《建筑装饰装修工程质量验收规范》GB 50210—2001[46]和《玻璃幕墙工程质量检验标准》JGJ/T 139—2001[47]以及《建筑节能工程施工质量验收规范》GB 50411—2007[48]规定了建筑幕墙的制作工艺和安装质量要求及检验方法。本章节对玻璃幕墙的制作、安装质量的基本要求及检测项目、检测方法等进行了归纳和总结，以便为现场检测人员提供参考。

3.2　建筑幕墙工程质量要求及检验[6,22,46,47,48]

3.2.1　幕墙组件制作工艺质量要求及检验

（1）构件式玻璃幕墙

1）构件尺寸偏差

幕墙框架竖向和横向构件的尺寸允许偏差应符合表3-1的要求。

幕墙框架竖向和横向构件的尺寸允许偏差[6]　　表3-1

构件	材料	允许偏差（mm）	检测方法
主要竖向构件长度	铝型材	±1.0	钢卷尺
	钢型材	±2.0	钢卷尺
主要横向构件长度	铝型材	±0.5	钢卷尺
	钢型材	±1.0	钢卷尺
端头斜度	—	−15°	量角器

2）幕墙玻璃加工尺寸及形状允许偏差

玻璃面板边长尺寸允许偏差、对角线允许偏差应分别符合表3-2的要求[6]。

玻璃面板边长尺寸允许偏差、对角线允许偏差　　表3-2

尺寸	允许偏差（mm）		检测方法
	厚度5～12mm		
	边长	边长	
玻璃面板边长尺寸	±1.5	±2.0	钢卷尺
玻璃面板对角线	≤2.0	≤3.0	钢卷尺

钢化玻璃与半钢化玻璃板弯曲度应符合表 3-3 的要求。

钢化玻璃与半钢化玻璃板弯曲度[6]　　**表 3-3**

弯曲变形种类	弯曲度允许最大值		检测方法
	水平法	垂直法	
弓形变形（mm/mm）	0.3%	0.5%	钢卷尺
波形变形（mm/300mm）	0.2%	0.3%	钢卷尺

夹层玻璃板的尺寸和对角线允许偏差应符合表 3-4 的要求。干法夹层玻璃的厚度允许偏差不能超过原片允许偏差和中间层允许偏差（中间层总厚度小于 2mm 时允许偏差不予考虑，中间层总厚度大于 2mm 时，其允许偏差为±0.2mm）之和，弯曲度不应超过 0.3%。

夹层玻璃板的尺寸和对角线允许偏差[6]　　**表 3-4**

尺寸	允许偏差（mm）		检测方法
	边长≤2000mm	边长＞200mm	
玻璃面板边长尺寸	±2.0	±2.0	钢卷尺
玻璃面板对角线	≤2.5	≤3.5	钢卷尺

中空玻璃板的边长、厚度尺寸允许偏差及对角线允许偏差应符合表 3-5 的要求。

中空玻璃板的边长、厚度尺寸允许偏差及对角线允许偏差[6]　　**表 3-5**

尺寸		允许偏差（mm）			检测方法
		边长≤2000mm		边长＞2000mm	
		边长＜1000mm	1000mm≤边长＜2000mm		
玻璃面板边长尺寸		±2.0	+2.0，−3.0	±3.0	钢卷尺
玻璃面板对角线		≤2.5		≤3.5	钢卷尺
厚度	公称厚度 T＜22	±1.5			卡尺
	公称厚度 T≥22	±2.0			卡尺

单向热弯玻璃的尺寸和形状允许偏差应符合表 3-6、表 3-7 的要求。

热弯玻璃面板的高度和弧长允许偏差[6]　　**表 3-6**

尺寸（mm）		允许偏差（mm）	检测方法
高度	高度≤2000	±3.0	钢卷尺
	高度＞2000	±5.0	
弧长	弧长≤1500	±3.0	钢卷尺
	弧长＞1500	±5.0	

热弯玻璃面板的弧长吻合度[6]　　**表 3-7**

吻合度（mm）		检测方法
弧长 2400	弧长＞2400	钢卷尺
±3.0	±5.0	

3）明框玻璃幕墙玻璃组件装配质量要求

玻璃面板与型材槽口的配合尺寸应符合表 3-8、表 3-9 的要求，最小配合尺寸见

图 3-1。尺寸应经过计算确定，满足玻璃面板温度变化和幕墙平面内变形的要求。

玻璃于槽口的配合尺寸[6]　　　　**表 3-8**

玻璃品种	厚度	a（mm）	b（mm）	c（mm）	检验方法
单层、夹层玻璃	6	≥3.5	≥15	≥5	卡尺
	8～10	≥4.5	≥16	≥5	
	12	≥5.5	≥18	≥5	
中空玻璃	6+h+6	≥5	≥17	≥5	
	8+h+8	≥6	≥18	≥5	

注：1. 夹层玻璃以总厚度计算；
2. h 为空气层厚度。

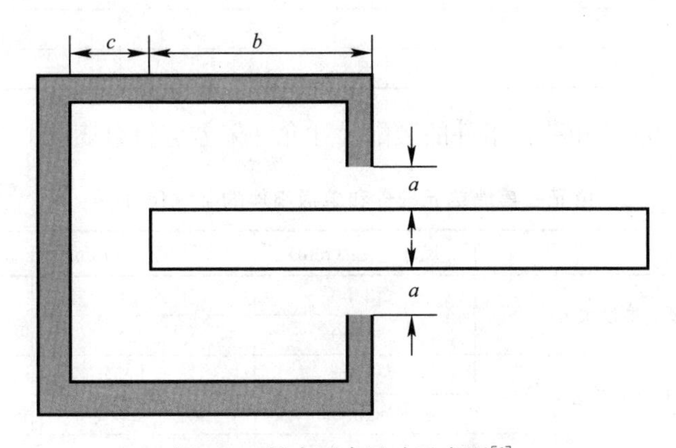

图 3-1　最小配合尺寸示意图[6]

玻璃定位垫块位置、数量应满足承载要求，玻璃面板与槽口之间应进行可靠的密封。

4）隐框玻璃幕墙玻璃组件装配质量要求

隐框玻璃幕墙玻璃组件的结构胶跨度和厚度尺寸应符合设计要求，结构胶厚度不宜小于 6mm 且不宜大于 12mm，宽度不宜小于 7mm 且不宜大于厚度的 2 倍。

结构胶完全固化后，隐框玻璃幕墙玻璃组件的尺寸偏差应符合表 3-9 的要求。

隐框玻璃幕墙玻璃组件的尺寸偏差[6]　　　　**表 3-9**

项目	尺寸范围（mm）	允许偏差（mm）	检测方法
框长宽尺寸	—	±1.0	钢卷尺
组件长宽尺寸	—	±2.5	钢卷尺
框接缝高度差	—	≤0.5	深度尺
框内侧对角线差及组件对角线差	长边≤2000	≤2.5	钢卷尺
	长边>2000	≤3.5	
框组装间隙	—	≤0.5	塞尺
胶缝宽度	—	+2.0，0	卡尺或钢板尺
胶缝厚度	≥6	+0.5，0	卡尺或钢板尺
组件周边玻璃与铝框位置差	—	≤1.0	深度尺
组件平面度	—	≤3.0	1m 靠尺
组件厚度	—	±1.5	卡尺或钢板尺

（2）单元式幕墙

单元式幕墙单元框架组件装配尺寸允许偏差应符合表 3-10 的要求。

单元式幕墙单元框架组件装配尺寸允许偏差[6]　　表 3-10

项目	尺寸范围（mm）	允许偏差（mm）	检测方法
框架长、宽尺寸	≤2000	±1.5	钢卷尺
	>2000	±2.0	
分隔长、宽尺寸	≤2000	±1.5	钢直尺
	>2000	±2.0	
对角线长度差	≤2000	≤2.5	钢直尺
	>2000	≤3.5	
同一平面高度差	—	≤0.5	深度尺
装配间隙	—	≤0.5	塞尺

单元式幕墙单元部件和单板组件的装配尺寸允许偏差应符合表 3-11 的要求。

单元式幕墙单元部件和单板组件的装配尺寸[6]　　表 3-11

项目	尺寸范围（mm）	允许偏差（mm）	检测方法
部件（组件）长度、宽度尺寸	≤2000	±1.5	钢直尺
	>2000	±2.0	
部件（组件）对角线长度差	≤2000	±1.5	钢直尺
	>2000	±2.0	
结构胶胶缝宽度	—	+1.0 0	卡尺或钢直尺
结构胶胶缝厚度	—	+0.5 0	卡尺或钢直尺
部件内单板间接缝宽度（与设计值比）	—	±1.0	卡尺或钢直尺
相邻两单板接缝面板高低差	—	≤1.0	深度尺
单元安装连接件水平、垂直方向装配位置	—	±1.0	钢直尺或钢卷尺

单元部件组装就位后幕墙的允许偏差应符合表 3-12 的要求。

单元部件组装就位后幕墙的允许偏差[6]　　表 3-12

项目		允许偏差（mm）	检测方法
墙面垂直度 （幕墙高度 H）	H≤30m	≤10	经纬仪
	30m<H≤60m	≤15	
	60m<H≤90m	≤20	
	90m<H≤150m	≤25	
	H>150m	≤30	
墙面平面度		≤2.5	2m 靠尺
竖缝直线度		≤2.5	2m 靠尺
横缝直线度		≤2.5	2m 靠尺
单元间接缝宽度（与设计值比）		±2.0	钢直尺
相邻两单元接缝面板高低差		≤1.0	深度尺
单元对插配合间隙（与设计值比）		±1.0	钢直尺
单元对插搭接长度		±1.0	钢直尺

（3）点支承玻璃幕墙

点支承玻璃幕墙用玻璃面板加工应符合下列要求：

1）玻璃面板边缘和孔洞边缘应进行磨边及倒角处理，磨边宜用细磨，倒角宽度宜不小于 1mm。

2）孔中心至玻璃边缘的距离不应小于 2.5d（d 为玻璃的孔径），孔边与板边的距离不宜小于 70mm；玻璃钻孔周边应进行可靠的密封处理，中空玻璃钻孔周边应进行多道密封处理。

3）玻璃钻孔的允许偏差为：直孔直径 0～+0.5mm，锥孔直径 0～+0.5mm，夹层玻璃两孔同轴度为 2.5mm。

4）玻璃钻孔中心距离偏差不应大于 1.5mm。

5）单片玻璃边长允许偏差应符合表 3-13 的要求。

单片玻璃边长允许偏差[6]　　**表 3-13**

玻璃厚度（mm）	允许偏差（边长 L）（mm）			检测方法
	$L≤1000$	$1000＜L≤2000$	$2000＜L≤3000$	
6	±1.0	+1 −2	+1 −3	钢卷尺
8，10，12，15	+1 −2	+1 −3	+2 −3	
19	+1 −2	±2.0	±3.0	

6）中空玻璃的边长允许偏差应符合表 3-14 的要求。

中空玻璃的边长允许偏差[6]　　**表 3-14**

长度	允许偏差（mm）	检测方法
＜1000	±2.0	钢卷尺
1000～2000	+2 −3	
＞2000	±3.0	

7）夹层玻璃边长允许偏差应符合表 3-15 的要求。

夹层玻璃的边长允许偏差[6]　　**表 3-15**

总厚度 D（mm）	允许偏差（mm）		
	$L≤1200$	$1200＜L≤2400$	检测方法
$12＜D≤16$	±2.0	2.5	卡尺
$16＜D≤24$	±2.5	±3.0	

注：总厚度 D 不包括胶片厚度。

支承结构构件加工的允许偏差应符合表 3-16 的要求。

（4）全玻幕墙

全玻幕墙用单片玻璃边长允许偏差、中空玻璃的边长允许偏差、夹层玻璃的边长允许偏差应符合表 3-13～表 3-15 的要求。

构件加工的允许偏差[6]　　**表 3-16**

<table>
<tr><th>名称</th><th colspan="2">项目</th><th colspan="3">指标</th><th>检测方法</th></tr>
<tr><td rowspan="4">钢拉索</td><td colspan="2" rowspan="2">长度偏差（mm）</td><td><6m</td><td>6～10m</td><td>>10m</td><td rowspan="2">专用拉伸测定仪</td></tr>
<tr><td>±5.0</td><td>±8.0</td><td>±10.0</td></tr>
<tr><td colspan="2">外观</td><td colspan="3">表面光亮，无锈斑，钢绞线不允许有断丝及其他明显的机械损伤</td><td rowspan="2">目测</td></tr>
<tr><td colspan="2">钢索压管接头表面粗糙度</td><td colspan="3">不宜大于 R_a3.2</td></tr>
<tr><td rowspan="4">撑杆
腹杆
拉杆</td><td colspan="2">长度偏差（mm）</td><td>±2.0</td><td>安装偏差</td><td>±2.0</td><td rowspan="2">卡尺</td></tr>
<tr><td colspan="2">螺纹精度</td><td colspan="3">内外螺纹为 6H/6g</td></tr>
<tr><td rowspan="2">外观</td><td>喷丸处理</td><td colspan="3">表面均匀、整洁</td><td rowspan="2">目测</td></tr>
<tr><td>抛光处理</td><td colspan="3">R_a3.2</td></tr>
<tr><td>其他钢构件</td><td colspan="2">长度、外观及孔位</td><td colspan="3">符合 GB 50205 的规定</td><td>—</td></tr>
</table>

（5）双层幕墙

双层幕墙的内、外层幕墙的组件加工工艺质量应满足表 3-7 中对应的幕墙类型的要求，此外，双层幕墙的构造应符合下列要求：

1）幕墙热通道尺寸应能够形成有效的空气流动，进出风口分开设置；

2）宜在幕墙热通道内设置遮阳系统；

3）外通风双层幕墙进风口和出风口宜设置防虫网和空气过滤装置，宜设置电动或手动的调控装置控制幕墙热通道的通风量，并能有效开启和关闭；

4）外通风双层幕墙内层幕墙或门窗宜采用中空玻璃。内通风双层幕墙外层幕墙宜采用中空玻璃；

5）外层幕墙悬挑较多时与主体结构的连接部位应进行承载力和刚度校核，幕墙结构体系应能承受附加检修荷载；

6）双层幕墙的内侧及热通道内的构配件应易于清洁和维护；

7）内通风双层幕墙应与建筑暖通系统结合设计。

3.2.2　玻璃幕墙节点与连接质量检验

节点与连接检验抽样规则：

1）每副幕墙应按各类节点总数的 5％抽样检验，且每类节点不应少于 3 个；锚栓应按 0.5％抽样检验，且每种锚栓不得少于 5 根；

2）对已完成的幕墙金属框架，应提供隐蔽工程检验验收记录。当隐蔽工程检查记录不完整时，应对该幕墙工程的结点拆开进行检验。

玻璃幕墙节点与连接项目的要求与检验方法如表 3-17 所示。

建筑幕墙节点与连接项目的要求与检验方法[6]　　**表 3-17**

检验项目	相关规定	检验方法
预埋件与幕墙的连接	1. 连接件、绝缘片、紧固件的规格、数量应符合设计要求； 2. 连接件应安装牢固，螺栓应有防松脱措施； 3. 连接件的可调节构造应用螺栓牢固连接，并有防滑动措施，角码调节范围应符合使用要求； 4. 连接件与预埋件之间的位置偏差使用钢板或型钢焊接调整时，构造形式与焊缝应符合设计要求； 5. 预埋件、连接件表面防腐层应完整，不破损	检验预埋件与幕墙连接、应在预埋件与幕墙连接节点处观察，手动检查，并采用分度值为 1mm 的钢直尺和焊缝量规测量

续表

检验项目	相关规定	检验方法
锚栓的连接	1. 使用锚拴进行锚固连接时，锚栓的类型、规格、数量、布置位置和锚固深度必须符合设计和有关标准的规定； 2. 锚栓的埋设应牢固、可靠、不得露套管	1. 用精度不大于全量程的2%的锚栓拉拔仪、分辨率为0.01mm的位移计和记录仪检验锚栓的锚固性能； 2. 观察检查锚栓埋设的外观质量，用分辨率为0.05mm的深度尺测量锚固深度
幕墙顶部连接	1. 女儿墙压顶坡度正确，罩板安装牢固，不松动、不渗漏、无空隙。女儿墙内侧罩板深度不应小于150mm，罩板与女儿墙之间的缝隙应使用密封胶密封； 2. 密封胶注胶应严密平顺，粘结牢固，不渗漏，不污染相邻表面	检验幕墙顶部的连接时，应在幕墙顶部和女儿墙压顶部部位手动和观察检查，必要时也可进行淋水试验
幕墙底部连接	1. 镀锌钢材的连接件不得同铝合金立柱直接接触； 2. 立柱、底部横梁及幕墙板块与主体结构之间应有伸缩空隙。空隙宽度不应小于15mm，并用弹性密封材料充填，不得用水泥砂浆或其他硬质材料充填； 3. 密封胶应平顺严密、粘结牢固	幕墙底部连接的检验，应在幕墙底部采用分度值为1mm的钢直尺测量和观察检查
立柱连接	1. 芯管材质、规格应符合设计要求； 2. 芯管插入上下立柱的长度均不得小于200mm； 3. 上下两立柱间的空隙不应小于10mm； 4. 立柱的上端应与主体结构固定连接，下端应为可上下活动的连接	立柱连接的检验，应在立柱连接外观检查、并应采用分辨率为0.05mm的游标卡尺和分度值为1mm的钢直尺测量
梁、柱连接结点	1. 连接件、螺栓的规格、品种、数量应符合设计要求。螺栓应有防松脱的措施，同一连接处的连接螺栓不应少于两个，且不采用自攻螺钉； 2. 梁、柱连接应牢固不松动，两端连接应设弹性橡胶垫片，或以密封胶密封； 3. 与铝合金接触的螺钉及金属配件应采用不锈钢或铝制品	在梁、柱节点处观察和手动检查，并应采用分度值为1mm的钢直尺和分辨率为0.02mm塞尺测量
变形缝节点连接	1. 变形缝构造、施工处理应符合设计要求； 2. 罩面平整、宽窄一致，无凹凸和变形； 3. 变形缝罩面与两侧幕墙结合处不得渗漏	在变形缝处观察检查，并采用淋水试验检查其漏水情况
全玻幕墙玻璃与吊夹具的连接	1. 吊夹具和衬垫材料的规格、色泽和外观应符合设计要求； 2. 吊夹具应安装牢固、位置准确； 3. 夹具不得与玻璃直接接触； 4. 夹具衬垫材料与玻璃应平整结合、紧密牢固	在玻璃的吊夹具处观察检查，并应对夹具进行力学性能检测
幕墙内排水构造	1. 排水孔、槽应畅通不堵塞，接缝严密，设置应符合设计要求； 2. 排水管及附件应与水平构件预留孔连接严密，与内衬板处水孔连接处应设橡胶密封圈	在设置内排水的部位观察检测
拉杆（索）结构连接节点	1. 所有杆（索）受力状态应符合设计要求； 2. 焊接节点焊缝应饱满、平整光滑； 3. 节点应牢固，不得松动，紧固件应有防松脱措施	在幕墙索杆部位观察检查、也可采用拉杆（索）张力测定仪对索杆的应力进行测试

续表

检验项目	相关规定	检验方法
点支承装置	1. 点支承装置和衬垫材料的规格、色泽和外观应符合设计和标准要求； 2. 点支承装置不得与玻璃直接接触，衬垫材料的面积不应小于点支承装置与玻璃的结合面； 3. 点支承装置应安装牢固、配合严密	在点支承装置处观察检查

3.2.3　玻璃幕墙工程安装质量要求及检测

（1）一般规定

1）幕墙所用的构件，必须经检验合格方可安装。

2）玻璃幕墙安装，必须提交工程所采用的玻璃幕墙产品的空气渗透性能、雨水渗透性能和风压变形性能的检验报告，还应根据设计的要求，提交包括平面内变形性能、保温隔热性能等的检验报告。

3）安装质量的抽检，应符合下列规定：

每幅幕墙均应按不同分格各抽查5%，且总数不得少于10个；

竖向构件或拼缝、横向构件或拼缝各抽查5%，且不应少于3条；开启部位应按种类各抽查5%，且每一种类不应少于3樘。

4）预埋件和连接件的安装质量及检测

幕墙预埋件和连接件的安装质量及检测方法见表3-18。

预埋件和连接件安装质量及检测[6]　　**表3-18**

序号	检验项目	检验指标	检验方法
1	幕墙预埋件和连接件的数量、埋设方法及防腐处理	应符合设计要求	与设计图纸核对，也可打开连接部位进行检测
2	标高偏差	≤±10mm	水平仪、分度值为1mm的钢直尺或钢卷尺
3	预埋位置与设计位置的偏差	≤±20mm	

5）幕墙竖向构件的安装质量及检测

幕墙竖向构件的安装质量及检测方法见表3-19。

幕墙竖向构件的安装质量及检测方法[6]　　**表3-19**

序号	检测项目		允许偏差（mm）	检测方法
1	构件整体垂直度	$h\leqslant 30m$	≤10	用经纬仪测量，垂直于地面的幕墙，垂直度应包括平面内和平面外两个方向
		$30m<h\leqslant 60m$	≤15	
		$60m<h\leqslant 90m$	≤20	
		$h>90m$	≤25	
2	竖向构件直线度		≤2.5	用2m靠尺，塞尺测量
3	相邻两竖向构件间距差距		≤3	用水平仪和钢直尺测量
4	同层构件标高偏差		≤5	用水平仪和钢直尺以构件顶端为测量面进行测量
5	相邻两竖向构件间距偏差		≤2	用钢卷尺在构件顶端测量

续表

序号	检测项目		允许偏差（mm）	检测方法
6	构件外表面平面度	相邻三构件	≤2	用钢直尺或激光全站仪测量
		$b \leq 20$m	≤5	
		$b \leq 40$m	≤7	
		$b \leq 60$m	≤9	
		$b > 60$m	≤10	

6）幕墙横向构件的安装质量及检测

幕墙横向构件的安装质量及检测方法见表 3-20。

幕墙横向构件的安装质量及检测方法[6] **表 3-20**

序号	检验项目		允许偏差（mm）	检测方法
1	单个横向构件水平度	$l \leq 2$m	≤2	用水平尺测量
		$l > 2$m	≤3	
2	相邻两横向构件间差距	$s \leq 2$m	≤1.5	用钢卷尺测量
		$s > 2$	≤2	
3	相邻两横向构件端部标高差		≤1	用水平仪、钢直尺测量
4	幕墙横向构件高度差	$b \leq 35$m	≤5	用水平仪测量
		$b > 35$m	≤7	

注：l 为长度；s 为间距；b 为幕墙宽度。

7）幕墙分隔框对角线偏差及检测

幕墙分隔框对角线偏差及检测方法见表 3-21。

幕墙分隔框对角线偏差及检测方法[6] **表 3-21**

项目		允许偏差（mm）	检测方法
分隔框对角线偏差	$l_d \leq 2$m	≤3	用对角尺或钢卷尺测量
	$l_d > 2$m	≤3.5	

（2）玻璃幕墙的安装质量及检测

《玻璃幕墙工程质量检验标准》JGJ/T 139—2001 的有关规定：

根据《玻璃幕墙工程质量检验标准》JGJ/T 139—2001 的要求，玻璃幕墙相关项目的质量要求及检验方法见表 3-22～表 3-26。

明框玻璃幕墙安装质量及检测[6] **表 3-22**

检验项目	检验指标	检验方法
玻璃安装质量	1. 玻璃与构件槽口的配合尺寸应符合设计及规范要求，玻璃嵌入量不得小于 15mm； 2. 每块玻璃下部应设不少于两块弹性定位块，垫块的宽度与槽口宽度相同，长度不应小于 100mm，厚度不应小于 5mm； 3. 橡胶条镶嵌应平整、密实，橡胶条长度宜比边框内槽口长 1.5%～2.0%，其断口应留在四角，拼角处应粘结牢固； 4. 不得采用自攻螺钉固定承受水平载荷的玻璃压条。压条的固定方式、固定点的数量应符合设计要求	观察检查、查验施工记录和质量保证资料；也可打开采用分度值为 1mm 的钢直尺或分辨率为 0.5mm 的游标卡尺测量垫块长度和玻璃嵌入量

续表

检验项目	检验指标	检验方法
拼缝质量	1. 金属装饰压板应符合设计要求，表面应平整，色彩应平整，色彩应一致，不得有变形、波纹和凹凸不平，接缝应均匀严密； 2. 明框拼缝外露框料或压板应横平竖直，线条通顺，并应满足设计要求； 3. 阳压板有防水要求时，必须满足设计要求；排水孔的形状、位置、数量应符合设计要求，且排水通畅	与设计图纸核对，采用观察检查和打开检查的方法来检查拼缝质量

隐框玻璃幕墙安装质量及检测[6]　　**表 3-23**

检验项目		检验指标	检验方法
组件安装质量		1. 玻璃板块组件必须安装牢固，固定点距离应符合设计要求且不宜大于 300mm，不得采用自攻螺钉固定玻璃板块； 2. 结构胶的剥离试验应符合标准要求； 3. 隐框玻璃板块在安装后，幕墙的平面度允许偏差不应大于 2.5mm，相邻两玻璃之间的接缝高低差不应大于 1mm； 4. 隐框玻璃板块下部应设置支承玻璃的托板，厚度不应小于 2mm	在隐框玻璃与框架连接处采用 2m 靠尺测量平面度，采用分度值为 0.05mm 的深度尺测量接缝高低差，采用分度值为 1mm 的钢直尺测量托板的厚度
拼缝质量	拼缝外观	横平竖直，缝宽均匀	观察检查
	密封胶施工质量	符合规范要求，填充密实、均匀、光滑、无气泡	查质保资料，观察检查
	拼缝整体垂直度	$h\leq30$m 时，≤10mm	用经纬仪或激光全站仪测量
		30m$<h\leq$60m 时，≤15mm	
		60m$<h\leq$90m 时，≤20mm	
		$h>$90m 时，≤25mm	
	拼缝直线度	≤2.5mm	用 2m 靠尺测量
	缝宽度差（与设计值比）	≤2mm	用卡尺测量
	相邻面板接缝高低差	≤1mm	用深度尺测量

全玻幕墙和点支承玻璃幕墙安装质量及检测[6]　　**表 3-24**

检验项目	检验指标	检测方法
安装质量	1. 幕墙玻璃与主体结构连接处应嵌入安装槽口内，玻璃于槽口的配合尺寸应符合设计和规范要求，其嵌入深度不应小于 18mm； 2. 玻璃与槽口间的空隙应有支承垫块和定位垫块，其材质、规格、数量和位置应符合设计和规范要求，不得用硬性材料充填固定； 3. 玻璃肋的宽度、厚度应符合设计要求，并应嵌填平顺、密实、无气泡、不渗漏； 4. 单片玻璃高度大于 4m 时，应使用吊夹或采用点支承方式使玻璃悬挂； 5. 点支承玻璃幕墙应使用钢化玻璃，不得使用普通浮法玻璃，玻璃开孔的中心位置距边缘距离应符合设计要求，并不得小于 100mm； 6. 点支承玻璃幕墙支承装置安装的标高偏差不应大于 3mm，其中心线的水平偏差不应大于 3mm，相邻两支承装置中心线间距偏差不应大于 2mm。支承装置与玻璃连接件的结合面水平偏差应在调节范围内，并不应大于 10mm	1. 用表面应力仪检测玻璃表面应力； 2. 与设计图纸核对，查质量保证资料； 3. 用水平仪、经纬仪检查高度偏差； 4. 用分度值为 1mm 的钢直尺或钢卷尺检查尺寸偏差

续表

检验项目	检验指标	检测方法
玻璃幕墙与周边密封质量	1. 玻璃幕墙四周与主体结构之间的缝隙，应采用防火保温材料严密填塞。内外表面应采用密封胶连续密封，接缝处不得漏水，密封胶不应污染周围相邻表面； 2. 幕墙转角、上下、侧边、封口及周边墙体的连接构造应牢固并满足密封防水要求，外表应整齐美观； 3. 幕墙玻璃与室内装饰物之间的间隙不宜少于 10mm	应核对设计图纸，观察检查，并用分度值为 1mm 的钢直尺测量，必要时进行淋水试验

玻璃幕墙外观质量及检验[6] **表 3-25**

检验项目	检验指标	检验方法
玻璃幕墙外观质量	1. 玻璃的品种、规格与色彩应符合设计要求，整幅幕墙玻璃颜色应基本均匀，无明显色差，色差不应大于 3CIELAB 色差单位，玻璃不应有发霉、镀膜玻璃氧化、变色、脱落等现象； 2. 钢化玻璃表面不得有伤痕； 3. 热反射玻璃膜面应无明显变色、脱落现象； 4. 热反射玻璃膜面不得暴露于室外面； 5. 型材表面应清洁、无明显擦伤、划伤；铝合金型材及玻璃表面不应有铝屑、毛刺、油斑、脱膜及其他污染。型材的色彩应符合设计要求并应均匀，一个分隔铝合金料表面质量指标应符合如下要求： 1）划伤、划痕深度小于氧化膜厚的 2 倍； 2）擦伤总面积小于等于 500mm^2； 3）划伤总长度小于等于 150mm； 4）擦伤和划伤不超过 4 处。 6. 幕墙隐蔽节点的遮封装修应整齐美观	1. 在较好的自然光下，距幕墙 600mm 处观察表面质量，必要时用精度 0.1mm 的读数显微镜观测玻璃、型材擦伤、划痕； 2. 对热反射玻璃膜面，在光线明亮处，以手指按住玻璃面，通过实影、虚影判断膜面朝向； 3. 观察检查玻璃颜色，也可用分光测色仪检验玻璃色差

开启部位安装质量及检测[6] **表 3-26**

检测项目	检测指标	检测方法
开启部位安装质量	1. 开启扇、外开门应固定牢固，附件齐全，安装位置正确；窗、门框固定螺丝的间距应符合设计要求并不应大于 300mm，与端部距离不应大于 180mm；开启窗开启角度不宜大于 30°，开启距离不宜大于 300mm；外开门应安装限位器或闭门器； 2. 窗、门扇应开启灵活，端正美观，开启方向、角度应符合设计的要求；窗、门扇关闭应严密，间隙均匀，关闭后四周密封条均处于压缩状态。密封条接头应完好、整齐； 3. 窗、门框的所有型材拼缝和螺钉孔宜注耐候胶，外表整齐美观。除不锈钢材料外，所有附件和固定件应作防腐处理； 4. 窗扇与框搭接宽度不应大于 1mm	与设计图纸核对，观察检查，并用分度值为 1mm 的钢直尺测量

3.2.4 幕墙工程防雷及防火性能要求及检测

（1）防火要求及检测

建筑幕墙的防雷设计应符合现行国家标准《建筑物防雷设计规范》GB 50057—

2010[49] 和《城市夜景照明设计规范》JG/T 163—2008[50] 的有关规定。

玻璃幕墙工程防雷措施的检验抽样应符合下列规定：有均压环楼层数少于 3 层时，应全数检查，多于 3 层时，抽查不得少于 3 层，对于有女儿墙盖顶的必须检查，每层至少应检查 3 处；无均压环的楼层抽查不得少于 2 层，且每层至少应查 3 处。

《玻璃幕墙工程质量检验标准》JGJ/T 139—2001[47] 规定了玻璃幕墙的防雷检验项目和检验方法，见表 3-27。

玻璃幕墙防雷检验项目和检验方法[6]　　**表 3-27**

序号	检验项目	检验指标	检验方法
1	玻璃幕墙金属框架连接	1. 幕墙所有金属框架应互相连接，形成导电通路； 2. 连接材料的材质，截面尺寸、连接长度必须符合设计要求； 3. 连接接触面应紧密可靠，不松动	1. 用接地电阻仪或兆欧表测量检查； 2. 观察、手动试验，并用分度值为 1mm 的钢卷尺、分辨率为 0.05mm 的游标卡尺测量
2	玻璃幕墙与主体结构防雷装置连接	1. 连接材质、截面尺寸和连接方式必须符合设计要求； 2. 幕墙金属框架与防雷装置的连接应紧密可靠，应采用焊接或机械连接，形成导电通路。连接点水平间距不应大于防雷引下线的间距，垂直间距不应大于均压环的间距； 3. 女儿墙压顶罩板宜与女儿墙部位幕墙构架连接，女儿墙部位幕墙构架与防雷装置的连接节点宜明露，其连接应符合设计的规定	在幕墙框架与防雷装置连接部位，采用接地电阻仪或兆欧表测量和观察检查

建筑幕墙是附属于主体建筑的围护结构，幕墙的金属框架一般不单独做防雷接地，而是利用主体结构的防雷体系，与建筑本身的防雷设计相结合，因此要求应与主体结构的防雷体系可靠连接，并保持导电畅通。在进行幕墙的防雷设计和施工中应注意以下几个方面：

1）建筑幕墙应形成自身的防雷网，在幕墙防雷设计中，应充分考虑幕墙、门窗洞口的防雷装置引出线与主体结构的防雷体系有可靠的连接，且接地电阻不宜超过 10Ω；

2）建筑物每隔 3 层要装设均压环，环间垂直距离不应大于 12m，均压环内的纵向钢筋必须采用焊接连接并与接地装置连通，所有引下线，建筑物的金属结构和金属设备均应连接到环上，幕墙立面上，水平方向每 8m 以内位于未设均压环楼层的立柱，必须与固定在设均压环楼层的立柱连通；

3）根据《建筑物防雷设计规范》GB 50057—2010，幕墙防侧雷击措施如下：一类防雷建筑物从 30m 起每隔不少于 6m 沿建筑物四周设水平避雷针带并与引下线相连 30m 以上幕墙的金属物与防雷装置连接。应将二类防雷建筑物 45m 以上，三类防雷建筑物 60m 以上幕墙的金属物与防雷装置连接；

4）对设有许多较重要的敏感电子系统，如通信设备、电子计算机、电子控制系统等现代化设备的建筑物，为了增强屏蔽作用，可将防侧击雷和等电位措施从地面首层做起，即将首层以上的外墙上的建筑幕墙、铝合金门窗、金属栏杆等较大金属物与防雷装置连接；

5）幕墙防雷做法：幕墙位于均压环处的预埋件的锚筋必须与均压环处的梁的纵向钢筋连通，固定在设均压环楼层的立柱必须与均压环连通，位于均压环处与梁纵筋连通的立柱上的横梁必须与立柱连通；

6）幕墙的防雷可用避雷带或避雷针，由建筑物防雷系统统一考虑。建筑幕墙位于女儿墙外侧时可沿屋顶周边设避雷带，其安装位置略为突出女儿墙顶部外围；也可用屋顶其他明设金属物作为接闪器；也有直接利用建筑幕墙与女儿墙之间的封顶金属板做接闪器，这时要求金属板厚度大于0.5mm，板与板之间的搭接长度大于100mm，金属板无绝缘覆盖层，金属板与女儿墙内的钢筋连接成电器通路。在女儿墙部位幕墙构架与避雷带装置的连接节点应明露；

7）幕墙避雷导线与铝合金材料连接时应满足电位要求。当用铜质材料与铝合金材料连接时，铜质材料外表面应经热镀锌处理。导线连接接触面应紧密可靠不松动；

8）防雷金属连接件应具有防锈功能，其最小横截面面积应满足：铜16mm^2、铝32mm^2、钢材25mm^2。不宜采用单股线绳作为接地连接。

（2）防火要求及检测

幕墙用玻璃为典型的脆性材料，防火性能差，高温时容易发生破裂而造成幕墙面板大面积脱落，且火焰从幕墙破碎处的外侧向上窜至上层墙面烧裂幕墙面板后，窜入到室内，从而造成更大的财产损失和人员伤亡。另外，垂直建筑幕墙与建筑主体结构各楼层水平楼板之间往往存在间隙，如果未经处理或处理不当，当发生火灾时，浓烟会从缝隙处向上层扩散，造成人员窒息，且火焰也可通过缝隙上窜到上层。这些缝隙和幕墙破裂的洞口就成了引火通道，造成更大的危害。国内外曾有不少建筑物发生火灾后幕墙损坏而造成严重的后果，幕墙的防火不当不但严重影响建筑物的使用安全性，还严重危害人民生命财产安全和其他公众利益，所以幕墙防火性能工作及检测是评价玻璃幕墙安全性能一项非常重要的工作。

《玻璃幕墙工程质量检验标准》JGJ/T 139—2001规定了玻璃幕墙工程防火构造的抽查规定、检测项目和检测方法。规范规定了玻璃幕墙工程的防火构造应符合现行国家标准《建筑设计防火规范》GB 50016—2014[51]、《建筑物内部装修设计防火规范》GB 50222—1995的有关规定。玻璃幕墙的工程防火构造应按防火分区总数抽查5%，并不得少于3处。

玻璃幕墙的防火检测项目和检测方法见表3-28。

玻璃幕墙的防火检测项目和检测方法[6] **表3-28**

序号	项目	检测指标	检测方法
1	幕墙防火构造	1. 幕墙与楼板、墙、柱之间应按设计要求设置横向、竖向连续的防火隔断； 2. 对高层建筑无窗间墙和窗槛墙的玻璃幕墙，应在每层楼板外沿设置耐火极限不低于1.0h、高度不低于0.8m的不燃烧实体墙裙； 3. 同一块幕墙玻璃不宜跨两个防火分区	在幕墙与楼板、墙、柱、楼梯间隔断处，采用观察的方法进行检测

续表

序号	项目	检测指标	检测方法
2	幕墙防火节点	1. 幕墙防火节点构造必须符合设计要求； 2. 防火材料的品种、耐火等级应符合设计和标准的规定； 3. 防火材料应安装牢固，无遗漏，并应严密无缝隙； 4. 镀锌钢衬板不得与铝合金型材直接接触，衬板就位后，应进行密封处理； 5. 防火层与幕墙和建筑主体结构间的缝隙必须用防火密封胶严密封闭	在幕墙与楼板、墙、柱、楼梯间隔断处，采用观察、触摸的方法进行检测
3	防火材料铺设	1. 防火材料的品种、材质、耐火等级和铺设厚度，必须符合设计的规定； 2. 搁置防火材料的镀锌钢板厚度不宜小于1.2mm； 3. 防火材料的铺设应饱满、均匀、无遗漏，厚度不宜小于70mm； 4. 防火材料不得与幕墙玻璃直接接触，防火材料朝玻璃面处宜采用装饰材料覆盖	在幕墙与楼板和主体结构之间用观察和触摸的方法进行检测，并采用分度值为1mm的钢直尺和分辨率为0.05mm的游标卡尺测量

第4章 既有玻璃幕墙失效模式及安全评估与鉴定程序

4.1 引言

我国自20世纪80年代引进玻璃幕墙生产技术，到20世纪90年代进入了一个快速发展时期。到目前，我国玻璃幕墙保有量及年新建量均超过世界一半以上。我国玻璃幕墙的质量随着幕墙技术规范、规程和相关标准的不断完善和企业自身管理水平的不断提高而逐步走向稳定。纵观我国幕墙行业发展的每个阶段，由于幕墙标准、规范以及行政性措施一般都相对滞后于幕墙行业发展和应用，致使早期的玻璃幕墙施工建设无标准可依，造成大量的玻璃幕墙设计不当、施工偷工减料，严重影响玻璃幕墙的质量及安全问题。同时，由于幕墙在服役过程中，必然存在材料的老化与性能退化问题，造成材料及结构失效，致使早期建设的玻璃幕墙超过或临近其寿命服役期，存在各种各样的失效问题，有些甚至引发严重的安全隐患，威胁着人们的生命和财产安全。本章节概括了既有玻璃幕墙的各种失效模式、失效机理，同时给出了目前普遍采用的玻璃幕墙安全性评估与鉴定程序。

4.2 既有玻璃幕墙失效模式及影响

建筑玻璃幕墙的失效模式可以归纳为三大类，即：材料失效、结构失效和功能失效。其中，材料失效主要是构建整个幕墙系统所选用的建筑材料物理性能或化学性能的变化而导致建筑幕墙外观质量、支承结构和使用功能的质量的降低；结构失效主要是由于材料失效而产生的幕墙结构的偏移、扭曲、开裂、损伤或过载而产生的结构性缺陷；功能失效则主要是由于材料失效或结构缺陷而引起的使用性障碍。同时，材料失效还可加速引发玻璃幕墙的结构及功能失效。2004年，上海市建筑科学研究院建筑幕墙检测中心曾对该市玻璃幕墙工程的现状进行过专门调研，结果发现随着幕墙使用时间的推移，已有10%以上的工程出现了不少质量问题，涉及调查的931个建筑，有90个出现问题。其中包括幕墙玻璃碎裂、结构胶老化、五金件锈蚀乃至损坏、坠落等已属涉及安全使用的严重质量问题，其主要失效模式及所占比例见图4-1[22,52]。表4-1给出了玻璃幕墙各种失效模式的表现形式。

由表4-1可以看出影响玻璃幕墙安全性能主要体现在以下几个方面：一是玻璃面板失效。目前，应用于幕墙上的玻璃面板种类繁多，主要包括普通单片钢化玻璃、镀膜玻璃、Low-E玻璃、夹层玻璃及一些复合式玻璃如中空玻璃和真空玻璃及其相互的组合体等，玻璃面板包括单片玻璃因受不均匀的应力或应力集中导致破碎，钢化玻璃自爆，中空玻璃气密性失效导致中空玻璃外片脱落，真空玻璃结构设计不当或真空度衰降导致其承载能力下降等；二是粘结材料失效，包括结构胶、密封胶的老化、破损导致其粘结强度降低，致使整块幕墙玻璃脱落；三是幕墙支承与连接结构失效，包括紧固件的松动、破损等，易导致幕墙玻璃整体脱落。因此，提出一些有效的现场检测方法，及时发现或预测这些问题的存在并得到妥善的解决，则可预防幕墙玻璃脱落，保障玻璃幕墙安全应用。

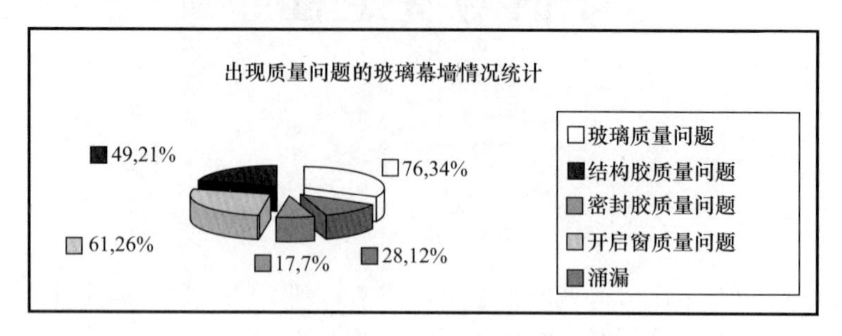

图 4-1 玻璃幕墙质量问题统计[52]

常见玻璃幕墙失效模式及其表现形式[6] **表 4-1**

分类	失效模式	失效表现形式和影响
材料失效	玻璃破碎	使用非安全玻璃；幕墙玻璃整体脱落；钢化玻璃自爆，玻璃热炸裂；玻璃受风、振动冲击载荷破碎等
	中空玻璃失效	中空玻璃密封单元失效、隔热功能衰减甚至失效，中空层气体泄漏，露点，外片整体脱落
	镀膜玻璃失效	镀膜层氧化、脱膜、变色、热炸裂，影响幕墙板的安全性能、隔热性能及景观效果
	真空玻璃破碎	真空玻璃结构设计不当，真空玻璃真空度衰降甚至丧失，使真空玻璃失去节能功效，真空玻璃承载力降低，易破碎脱落
	玻璃影像畸变	玻璃变形过大，产生波纹、条纹、八卦图等形状，导致玻璃成像畸形
	密封胶、结构胶、密封胶条失效	1. 胶缝宽窄不一，整条胶缝直线度超标，密封胶缝表面不光滑，有气泡和鼓包，胶缝边沿残留或其他污渍等缺陷，注胶质量差，存在胶体宽厚不一，有孔洞、甚至断胶等缺陷； 2. 结构胶质量参差不齐，缺乏进场质量检测报告，未进行相容试验，造成结构胶粘结强度降低，甚至脱胶； 3. 密封胶、结构胶老化，造成结构胶、密封胶表面龟裂，基体强度和粘结强度降低，产生渗水、漏气等现象； 4. 上述单一或多重因素影响造成结构胶脱粘，幕墙玻璃整体坠落
	紧固件失效	1. 预埋件、支座焊接质量差，无防腐处理，连接螺栓、螺钉和螺母锈蚀；点式幕墙爪件锈蚀，变形以及张拉索杆预应力松弛或失效； 2. 紧固件设计不当，松动等
结构失效	立柱、横梁失效	1. 早期幕墙没有具体施工和设计规范，主要受力构件如立杆、横梁型材壁厚不足，有的甚至采用门窗方料作为立杆，造成支承结构承载力和刚度不足； 2. 有的幕墙采用连续梁力学模式设计，但立杆套管长度不足，且套管配合松落，致使立杆受力状况处于不利状态，达不到连续梁的传力效果； 3. 立杆、横梁安装的螺栓采用普通螺栓，或使用的不锈钢螺栓为伪劣产品，造成螺栓生锈； 4. 立杆、横梁结构尺寸设计不当造成承载能力和刚度不足而导致幕墙系统在外载荷作用下发生扭曲、幕墙构件偏移、幕墙单元错位、密封胶条撕裂等现象； 5. 立柱、横梁出现涂层剥落、锈蚀甚至锈穿等现象

续表

分类	失效模式	失效表现形式和影响
结构失效	预埋件（后埋件）、支座安装质量问题	1. 预埋件的钢材有的采用了非国际材料（比如改制材料之类），质量低劣，对其强度和使用寿命均有较大影响； 2. 预埋件制作锚固长度严重不足； 3. 预埋件制作锚筋焊接方式没有采用塞焊，有的焊接焊缝严重不足，有的因焊接电流过大使锚筋容易产生脆断； 4. 预埋件的防腐没有按照规定进行热镀锌，或镀层厚度不足，有的只采用油漆涂刷一遍； 5. 预埋件安装与设计安装位置偏差太大又没有进行补强处理； 6. 幕墙支座节点调整后未进行焊接，引起支点处螺栓松动； 7. 多点连接支点处螺栓上得太紧，上下立柱芯套连接过紧； 8. 后埋件采用普通膨胀螺栓或采用性能不可靠的化学螺栓，与主体结构锚固不牢靠。预埋件（后埋件）的制作和安装质量得不到保证，将影响幕墙与主体结构的有效连接，有的幕墙安装使用一段时间后就出现严重锈蚀，直接给结构带来安全隐患
	连接件结构失效	点式玻璃幕墙的连接爪件强度设计不够，连接爪件发生弯曲、变形，由结构设计不当而导致的张拉索杆支承结构强度不够，拉索发生崩断拉杆挤弯或使用中发生拉索松弛
功能失效	开启扇失效	开启窗的五金件由于材质及防锈处理、窗扇使用不当等问题，会造成变形、锈蚀、卡死、缺损等情况，造成窗扇支承安全度不足，甚至脱落。开启扇玻璃因结构胶老化失效及在开启时疲劳损伤、振动影响下造成整体脱落或中空玻璃外片脱落
	隔声效果差	幕墙隔声效果不好，造成室内噪声过大
	采光性能差	室内采光效果差，需人工光源补充
	保温性能失效	幕墙内外温差小，起不到保温、隔热效果或效果甚微
	漏气	幕墙单元连接处、开启窗等位置在风压下能感觉明显漏气现象
	渗水	幕墙单元连接处、开启窗等位置在雨水、雪天气出现明显渗水现象
	防火性能差	幕墙没有防火隔断措施或防火效果差
	无防雷功能	雷电天气幕墙易受雷击造成人员财产伤亡

早期的建筑玻璃幕墙出现上述问题的主要原因是由于幕墙的设计和施工存在下列问题：

（1）幕墙设计引发的安全隐患。在我国建筑幕墙初始发展阶段，由于国家尚未制定相关规范、规程和技术标准，因此幕墙的结构设计计算缺乏理论依据，且技术数据不充分、不合理、不完善。比如，风载荷的基本风压重现期不同，地震作用效应的动力放大系数不同，力学计算模式不同，载荷组合计算方法不同，设计计算的项目和内容不同，取值标准不同等，从而使幕墙结构设计计算结果产生不同程度的偏差；建筑幕墙设计工作大多由施工单位负责完成，但早期的不少施工单位由于技术水平较低，缺乏结构设计人才，或者从事结构设计的人员并非专业性技术人员，幕墙设计资料不完整，设计深度不够，致使有些设计文件存在设计或计算失误，致使幕墙结构存在安全隐患。

（2）幕墙施工引发的安全隐患。我国的建筑幕墙施工技术从国外引进之初，从事幕墙施工的队伍尚未有正规和成熟的技术力量，有不少幕墙工程由这些施工队伍承包，在没有经过有资质的设计部门进行结构设计，没有计算书，没有专业施工图纸的情况下，只凭建筑设计的方案图纸就进行施工，甚至有的幕墙工程只有班主绘制的简单分格图；早期的建筑幕墙设计施工图纸及计算书大部分没有经过图审单位或原土建设计单位审核把关即开始施工；另外，即使在幕墙施工图相对完善的今天，由于施工人员质量意识和专业水平不高，往往不顾质量而赶进度，不能严格按施工图纸、施工工艺和规范标准进行施工，是幕墙质量问题产生的直接原因。

(3) 过程控制不严。幕墙的生产流程由设计、采购、加工制作、安装和服务等环节组成，幕墙工程的质量控制应是一个全过程、全指标和全员参与的质量控制，只有以上环节都得到良好的控制，才能保证幕墙工程的质量和安全。

4.2.1　材料失效

4.2.1.1　玻璃失效

应用于玻璃幕墙上的玻璃面板主要有普通单片浮法玻璃、钢化玻璃、夹层玻璃、热反射玻璃、Low-E 玻璃及其由上述玻璃复合而成的中空玻璃、真空玻璃的复合结构形式。玻璃破裂失效是玻璃幕墙应用过程中最典型的失效模式，也是引起安全隐患最多和最重要的因素。幕墙玻璃的失效主要有以下几个方面：

(1) 钢化玻璃自爆

钢化玻璃自爆是幕墙玻璃最主要的破裂失效因素，引起钢化玻璃破裂因素有多种，如钢化玻璃受冲击导致的破裂（受冲击点处有一明显的冲击损伤痕迹），见图 4-2；钢化玻璃受集中应力作用破裂，其中以边部为破裂源为主，见图 4-3；内部杂质（其中以 NiS 杂质为主）导致的自爆，也是钢化玻璃破裂最主要因素，并且难以发现、预测及控制，被认为是“玻璃的癌症”。钢化玻璃自爆后破坏形貌可看到明显的自爆源，且呈“蝴蝶斑”形，见图 4-4。在“蝴蝶斑”附近，通过放大镜，往往能够看到一个异质颗粒，见图 4-5。由于钢化玻璃内部经常包含硫化镍（NiS）等杂质，它有两种晶相：高温相 α-NiS 和低温相 β-NiS，相变温度为 379℃。在钢化玻璃制作过程中的高温热处理，改变了硫化镍（NiS）杂质的相态，因加热温度远高于相变温度，NiS 全部转变为 α 相。然而在随后的淬冷过程中，α-NiS 来不及转变为 β-NiS，从而被冻结在钢化玻璃中。在室温环境中，α-NiS 是不稳定的，有逐渐转变为 β-NiS 的趋势。这种转变伴随着约 2%～4%的体积膨胀，使玻璃承受巨大的相变张应力，从而导致自爆。除了 NiS 外，实际上还有很多其他杂质颗粒都可以引起钢化玻璃的自爆。

图 4-2　钢化玻璃受冲击破裂形貌

图 4-3　边部应力集中引起钢化玻璃破裂形貌

图 4-4 异质颗粒引起钢化玻璃自爆破裂形貌（自爆点附近可以看到一个明显的杂质，类似猫眼中的眼珠，整体形貌像一个蝴蝶形）

国内的玻璃自爆率各生产厂家并不一致，从 0.3%～3%不等。一般自爆率是按片数为单位计算的，没有考虑单片玻璃的面积大小和玻璃厚度，所以不够准确，也无法进行更科学的相互比较。为统一测算自爆率，必须确定统一的假设。定出统一的条件：每 5～8t 玻璃含有一个足以引发自爆的硫化镍；每片钢化玻璃的面积平均为 $1.8m^2$；硫化镍均匀分布。则计算出 6mm 厚的钢化玻璃计算自爆率约为 5‰～3‰。这与国内高水平加工企业的实际值基本吻合。

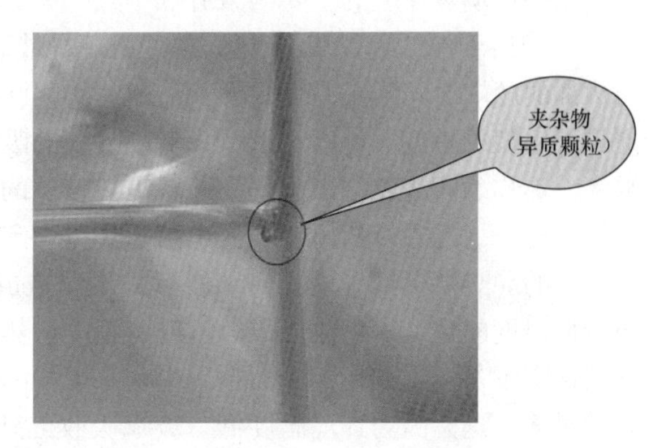

图 4-5 钢化玻璃自爆源异质颗粒放大图

（2）玻璃幕墙构件制作及安装施工不当引发玻璃破裂（图 4-6）

图 4-6 安装应力造成玻璃破损

《玻璃幕墙工程技术规范》JGJ 102—2003[53]中规定了明框幕墙的玻璃与铝框槽口的配合尺寸，且玻璃的下边缘应采用两块压模成型的氯丁橡胶垫块支承，并按规定型号选用橡胶条镶嵌粘结在玻璃的四周。幕墙安装施工中对玻璃四周的嵌入量及空隙控制不到位，就会使玻璃不能适应热胀冷缩的变形及主体结构层间位移或其他荷载作用下导致的框架变形，造成玻璃破碎。玻璃幕墙安装过程中，在主体建筑伸缩、沉降等变形缝位置，未采取与主体建筑变形缝相适应的构造措施，直接将玻璃幕墙的单元板块跨越主体建筑的变形缝，因不能适应主体建筑变形要求，造成玻璃破坏。另外，玻璃的弯曲强度会随着时间的推移而下降，原因是玻璃表面的微裂纹会持续扩展，因此幕墙设计时，应使玻璃在自由的状态下工作。但实际工程中，确有玻璃在不必要的永久荷载作用下工作，例如强迫安装、压接密封等，这会明显增大玻璃破损概率。

（3）建筑玻璃热炸裂

建筑玻璃的热炸裂是一个多因素作用问题，受到玻璃自身性能和外部环境条件和复杂影响，可以将其在一般性基础上划分为主要影响因素和非主要影响因素，在特定场合，非主要因素也可能起主要作用，这要针对应用条件作具体分析。玻璃自身造成热炸裂的影响有三类原因：太阳辐射、外加荷载和设计因素。除这三种原因外，玻璃与框架作为结构整体还有制造和装配方面的影响。建筑玻璃的热炸裂是一个综合性的问题，既要全面考虑各个因素的作用，又要针对工程实际排除次要因素不计，控制住主要因素。对一般情况而言，制约玻璃热炸裂的主要因素有三个：

1）玻璃的吸热率：由于热炸裂的机理是玻璃吸收阳光中的红外辐照，自身温度升高，与边部的冷端之间形成温度梯度，造成非均匀膨胀或受到约束，形成热应力，进而使薄弱部位发生裂纹扩展。所以玻璃本身对红外线的吸收率是一个关键因素，吸热玻璃广泛采用以来，热炸裂问题才突出起来。一般吸热玻璃的热吸收率在 20％～40％，在采用吸热玻璃的设计时，一定要对使用环境作全面评价再确定，比如玻璃的朝向、环境的温度、边框以及墙体的导热情况等等，要特别注意是温差造成热炸裂。玻璃吸收热能，自身温度升高，与较低温度的边框、墙体形成的温度差越大，热炸裂的危险性也越大。经验告诉我们，热炸裂通常不是发生在热带，而是发生在寒带或温带的朝东南的玻璃，而且早晨、上午的热炸裂最多，这是因为环境温度低，玻璃吸收红外辐射后容易与边部形成较大的温度梯度。在上述场合采用吸热玻璃，应对玻璃吸热率来确定板面尺寸许用值。

2）玻璃的板面尺寸：玻璃的板面越大，受热膨胀后的变形也越大，形成的约束反力也越大，相应地造成更大热应力，增加了热炸裂的几率。同时板面尺寸越大，越容易受到其他荷载的更大叠加效应。所以在追求大板面玻璃的装饰效果的同时，应对风荷载、热应力、边框变形、自重、装配应力等综合影响作全面考虑。吸热玻璃在板面尺寸超过 $2m^2$ 以后应该对边框约束条件提出相应的改善措施。

3）玻璃边部加工质量：在热应力分析中指出，炸裂一般从玻璃边部开始，边部的拉应力最大，边部的加工缺陷最严重，所以改善边部的加工质量是提高建筑玻璃抗热炸裂能力的关键因素之一。当玻璃边部存在缺陷时，将极大地降低玻璃的抗拉强度，在加工安装时最好将玻璃边部进行细磨，并剔除有严重缺陷的玻璃。图 4-7 为典型的普通玻璃、光伏玻璃、真空玻璃热炸裂形貌，其中因为光伏玻璃和真空玻璃因制备过程中在玻璃当中残余有应力，导致玻璃强度降低，热炸裂现象更加普遍。热炸裂的裂纹一般起始于边缘部位，其典型特征是玻璃边缘裂纹与板平面方向是垂直的，见图 4-8（*a*），而非因热应力引起的玻璃破裂，玻璃边缘裂纹与板平面方向是不垂直的，见图 4-8（*b*）。

（4）中空玻璃密封失效及外片脱落

中空玻璃是用两片或两片以上玻璃，中间用带有干燥剂的间隔框隔开，周边采用密封胶密封而制成的玻璃制品。目前，中空玻璃常见的密封形式为双道密封，第 1 道所用密封胶为丁基密封胶，主要起预定位及隔离水汽的作用。第 2 道所用密封胶为聚硫密封胶、硅酮密封胶或聚氨酯密封胶等，国内最为常用的是聚硫密封胶、硅酮密封胶，主要起结构粘结作用。

图 4-7　玻璃热炸裂图片

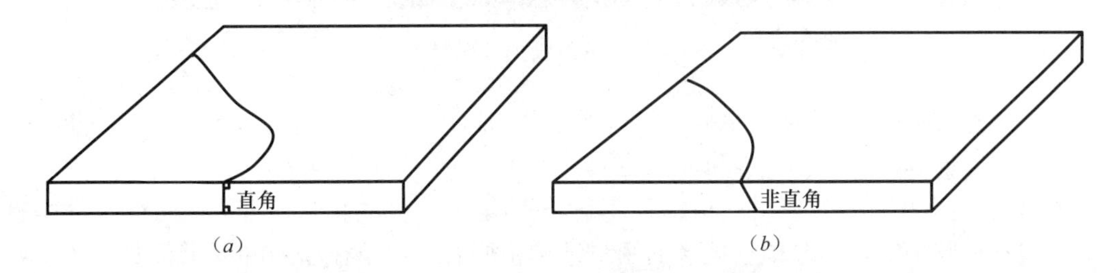

（*a*）　　　　　　　　　　（*b*）

图 4-8　玻璃边缘裂纹破裂形貌

（*a*）由热应力造成的破裂裂纹形貌；（*b*）非热应力造成的玻璃破裂裂纹形貌

应用于建筑幕墙上中空玻璃失效模式有多种，主要有如下几方面：

1）中空玻璃露点、结露、结霜

在中空玻璃的制作过程中，如果选用了气体渗透系数较大的密封胶，则易导致中空玻璃密封不良，或者因中空玻璃密封单元出现脱胶、断胶，密封胶失效、老化，也可造成密封单元水密性不足，从而给中空玻璃水汽进入敞开了通道，造成中空玻璃露点、结霜、漏水等现象，直接造成中空玻璃隔热功能失效。当中空玻璃采用镀膜玻璃时，由于水汽的作用，还会导致镀膜中空玻璃腔体出现彩虹现象或膜层受到腐蚀、氧化等现象。

2）中空玻璃密封胶流淌渗油

硅酮密封胶生产都是以羟基聚硅氧烷为基料，以二甲基硅油为增塑剂，产品质量稳定。随着市场竞争的日益激烈，一些企业为降低成本在硅酮密封胶产品中掺入低沸点物质如白油来代替二甲基硅油，使产品耐久性大大降低。白油是石油润滑油馏分高压加氢精制而成的无色、无味白色油状长链烷烃，常用于纺织润滑剂和冷却剂，微量使用可以改善橡胶制品的表面光泽。白油基本组成为饱和烃结构，分子量较小、沸点低、易挥发，尤其是在环境温度较高的情况下，白油必将挥发、渗出，随着时间的推移硅酮胶将逐渐硬化、收缩，甚至开裂，从而导致粘结失效，见图 4-9。而中空玻璃所采用的第一道密封胶-丁基胶中主要成

图 4-9　中空玻璃二道结构胶硬化、收缩、开裂

分是聚异丁烯，其分子链以C-C键为主，与白油类似，二者之间的极性相近。根据相似相溶原理，丁基密封胶遇到白油时，就会被其溶胀、溶解，从而产生中空玻璃密封胶流淌现象，见图4-10。显然，一旦中空玻璃密封胶流淌渗油，中空玻璃密封也宣告失效。

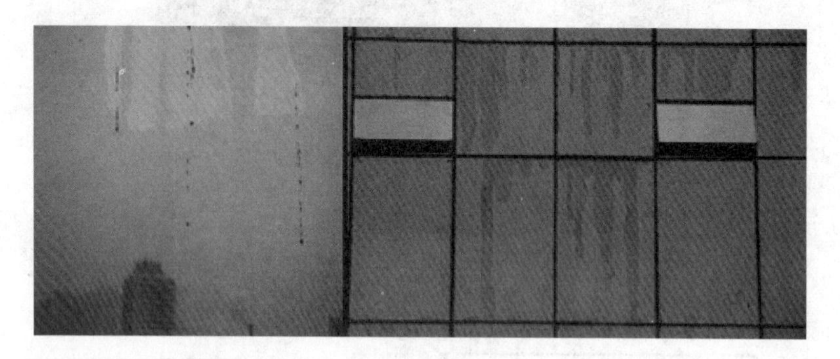

图4-10　中空玻璃密封胶内部流淌渗油状态

3）中空玻璃外片脱落或玻璃破裂

引起中空玻璃外片脱落或破裂原因主要有如下三个因素：

① 中空玻璃密封胶同玻璃的粘结强度达不到有关要求。中空玻璃系统的稳定性是靠中空玻璃密封胶来实现的。中空玻璃的密封结构主要有二：单道密封和双道密封。单道密封结构是指中空玻璃结构只打一道胶，可选择硅酮胶、聚硫胶、热融丁基胶等。双道密封结构是指中空玻璃结构打两道胶，通常使用丁基热熔胶作第一道密封配之与具有结构性的胶如聚硫胶或硅酮胶作为第二道密封。显然单道密封结构，不能同时具备优秀的密封性和结构性。因此，采用单道密封的中空玻璃的耐久性及安全性无法保证，不可用于玻璃幕墙工程。由于聚硫密封胶耐紫外线性能较差，并且与硅酮结构胶不相容，如果幕墙用中空玻璃，特别是隐框、半隐框玻璃幕墙等密封胶承受荷载作用的中空玻璃，其二道密封胶采用了聚硫胶，将会导致结构胶的粘结强度和其他粘结性能下降或丧失，留下很大的安全隐患，图4-11为典型的中空玻璃二道密封胶脱粘。《玻璃幕墙工程技术规范》JGJ 102—2003、《中空玻璃用硅酮结构密封胶》GB 24266—2009都对中空玻璃的二道密封胶和与之相接触材料的相容性提出了要求。硅酮结构密封胶在使用前，应进行与玻璃、金属框架、间隔条、定位块和其他密封胶的相容性试验，相容性试验合格后才能使用。如果硅酮结构密封胶和与之相接触材料之间不相容，会导致二道密封胶粘结强度下降或完全丧失，不能承受外片玻璃所受风荷载和玻璃自重，造成中空玻璃外片脱离。

图4-11　中空玻璃密封单元脱粘失效
（卡片能够插入脱粘处形成的缝隙内）

② 中空玻璃二道密封胶注胶宽度不满足要求《中空玻璃》GB/T 11944—2002第5.2.4条规定：双道密封外层密封胶注胶宽度为5～7mm，特殊规格或有特殊要求的产品由供需双方商定。在《玻璃幕墙工程技术规范》JGJ 102—2003中第5.6.2条规定了硅酮结构密封胶应根据不同的受力情况进行承载力极限状态验算，粘结宽度及粘结厚度应分别

通过计算确定，且结构胶的粘结宽度不应小于 7mm，粘结厚度不小于 6mm。《玻璃幕墙工程质量检验标准》JGJ/T 139—2001 第 2.4.12 条规定了中空玻璃二道硅酮结构密封胶胶层宽度应符合结构计算要求。《玻璃幕墙工程技术规范》JGJ 102—2003 是玻璃幕墙设计、计算的基本依据，它规定了隐框、半隐框玻璃幕墙中承受荷载的硅酮结构密封胶的宽度和厚度应通过计算来确定，并规定了最小宽度和厚度。应用于隐框、半隐框玻璃幕墙上的中空玻璃，其二道硅酮结构密封胶承受着风荷载、地震荷载及自重荷载，同样也应根据中空玻璃所受荷载情况计算注胶宽度和厚度。在《中空玻璃生产规程》HBZT 001—2007 中第 1.3.4 条也规定了硅酮结构胶的注胶宽度、厚度应符合设计要求，且宽度不得小于 7mm，厚度不得小于 6mm，其对中空玻璃注胶宽度与厚度的要求与 JGJ 102—2003 相一致。

③ 中空玻璃密封单元出现通透性漏气。当中空玻璃密封单元出现通透性的气体漏缝时（如二道密封胶脱胶、断胶等），此时，中空玻璃除了隔热功能失效外，还改变了中空玻璃的承载性能。图 4-12 为中空玻璃密封单元在密封和出现贯穿性裂缝下的承载示意图。密封状态下，外载（风载荷）作用下，由于密封的中空玻璃中空层气体具有传递载荷作用，此时，中空玻璃内、外片玻璃同时承受载荷作用。但是，一旦中空玻璃中空层气体泄漏，此时，中空层气体不具传递载荷作用，外载全部由直接承受载荷的那片玻璃承担，显然，此时的中空玻璃承载性能下降一半左右。特别是，当中空玻璃外片受负压时，对于隐框玻璃幕墙而言，作用于玻璃面板上的负压会传递给中空玻璃边缘密封层，密封单元受拉力作用。上述情况如此反复作用，极易导致中空玻璃外片破裂或整体脱落。图 4-13 为中空玻璃外片整体脱落，图 4-14 为中空玻璃外片破裂。因此，检测中空玻璃密封层是否出现贯穿性的气体泄漏对评价中空玻璃的安全性能非常重要，也是预测中空玻璃是否出现结构性失效并带来风险隐患的一种间接检测手段。

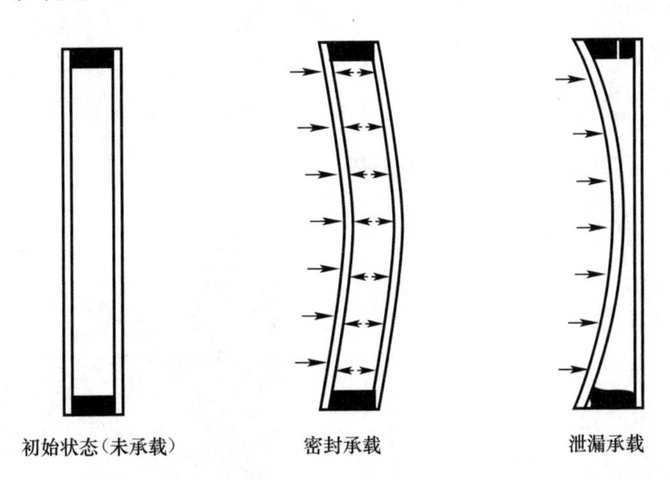

图 4-12 密封和漏气状态下中空玻璃承载性能示意图

值得一提的是，在幕墙安全性能现场检测时，经常发现有的工程在中空玻璃外片破裂或坠落后，有人为了图省事便利，直接用结构胶将新的玻璃补在脱落的玻璃原位置处，以求完成中空玻璃的修复（见图 4-15）。这种方法显然严重违反规范，一是现场打结构胶存在许多的质量问题，幕墙工程一般严禁现场打结构胶，另一方面，被修补的玻璃只能算作

图 4-13　中空玻璃外片整体脱落

图 4-14　中空玻璃外片破裂

双层玻璃，不能视为中空玻璃。特别是，由于修复后结构胶打胶质量得不到保障，有的被修复的玻璃也没有额外的托附装置，玻璃的重量完全由结构胶承担，这就给被修补的玻璃坠落再一次埋下隐患。

图 4-15　开启扇中空玻璃外片脱落后直接用结构胶在原位补片

4）环境温差和压差作用下导致的中空玻璃破裂与变形

中空玻璃在生产时与服役时对应的环境温度和气压往往存在很大的差异，这就会导致密封于中空层的气体产生膨胀或收缩，当服役时环境温度高于生产时的温度或大气压低于生产时的大气压，则中空玻璃外胀，反之则内凹，见图 4-16、图 4-17 为环境温差作用导致的中空玻璃内、外片内凹致板中心接触在一起。随着中空玻璃使用范围的扩大，中空玻璃的生产环境与使用环境往往存在巨大的差异，这就会给中空玻璃带来不可忽略的应力和变形。

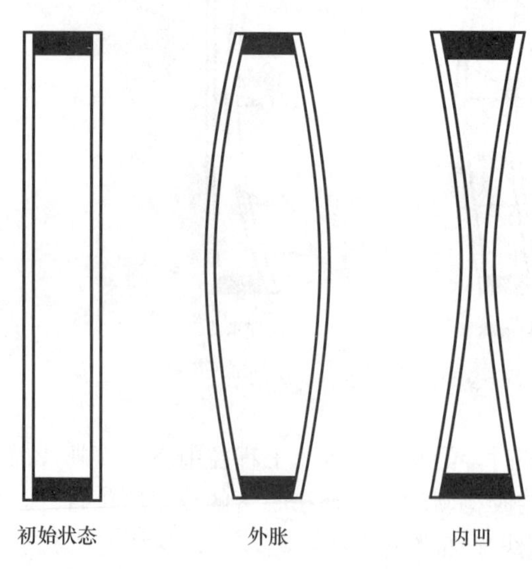

图 4-16　环境温差和压差作用下导致的中空玻璃变形

图 4-17　温差作用致使中空玻璃内凹玻璃相互接触

当环境温度或压差变化足够大时，会给中空玻璃带来非常不利的影响，甚至直接造成中空玻璃破裂失效。作者曾经接受一个幕墙中空玻璃工程出现的问题咨询，在北京生产的中空玻璃运输到内蒙古的鄂尔多斯工地后，所有的中空玻璃均出现外胀现象，普通中空玻璃在运输途中就出现大量破裂，安装到幕墙上后继续爆裂，其破坏概率达30%以上。钢化中空玻璃也出现破裂现象。因此，环境压差引起中空玻璃破裂问题需引起足够重视，有时必须采取相应措施，如在中空玻璃内部采用压力平衡装置等。

5）温度变化引起中空玻璃密封单元变形失效

目前，人们对中空玻璃密封单元往往关心的是中空玻璃制造过程中的材料使用、施工工艺、材料老化、气密性等带来的质量问题与失效进行了研究和探讨，但却忽视了中空玻璃应用过程中因环境温度变化对中空玻璃密封单元带来的不利影响。中空玻璃在服役过程中，因受到室内外温差，环境温度变化等因素循环作用，从而造成中空玻璃产品密封单元产生一定的扩张和错位变形，一旦边缘变形过大，就会造成第一道密封胶被挤出现象，造成第一道密封胶宽度和厚度不足、甚至脱胶、断胶现象，严重影响中空玻璃使用寿命甚至完全失效。作者在对既有玻璃幕墙检测过程中，发现中空玻璃第一道密封胶（丁基胶）被挤出造成第一道密封胶断胶，铝框条露出现象非常普遍（见图4-18），这种情况并不是由于中空玻璃本身质量问题引起的，而是由于环境温度变化作用造成的。另外，随着中空玻璃应用的不断超大型化，生产厂家和设计师也非常关心边部密封单元可靠性问题，因为中空玻璃尺寸的大型化，环境温度作用会使其边缘错位变形越大，从而对中空玻璃密封单元影响越大，更易造成中空玻璃密封单元失效。

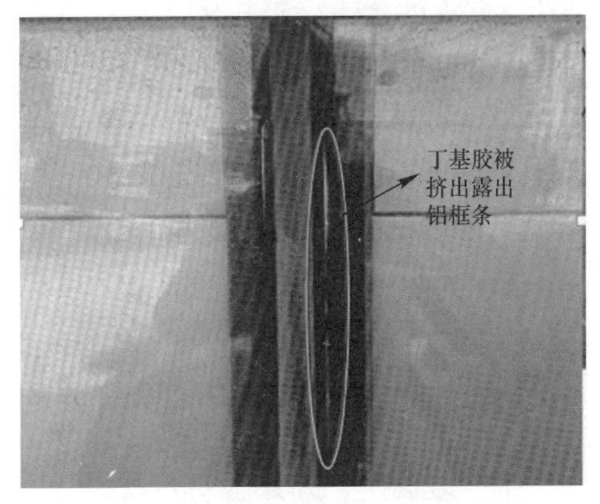

图4-18　中空玻璃丁基胶被挤出现象

温度变化引起中空玻璃密封单元变形可以通过理论计算出来，其具体计算方法描述如下：

① 中空玻璃内、外片温差作用下引起中空玻璃密封单元变形[54]

中空玻璃在应用过程中内、外片会存在明显的温差，特别是在北方寒冷的冬季，内、外片玻璃温差甚至超过60℃以上。由于温差作用，内、外片会产生明显的伸缩变形差异。从而造成密封单元产生应力和变形。对于中空玻璃而言，如图4-19所示，当温度低的一面玻璃收缩，而温度高的一面玻璃伸长，这样就会导致边部错位变形，引起中空玻璃边缘第一道密封胶错位，并被挤出。

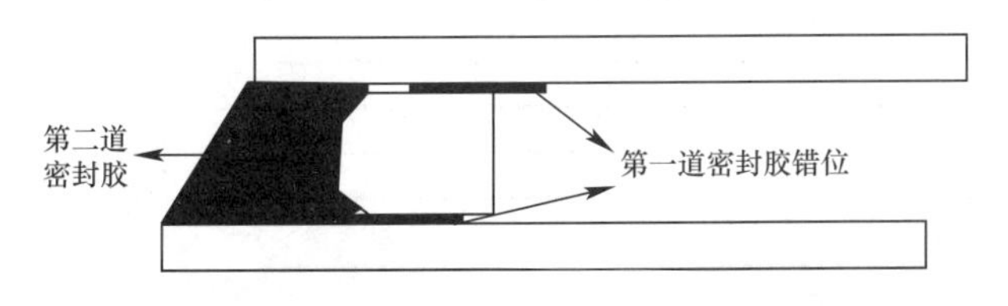

图4-19　内、外片温差作用下中空玻璃边缘变形示意图

在温差作用下，中空玻璃内外片变形与密封单元第二道密封胶材料变形存在变形协调关系。设玻璃长边尺寸为 l，短边尺寸为 b，最大应力和变形发生在短边对应的部位。

如图 4-20 所示，设玻璃内、外片温差为 ΔT，假设不受边缘密封胶材料约束，玻璃内外片变形差为 Δl，实际玻璃在温差作用下伸缩变形时，密封胶材料一方面约束了温度高的玻璃伸长，同时又拉着温度低的玻璃伸长，最后形成平衡阶段，此时，内、外片玻璃实际变形差为 Δl_1，密封胶材料受剪切变形，设变形量为 Δl_2，即为边缘错位变形量，密封胶材料剪力为 N 则：

$$\Delta l = \alpha \Delta T l / 2 \tag{4-1}$$

$$\Delta l_1 = \frac{Nl}{Ebh_2} \tag{4-2}$$

$$\Delta l_2 = \frac{Nh_1}{Gbm} \tag{4-3}$$

由变形协调关系：

$$\Delta l = \Delta l_1 + \Delta l_2 \tag{4-4}$$

得：

$$\Delta l_2 = \frac{\alpha \Delta T l}{2\left(1 + \frac{lmG}{Eh_1h_2}\right)} \tag{4-5}$$

式中 α——玻璃线膨胀系数；

E——玻璃弹性模量；

G——二道密封胶材料剪切模量；

m——二道密封胶打胶宽度；

h_1——二道密封胶厚度；

h_2——玻璃厚度。

由式（4-5）及计算结果可以看出，中空玻璃边缘密封单元错位随着二道密封胶打胶宽度增大而减小，随着打胶厚度（中空层厚度）增大而增大，但由于结构胶本身剪切模量相对玻璃弹性模量来说小几个数量级，因此，二道密封结构胶对玻璃变形的约束比较有限，中空玻璃内、外片温差导致的两片玻璃变形差对中空玻璃边缘密封单元变形起决定作用。中空玻璃密封单元变形量与其长边尺寸基本呈线性关系，因此，对于超大型中空玻璃结构，比如目前已有产品最大边长尺寸已超过 15m，这时，中空玻璃边缘错位变形量相对较大，其对第一道密封胶错位变形影响需引起注意。

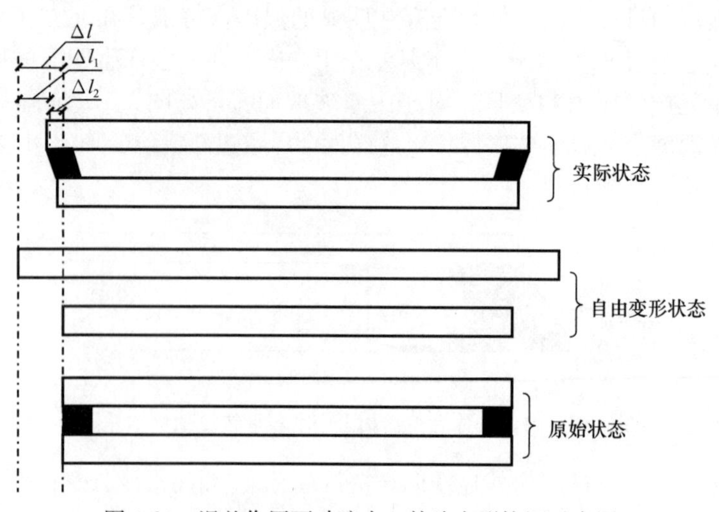

图 4-20　温差作用下玻璃内、外片变形协调示意图

② 环境温度作用下中空玻璃密封单元变形

由于中空玻璃中空层为密闭气体，在环境温度变化作用下会产生“呼吸”作用，当中空玻璃使用环境温度低于生产环境温度时，此时中空玻璃内凹，这样会引起第一道密封胶外溢，见图 4-21 (a)，当使用环境温度高于生产温度时，此时中空玻璃外凸，一旦玻璃外凹变形过大，就会导致第一道密封胶被拉开脱胶，见图 4-21 (b)。上述情况下往复循环，特别是，环境温度与内、外片温差共同作用下，更加速了中空玻璃边缘第一道密封胶失效。

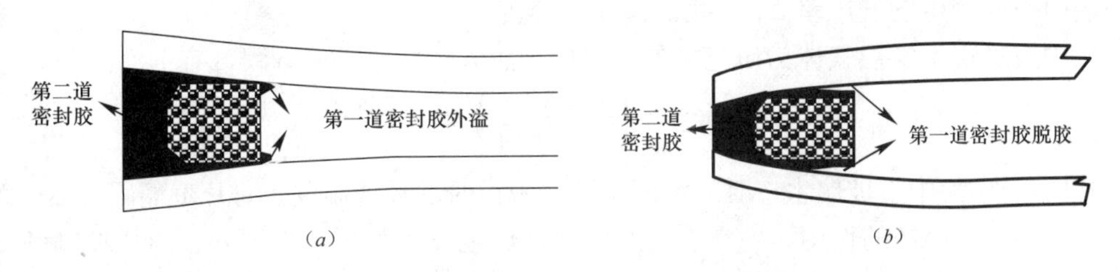

图 4-21 环境温度作用下中空玻璃“呼吸”边部变形示意图

环境温度变化作用下，中空玻璃内部空腔与外界空气产生气压差，玻璃受均布压差作用，弯曲成一球面。以玻璃内凹（生产温度高于环境温度）变形分析为例（见图 4-22），由于玻璃弯曲，会导致第一道密封胶被压缩，严重情况就是 A、B 点接触在一起，同时，部分密封胶被挤出，如此多次循环，就有可能破坏第一道密封胶的充填密封作用。

我们这里关心的是 AB 边到底会被缩短多少，其实就是确定 A 点到玻璃最外边缘之间的挠度差。由于中空玻璃边缘为结构胶约束，因此，可以把玻璃边界看成四边简支。根据板壳理论，四边简支矩形板在受均布载荷作用下的挠度方程为：

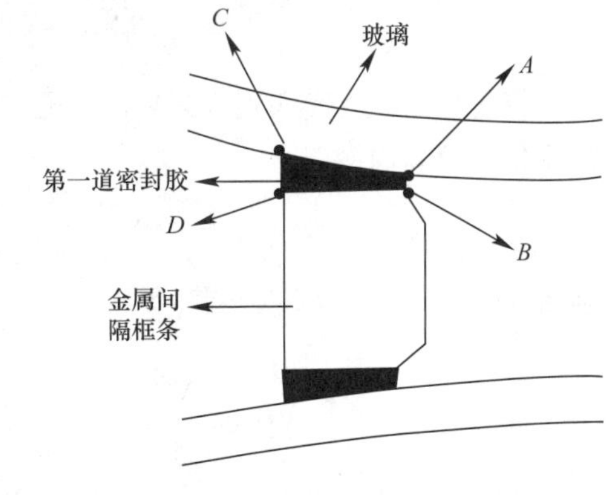

图 4-22 中空玻璃“内凹”后第一道密封胶变形示意图

$$w(x,y)=\frac{16\Delta P}{D\pi^6}\sum_{m=1}^{\infty}\sum_{n=1}^{\infty}\frac{\sin\dfrac{m\pi x}{a}\sin\dfrac{n\pi y}{b}}{mn\left(\dfrac{m^2}{a^2}+\dfrac{n^2}{b^2}\right)^2} \tag{4-6}$$

式中，$m=1$，3，5，……，$n=1$，3，5，……，$D=Eh^3/12\ (1-\nu^2)$ 为玻璃板的刚度，ΔP 为均布荷载，a、b 为板的边长。观察上列级数，可以看出其收敛很快，因此计算时可以只取 $m=1$，$n=1$ 就能够满足精度要求。

不考虑结构胶对玻璃约束作用，我们选择中空玻璃板一个角点为圆点，对应的 x、y 坐标为 0，此时对应的挠度为 0。设玻璃边缘距第一道密封胶内边缘长度为 l，则根据式 (4-7)，A 点的挠度为：

$$w(l,y)=\frac{16\Delta P}{D\pi^6}\frac{\sin\dfrac{\pi l}{a}\sin\dfrac{\pi y}{b}}{\left(\dfrac{L^2}{a^2}+\dfrac{L^2}{b^2}\right)^2} \tag{4-7}$$

式（4-7）中，$y\in[0, b]$，显然，当 $y=\frac{b}{2}$ 时取极大值，即在中空玻璃板短边的中点处第一道密封胶变形最大，最大值为：

$$w_{\max}=w\left(l,\frac{b}{2}\right)=\frac{16\Delta P}{D\pi^{6}}\frac{\sin\frac{\pi l}{a}}{\left(\frac{L^{2}}{A^{2}}+\frac{l^{2}}{b^{2}}\right)} \tag{4-8}$$

由式（4-8）可以看出，要获得第一道密封胶最大变形，还需确定不同环境温度下中空玻璃中空腔产生的气压差 ΔP，我们做如下分析：

以中空玻璃中空层气体为研究对象，根据理想气体状态平衡方程，有：

$$\frac{P_{0}V_{0}}{T_{0}}=\frac{(P_{0}-\Delta P)(V_{0}-\Delta V)}{T} \tag{4-9}$$

式中，T_0 为中空玻璃生产时的温度，T 为服役时的环境温度。每片玻璃因受 ΔP 而变形，变形体积受 ΔP 的作用，中空玻璃的内片玻璃也发生变形，根据外、内片玻璃各点处的变形差，将差值对整个玻璃面积积分，就可以求出中空气体层的体积改变量 ΔV 为：

$$\Delta V=\left|\iint_{A}(w_{1}-w_{2})d\sigma\right| \tag{4-10}$$

式（4-10）中 w 表达式见式（4-6），其中 w_1、w_2 分别为中空玻璃内、外片挠度。

对式（4-10）在整个玻璃板面域内进行积分，计算时仍认为两片玻璃处于四边简支状态，积分得到体积变化为：

$$\Delta V=\frac{64a^{5}b^{5}\Delta P}{\pi^{8}(a^{2}+b^{2})^{2}}\left(\frac{1}{D_{1}}+\frac{1}{D_{2}}\right) \tag{4-11}$$

将式（4-11）代入式（4-9），就可以得到中空玻璃中空层气体因温度变化而产生的压强变化，计算时令：

$$X=\frac{64a^{5}b^{5}}{\pi^{8}(a^{2}+b^{2})^{2}}\left(\frac{1}{D_{1}}+\frac{1}{D_{2}}\right)$$

则得：

$$\Delta P=\frac{XP_{0}+V_{0}-\sqrt{(XP_{0}+V_{0})^{2}-4X\frac{\Delta T}{T}P_{0}V_{0}}}{2X}$$

将式（4-12）代入式（4-8），即可得不同环境温度作用下中空玻璃边缘第一道密封胶 AB 边最大压缩或张开量。

（5）夹层玻璃失效模式

夹层玻璃是由两片或多片玻璃，之间夹了一层或多层有机聚合物中间膜，经过特殊的高温预压（或抽真空）及高温高压工艺处理后，使玻璃和中间膜永久粘合为一体的复合玻璃产品。常用的夹层玻璃中间膜有：PVB、SGP、EVA、PU 等。目前，夹胶工艺主要分“干法”和“湿法”两种。其中现行行业标准《玻璃幕墙工程技术规范》JGJ 102—2013 第 3.3.5 条明确规定：玻璃幕墙采用夹层玻璃时，应采用胶片干法加工合成的夹层玻璃。

夹层玻璃失效模式主要有以下几个方面：

1）夹胶玻璃边部脱胶

合格的夹层玻璃是胶片与玻璃之间紧密粘合，经过高温高压制成的具有良好的透明度和优良性能的安全玻璃。夹层玻璃出现脱胶现象时，胶片与玻璃分开，有间隙，尤其在边部往往更容易出现（见图 4-23）。这种脱胶主要是由于夹层玻璃使用的 PVB 胶片对水蒸气比较敏感，在长期的水的作用下，失去粘结效果。因此，使用 PVB 胶片的夹层玻璃，必须使用具有防水作用的中性聚氨酯封边胶在玻璃周边密封，从而减少 PVB 胶片受潮风化程度，预防边部脱胶现象。工程检测中如果发现夹层玻璃边部脱胶，应有针对性地去检查其边部封边状况，看是否因边部封边保护不当的因素造成的。

图 4-23 夹层玻璃边部脱胶

2）夹胶玻璃中间出现气泡及胶片变色

案例：某市某繁华路段的人行天桥，全部采用夹胶玻璃，大部分玻璃已经产生变色、脱胶、气泡等严重质量问题，对于这种大型公共建筑，如果不能把好质量关，市民的安全将得不到保障。某机场航站楼玻璃幕墙也出现大面积“气泡”现象。造成上述原因的出现，主要是由于夹胶玻璃使用的 PVB 胶膜质量不合格、玻璃原片不平整、生产工艺不良等都是导致玻璃上出现的大面积气泡现象的原因。在现有建筑中，常常因为承包商追求低廉的价格，以降低成本，选择一些厂家生产的劣质玻璃制品，使玻璃幕墙的质量无法保证，为建筑安全问题带来诸多隐患。

3）夹胶玻璃自裂

造成夹层玻璃自动爆裂（无外力作用下破裂）主要有两方面因素：

① 由于夹层玻璃的胶片能够吸收太阳光中的紫外线、部分红外线和其他有害射线，使得玻璃内部温度升高，产生热应力，使玻璃炸裂。

② 夹层玻璃热层合过程中，由于中间层胶片与玻璃膨胀系数不一致，夹层玻璃冷却后，易在玻璃内部形成残余应力，残余应力分布图见图 4-24，且导致夹层玻璃产生弓形弯曲。残余应力的持续长久作用，会导致玻璃在薄弱区域突发破裂。另外，由于胶片的厚薄不均、钢化玻璃表面不平整，层合后均会在玻璃内部形成持久应力，造成玻璃破裂，这种现象更易在普通玻璃和钢化玻璃夹胶和非对称夹胶玻璃中出现。作者曾经接触过一个企业的钢化与非钢化光伏玻璃夹胶形成的产品出现大量的光伏玻璃破裂的咨询，且其破裂起始位置基本在接近玻璃角部的一定距离处，见图 4-25，对其进行了分析，其原因就是以上几个方面综合作用的结果。

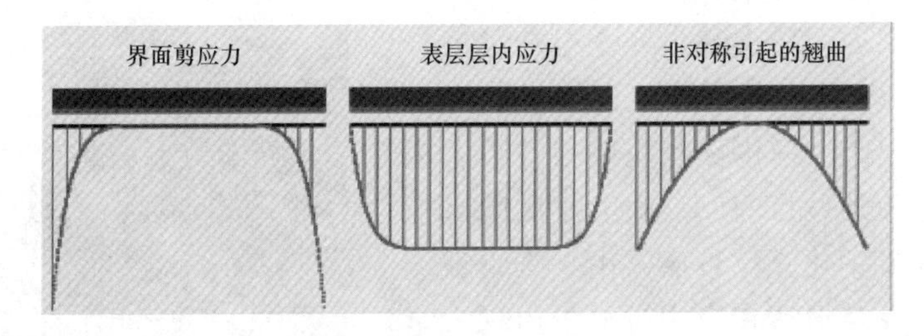

图 4-24 因胶片与玻璃膨胀系数非匹配造成的夹层玻璃残余应力分布示意图

图 4-25　光伏夹层玻璃破裂图片

(6) 真空玻璃失效模式

1) 真空玻璃破裂

目前，真空玻璃制作是采用两块平板玻璃周边用低熔点玻璃封接，为保证真空玻璃两基片在大气压作用下不至于产生过大的应力和变形，在真空玻璃内部布置许多金属或陶瓷及玻璃支撑物，玻璃基片与支撑物的相互作用使真空玻璃在几个地方产生明显不容忽视的应力（见图 4-26），主要包括四个部分[55]：①玻璃基片的弯曲应力，其中在支撑点处玻璃板上（外）表面和两支撑点对角连线中点处玻璃下（内）表面处产生极值；②支撑物支撑应力；③玻璃基片表面在支撑物接触部位的接触应力；④真空玻璃边缘封接部位应力。上述应力与支撑物材料种类、支撑布放间距及方式、真空玻璃边缘封接材料种类及封边宽度和厚度有关。

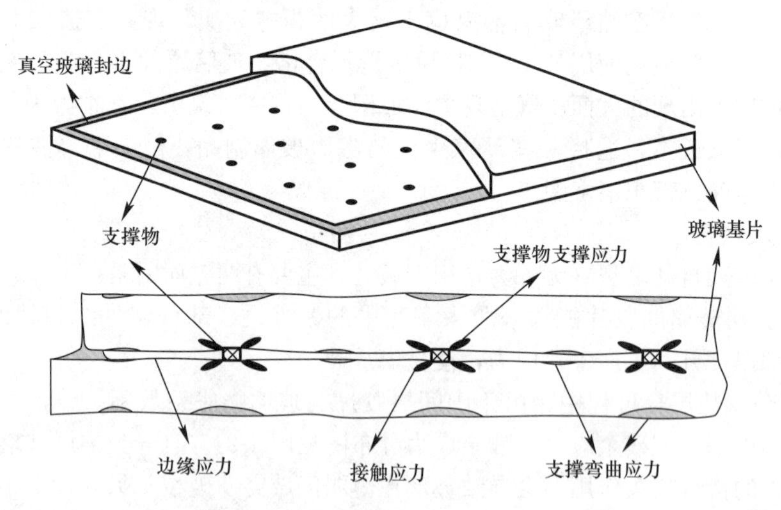

图 4-26　大气压作用下真空玻璃应力分布示意图

由于上述应力为持久性应力，玻璃中的持久性残余应力，特别是分布不均的残余应力，使玻璃强度大为降低，特别是对于普通玻璃影响更为明显。由于目前真空玻璃封接用低熔点主流产品的熔点一般在 420～450℃，如果使用钢化玻璃作为原片的话，在长时间高温封接过程中，钢化玻璃表面应力基本完全退却成为普通玻璃。由于 380℃以下的低熔点封接玻璃存在技术开发难点，因此，钢化真空玻璃制备技术短期内仍存在技术瓶颈。目前，市面上使用的真空玻璃均为普通或半钢化真空玻璃。由于真空玻璃强度低，造成了真空玻璃在应用过程中出现大量破裂现象，特别是在多种环境耦合作用下，更易

图 4-27　真空玻璃破裂形貌

造成真空玻璃破裂，其破裂概率远高于其他结构形式的建筑用幕墙玻璃。

2）真空玻璃真空失效

为了达到理想的隔热效果，真空玻璃真空腔内的真空度需在寿命周期内一直要保持优于0.1Pa以上的真空度。真空玻璃在制备抽真空过程中，有可能抽真空不到位造成空腔真空度不足，也有可能因封边部位存在原始缺陷和裂纹，或服役后受到环境和外载冲击作用造成封边部位及玻璃原片产生微裂纹，从而使真空玻璃出现慢漏气甚至直通裂纹大漏气现象，造成真空玻璃空腔压力值不断上升。当空腔压力值上升到一定程度时，不仅影响真空玻璃隔热性能，同时也影响了真空玻璃的安全服役性能。

4.2.1.2　结构密封胶失效

玻璃幕墙结构密封胶失效主要表现形式包括结构密封胶脱胶、断胶、结构胶开裂、粉化、硬化等，从而导致结构密封胶粘结性能退化，达不到其设计功能要求。导致结构密封胶失效影响因素繁多，既有结构密封胶内部本身因素，也与结构密封胶服役外部环境有关。本节根据作者多年对我国多个城市不同建设年代的既有玻璃幕墙进行现场检测结果，总结了玻璃幕墙结构胶密封各种失效模式，特别是针对引起玻璃幕墙失效但目前相关标准和规范并没涉及的一些新问题进行了剖析。

（1）施工、设计及选材不当造成结构密封胶失效

早期的玻璃幕墙（特别是20世纪80年代中后期至20世纪90年代中期建设的玻璃幕墙）没有具体的施工标准和规范，玻璃幕墙建设市场鱼龙混杂，玻璃幕墙质量参差不齐，导致了这一时期建设的玻璃幕墙质量问题特别突出。比如结构密封胶选材不当，许多幕墙工程选用劣质的结构密封胶，结构密封胶未进行进场试验，结构密封胶未进行相容试验，施工时未有效进行粘结面的清洗，造成结构密封胶与玻璃不粘，见图4-28（*a*）。未按要求打胶，打胶宽度和厚度达不到设计要求，有的地方打胶不饱满，存在空洞，甚至出现断胶，见图4-28（*b*）。这些方面均严重影响结构密封胶的服役质量及寿命，从而使这一时期的玻璃幕墙在未达到服役年限，甚至刚建不久结构胶就出现严重质量问题，结构密封胶服役寿命大打折扣。

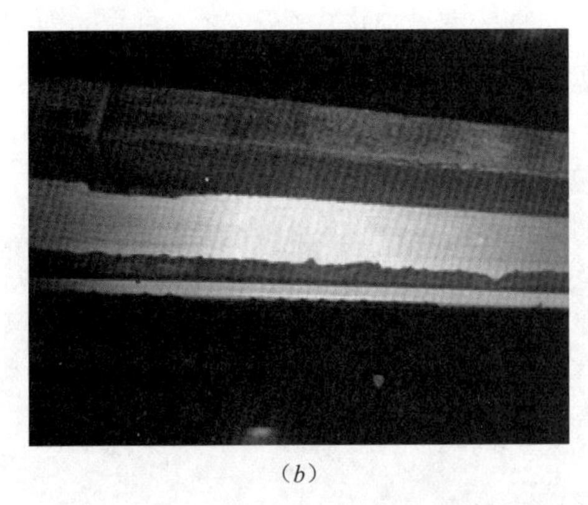

（*b*）

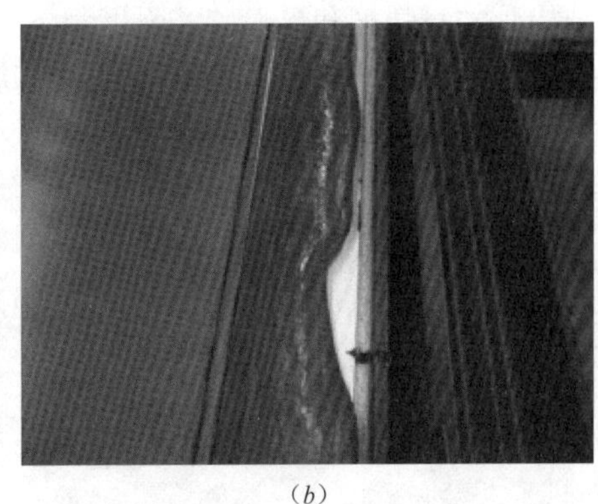

（*b*）

图4-28　结构密封胶施工典型质量事故图片

（*a*）胶与玻璃不粘；（*b*）胶未打满

（2）结构密封胶老化失效

结构密封胶老化是导致其失效的最主要因素。结构密封胶在使用过程中，要受到环境

中的光、热、氧（臭氧）各种介质和微生物等多种因素的影响与作用，其粘结性能会逐渐下降，甚至破坏。如果继续服役，极易在界面处突然失效，造成幕墙玻璃整体脱落，特别是在潮湿、腐蚀介质及阳光直射地方等环境中更是如此。

结构密封胶耐老化能力表现为结构密封胶的耐久性。结构密封胶在各种实际使用环境中的耐久性包括长期耐久性、耐气候性、热稳定性、疲劳强度和持久强度等。影响结构密封胶耐久性主要包括服役环境、被粘结件品种、粘结表面预处理、温度、外加应力等。在所有的这些外界影响因素中，湿、热的综合因素是结构胶老化中最突出、最严重的影响因素，尤其是当湿度大于 95%，温度高于 50～60℃时，其中的水分更是影响胶结界面强度的元凶。因为水能渗入胶结层内部，而且侵蚀胶结界面比侵入结构胶本体内快得多，其过程是水从胶结界面边缘渗入并逐渐向中心区域扩展，随着时间的推移，这种渗入胶结界面内的水量会越来越多，它会降低结构密封胶与被粘结物表面强吸附力，造成结构胶粘结性能下降和使用寿命的缩短，界面水还会使胶粘剂本身融胀，降低胶体自身的物理机械性能。

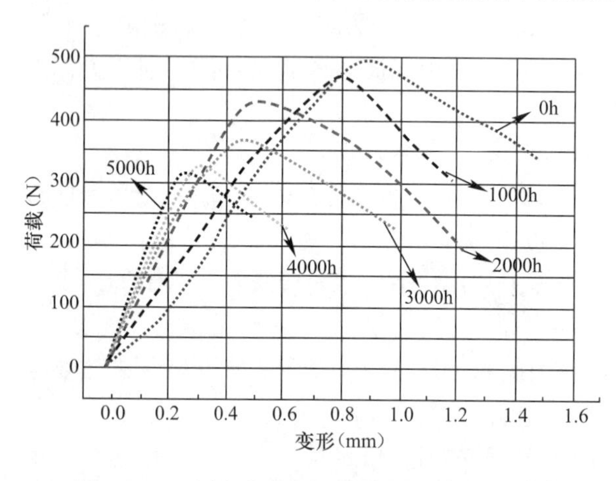

图 4-29　不同老化时间后结构胶加载曲线图[46]

图 4-29 为通过试验，将结构胶放入高温高湿环境（湿度大于 95%，温度在 25～55℃有规律的循环变化）进行人工加速老化，并对不同老化时间的结构胶进行加载获得的变形与载荷曲线图，由图中可以看出，随着老化时间的增长，除了结构胶强度降低外，加载曲线斜率也明显增大了，说明结构胶老化后弹性模量变大了。图 4-30 为结构胶加载破坏后的断面图，由图中可以看出，老化前，结构胶被拉断位置在结构胶本身，为结构胶内聚破坏。而老化后结构胶在胶结界面处破坏，主要表现为界面拉断。湿热老化试验表明，虽然老化后结构胶本身强度和界面胶结强度都下降，但是界面强度下降更多，且远远低于结构胶本身强度。因此，老化后结构胶粘结强度决定整个粘结件强度。

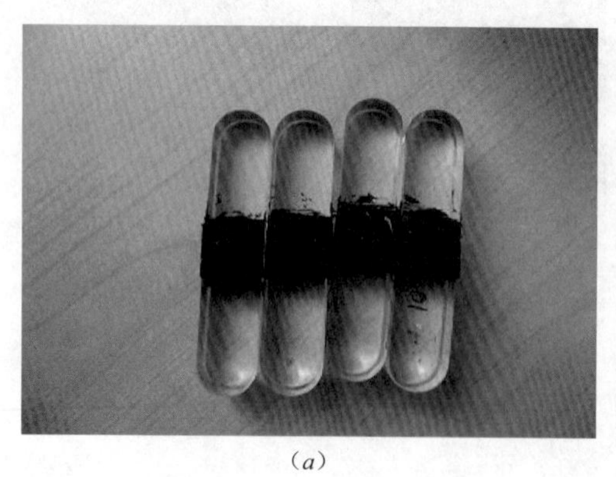

(*a*)

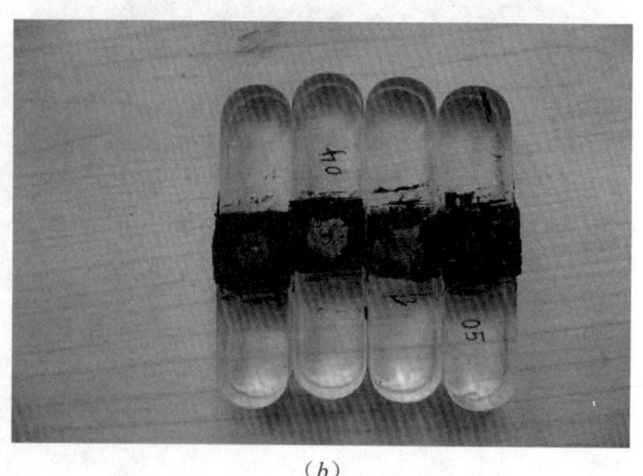

(*b*)

图 4-30　老化前、后结构胶的破坏断面图[46]

(*a*) 老化前；(*b*) 老化后

目前，评价结构密封胶的耐老化性能主要采用人工加速老化，比如，《结构密封胶玻璃装配系统技术审核指南》ETAG 002[6]要求检测结构密封胶在浸水-紫外辐射、盐雾、酸雾、清洁剂浸泡四项加速老化后结构胶的拉伸强度不得低于其初始强度的75%，与基材的粘结破坏面积不大于10%。

(3) 结构胶动疲劳失效

早期的玻璃幕墙对结构胶设计要求，人们往往只关注其物理老化后残余强度或静力作用下的强度，并没用关注动力反复作用下结构胶的疲劳失效。玻璃幕墙在服役过程中，要经常受到阵风压力的反复作用，阵风压力垂直作用于玻璃面板上，使得结构胶反复受到拉、压力作用，这种长期作用可造成结构胶寿命大幅缩短，其粘结性能也逐渐下降，造成幕墙玻璃坠落。另一种情况，早先的玻璃幕墙开启扇结构设计往往只用结构胶将玻璃粘结在开启扇附框上，玻璃下面没有任何额外托附或支撑件，由于开启扇在使用过程中，会受到开启与关闭所带来的振动作用，如此反复，结构胶在用了一段时间后就失去了粘结能力，导致玻璃整体坠落。图4-31为一栋玻璃幕墙开启扇玻璃整体脱落图片，该栋玻璃幕墙于2003年竣工，在2008年后就先后出现多块且全部为开启扇玻璃整体脱落，通过现场勘测，发现均为结构胶界面脱胶失效造成的。对该结构胶现场采样回试验室进行试验，发现结构胶的弹性性能、硬度、拉伸强度均满足标准要求，说明结构胶本身并没有老化而性能衰退。可见，该幕墙工程玻璃坠落主要是结构胶在动载疲劳作用下，造成粘结界面失效而引起的。

目前，相关玻璃幕墙规范和标准并没有考虑动载作用下结构胶的粘结强度，对结构胶动载疲劳失效也缺乏相关实验研究，没有建立起循环动载作用下结构胶疲劳强度。因此，对于长期受到动载荷或振动作用下的玻璃幕墙，为安全起见，可对结构胶粘附的玻璃进行适当的加固措施，减小结构胶直接受力作用。

图4-31 玻璃幕墙开启扇玻璃整体脱落

(4) 持久应力作用下结构胶蠕变失效

结构胶属于一种典型的力学非线性聚合物材料，目前工程结构设计大多没有考虑结构胶的流变特性，结构胶长期受玻璃自重作用，导致延迟失效事故时有发生，比如有的隐框幕墙玻璃或中空玻璃外片在新建不久后就出现整体坠落事故，而且在坠落前玻璃与支承件之间出现明显的错位，结构胶出现明显的蠕变（图4-32显示了一玻璃幕墙开启扇玻璃与

图 4-32　因结构胶蠕变造成幕墙玻璃与支承框架之间错位

支承框架因结构胶蠕变而导致的错位)。结构胶在服役环境下，应力松弛（物理老化）也使得其力学性能发生改变，但目前玻璃幕墙结构胶设计中并没有考虑结构胶的时间相关性。

目前，结构胶生产企业一般只对结构胶的质量保证期为 10 年，但对于为什么给定这一时间段并没有太多的理论支持，因此，需全面掌握持久应力作用下结构胶的力学性能变化，研究结构胶力学性能随时间的演变规律，评价结构胶的长期服役安定性能，指导结构胶强度设计及寿命预测，防患幕墙结构胶延迟失效。

对于非线性流变固体材料，在实验室通过短期试验来获得其长期力学性能是不可能的事情。由于聚合物长期力学性能受温度、应力及物理老化的影响。基于此原理，科学家们通过利用时间-温度等效原理、时间-应力等效原理、时间-温度-应力等效原理来评价聚合物材料的长期力学性能，例如我们可以通过在较高温度、较大应力作用下通过短期加载试验来评价材料在较低温度、较小应力作用下的长期力学性能。

图 4-33 通过对结构胶进行长期加载试验，获得不同加载应力作用下随加载时间的应变变化。试验条件如下：采用道康宁生产的硅酮结构密封胶，将结构胶打胶成型后按照国家标准《建筑用硅酮结构密封胶》GB 16776—2005 规定进行养护 21d，切割制备成 4mm×10mm×20mm 的长条用于实验。采用挂砝码方式加载，加载力分别为 200g，400g，600g，800g，对应的结构胶试样拉伸应力分别：0.5MPa、1.0MPa、1.5MPa、2.0MPa，标距为 10cm，在环境温度 20℃的条件下进行结构胶长期加载试验，采用游标卡尺测量标距长度随时间变化，测量精度精确到 0.02mm。试验结果表明，结构胶在长期载荷作用下的蠕变存在以下几个特征：1）无论何种等级载荷作用，结构胶在早期（特别是在前 24h 内）蠕变特明显，随着时间的增长，蠕变速率呈下降趋势。2）随着荷载（应力）水平的增大，结构胶的蠕变效应加剧，比如，相同条件下使结构胶达到 0.5%的应变水平，结构胶试样在 0.5MPa（200N）应力作用下需经历 24h，而在 1.5MPa（600N）应力作用下则只需经历 10min。3）荷载（应力）水平对结构胶长期蠕变性能影响明显，小应力作用下（0.5MPa）在经历 100h 后蠕变几乎停滞，而在大应力作用下（2MPa）在经历 2000h 后仍存在较大的蠕变速率。因此，载荷水平的大小是影响结构胶长期蠕变特性的重要外界因素，控制载荷水平是预防结构胶长期蠕变失效重要手段之一[57]。

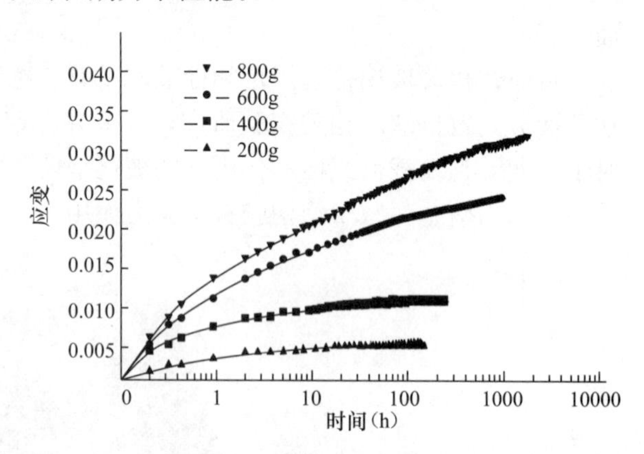

图 4-33　不同等级荷载作用下结构胶的蠕变曲线

4.2.1.3 钢材、铝合金型材及五金件失效

由于金属材料具有较好的耐久性，因此，因金属材料失效引起的玻璃幕墙事故比较少见。钢材、铝合金型材及五金件失效主要包括金属材料的变形、锈蚀、五金件脱落等。引发这类失效原因主要包括所用的钢材材质不合格、铝合金型材壁厚达不到要求、表面涂层、防锈措施处理不当、施工中偷工减料等多种因素造成的。

4.2.2 结构失效

引发玻璃幕墙结构失效可来自多方面，包括结构设计不当引发的失效，如幕墙玻璃抗风压、抗震、抗冲击不足造成玻璃整体破裂；隐框玻璃幕墙的结构胶及中空玻璃二道密封胶打胶宽度不足造成玻璃外片整体坠落；铝合金型材因型材尺寸及壁厚过小造成型材变形严重；预埋件、后埋件、连接螺栓、紧固螺栓尺寸过小造成脱落或断裂；螺栓紧固件数量不够造成承载能力不足；拉索、拉杆拉力松弛造成幕墙构件支撑力重分配或不足等。同时，因材料的性能退化、老化，施工中的偷工减料等也可引发玻璃幕墙结构失效。对已发生结构失效的玻璃幕墙，需对其进行结构承载能力计算和验算。

4.3 既有玻璃幕墙安全鉴定程序

4.3.1 安全性鉴定要求

有下列情况之一的建筑玻璃幕墙应进行安全性能检测评估[58]：

(1) 局部幕墙面板的或连接构件出现异常变形、脱落、开裂现象；

(2) 遭受台风、地震、雷击、火灾、爆炸等自然灾害或者突发事故而造成的损坏；

(3) 建筑主体结构经过检测、鉴定存在安全隐患；

(4) 玻璃幕墙工程竣工验收 1 年后，每 5 年进行一次安全性检查，对采用结构粘结装配的玻璃幕墙工程交付使用 10 年后，每 3 年进行一次安全性检查；

(5) 超过设计使用年限但需继续使用的幕墙；

(6) 未按现行规范进行设计施工的幕墙；

(7) 工程技术资料、质量保证资料不齐全；

(8) 停建建筑幕墙工程复工前；

(9) 水密性存在严重缺陷、影响正常使用时；

(10) 其他需要进行安全性鉴定的情形。

4.3.2 安全性鉴定程序[58,59]

对既有建筑幕墙进行检测和评估之前，应由幕墙安全维护责任人员填写既有玻璃幕墙信息与安全状况调查表，检测与评估人员对工程现场进行调查并制定检查检测方案，通过现场检查与实验室检测、计算分析以及专家论证，出具鉴定或评估报告。一般按下述程序进行既有玻璃幕墙的安全性鉴定工作。

(1) 受理委托，进行初始调查

鉴定机构接受幕墙安全维护责任单位或个人的委托后，应对被鉴定的幕墙进行初始调查，调查内容包括：

1）幕墙工程概况：包括幕墙的建设单位、设计单位、监理单位、开\竣工时间、幕墙结构形式、幕墙的使用年限等；

2）技术资料：包括幕墙设计图纸、施工图纸、竣工图纸、计算书、设计变更等；

3）工程质量保证资料：包括工程竣工报告、幕墙材料的质量保证书、材料复验报告、幕墙的物理性能检验报告、隐蔽工程验收记录、工程质量检查记录等；

4）既有建筑玻璃幕墙的使用情况：包括日常维护维修、情况记录、改造竣工技术资料等；

5）现场考察：核对资料、幕墙使用条件、使用状况、检查已发现的问题并做记录、听取有关人员对幕墙使用、维修过程中出现的问题进行描述等。

（2）确定内容和范围，制定鉴定方案

根据委托方提供的各种资料和调查情况，确定重点检测检测项目。制定检查检测评估方案，方案应包括检查检测评估内容、方法、进度等，具体如下：

1）工程概论描述：幕墙的工程概况，出现的质量状况的描述；

2）鉴定目的及要求；

3）鉴定依据：我国目前只有上海、广东、四川等地出台了有关建筑幕墙安全性能检测评估技术规程的地方标准，行业标准《既有建筑幕墙可靠性鉴定及加固规程》尚未出台。同时，我国现行的国家、行业标准规范对幕墙的性能、设计、施工和安装有具体的要求，对使用和维修也有明确的要求，可以以此为检测依据；

4）鉴定的内容及检测方法：针对不同的幕墙形式及质量状况，制定检测内容，并确定检测方法；

5）鉴定结果及报告：通过现场检测和实验室检测结果，以及必要的计算校核等工作得到检测结果，并出具检测报告；

6）专家论证：可对检测结果进行专家论证，讨论检测内容及检测结果的可靠性，判断被检测幕墙的真实现状，出具专家论证意见，为下一步的幕墙维护与改造提供意见和建议；

7）其他相关事宜。

（3）现场勘查、检测、验算

根据提供的技术资料以及对幕墙工程质量的现场调研与分析，主要对幕墙工程的以下内容进行现场勘查和检测：

1）基本情况检查：包括幕墙体系、构造、主要节点和开启扇安装质量；

2）使用现状检查：玻璃面板、连接构件的损坏、锈蚀、变形和五金件故障程度等；

3）材料的检查：玻璃面板、金属型材、硅酮结构密封胶、密封材料、防火保温材料、五金件、预埋件和后置埋件等；

4）结构和构造检测：受理杆件及构造、面板装备组件等；

5）结构承载力核验：作用在幕墙上的荷载和作用及节点的核验等。

4.4　既有玻璃幕墙安全鉴定现场检测内容及要求[6,22,59]

4.4.1　材料检测

既有玻璃幕墙安全鉴定现场材料检测内容及要求总结见表4-2。

既有玻璃幕墙安全鉴定现场材料检测内容及要求总结[6]　　**表 4-2**

检测项目	检测内容及要求
玻璃	(1) 玻璃的品种、厚度、外观质量和边缘处理； (2) 玻璃板块不应有松动、破裂； (3) 应采用安全玻璃； (4) 玻璃不应有缺棱、掉角等缺陷； (5) 中空玻璃不应有起雾、结露、霉变、流油现象，密封单元一道密封胶无挤出及二道密封胶脱胶造成的密封失效现象； (6) 夹层玻璃不应有分层、脱胶和气泡现象； (7) 真空玻璃不应有真空失效； (8) 玻璃幕墙出现异常破裂时，应采用相应的检查检测方法，查明玻璃破裂的可能原因
铝合金型材、钢材	(1) 铝合金型材的检查检测应包括规格、厚度、韦氏硬度、表面质量、表面处理；钢材的检查检测应包括规格、厚度、表面质量、防腐处理； (2) 铝合金型材、钢材的外观质量应符合下列规定： 1) 铝合金型材与其他金属接触部位不应有电化学腐蚀现象，检测部位包括螺栓连接、与主体结构连接处和避雷跨接点处的铝合金型材； 2) 主要受力部位的铝合金型材、钢材不应有变形、损坏现象； 3) 当存在铝合金型材无出厂证明、无检验报告或无法说明材料品质，现场检测所用的铝合金型材韦氏硬度不符合要求时，应截取非主要受力部位的铝合金型材，按《铝合金型材》GB 5237 的有关试验； 4) 型材壁厚可采用分辨率不低于 0.05mm 的游标卡尺或分辨率不低于 0.1mm 的金属测厚仪检测，重点检测型材截面主要受力部位的厚度； 5) 型材表面处理膜厚应采用分辨率不低于 0.5μm 的膜厚检测仪检测； 6) 铝合金型材韦氏硬度应采用符合《铝合金韦氏硬度试验方法》YS/T 420 规定的钳式手提韦氏硬度计检测 7) 钢材应采用 Q235 钢、Q345 钢，并具有抗拉强度、伸长率、屈服强度和碳、锰、硅、硫、磷含量的合格保证； 8) 钢材、钢制品的表面不得有裂纹、气泡、结疤、泛锈、夹渣等，其牌号、规格、化学成分、力学性能、质量等级应符合现行国家和行业标准的规定； 9) 钢材型材表面除锈等级应不低于 Sa2.5 级，并采取热浸镀锌处理等有效的防腐措施。采用热浸镀锌防腐蚀处理时，锌膜厚度应符合《金属覆盖层钢铁制件热浸镀锌层技术要求及试验方法》GB/T 13912 的规定；采用氟碳喷涂或聚氨酯漆喷涂时，涂膜厚度不宜小于 45μm
硅酮结构密封胶与密封材料	(1) 硅酮结构密封胶的检查检测应包括打胶宽度、厚度、外观质量、拉伸粘结强度和物理性能； (2) 检查时应查阅具有资质的检测机构出具的硅酮结构密封胶的相容性和粘结性检测报告； (3) 当铝合金型材表面采用有机涂层处理时，应检查硅酮结构密封胶底漆处理施工记录； (4) 硅酮结构密封胶外观检查时，从幕墙外侧检查时，玻璃与硅酮结构密封胶粘结面不应出现粘结不连续的缺陷，粘结面处玻璃表面应均匀一致；从幕墙内侧检查时，硅酮结构密封胶与相邻粘结材料处不应有变（褪）色，化学析出物等现象，也不应有潮湿、漏水现象； (5) 硅酮结构密封胶的邵氏硬度应符合《建筑用硅酮结构密封胶》GB 16776 的规定； (6) 隐框或半隐框玻璃幕墙应检查、检测硅酮结构密封胶粘结面有无不相容现象； (7) 当硅酮结构密封胶的邵氏硬度超过规定范围或粘结面质量达不到要求时，应进行硅酮结构密封胶的粘结强度检测； (8) 经检测硅酮结构密封胶粘结面质量未达到要求（脱离、老化等）时，应更换硅酮结构密封胶或采取相应的加固措施； (9) 橡胶材料应符合《建筑门窗、幕墙用密封胶条》GB/T 24498、《工业用橡胶板》GB/T 5574、《建筑橡胶密封垫预成型实心硫化的结构密封垫用材料规范》HG/T 3099 的规定； (10) 橡胶密封材料应有良好的弹性和抗老化性能、低温时能够保持弹性，不发生脆性断裂； (11) 开启扇周边缝隙应采用三元乙丙橡胶或硅橡胶密封胶条密封，胶条的邵氏硬度宜不大于 50

续表

检测项目	检测内容及要求
五金件及其他配件	(1) 五金件及其他配件应检查外观质量和使用功能； (2) 转接件和连接件应检查外观质量、紧固件检查品种、规格； (3) 五金件及其他配件质量应符合如下规定：滑撑、限位器应采用奥氏体不锈钢；表面光洁，不应有斑点、砂眼及明显划痕；金属层应色泽均匀、不应有气泡、露底、泛黄、龟裂等缺陷；强度、刚度应符合设计要求；滑撑、限位器的铆接处不得松动、转动和滑动的连接处应灵活、无阻卡现象；锁及其他配件应开关灵活，组装牢固，多点连动锁的配件其连动性应一致； (4) 五金件及其他配件检测时，应采用磁铁检查材质、用观察和手动试验方法，检验外观质量和活动性能； (5) 转接件、连接件和其他配件镀层不得有气泡、露底、脱落等明显缺陷； (6) 转接件、连接件、紧固件和其他配件的外观质量的检验、应采用观察和手动的试验方法

4.4.2 玻璃幕墙结构和构造的检查检测

(1) 玻璃幕墙的结构和构造检查应包括以下内容：

1) 玻璃幕墙的设计图及竣工资料文件；

2) 结构、构造及设计文件与现行国家、行业和地方标准的相符情况；

3) 当设计文件、竣工图纸等不齐全时，应补充测绘玻璃幕墙的典型分格、与主体结构连接方式和主要构造节点等。

(2) 玻璃幕墙的隐蔽验收记录应检查以下内容：

1) 预埋件（或非预埋形式的连接件）；

2) 构件的连接节点；

3) 变形缝及墙面转角处的构造节点；

4) 幕墙防雷节点；

5) 幕墙防火节点。

(3) 当隐蔽验收记录不完善时，可采用无损或局部破损的方法进行抽样检测，必要时可暴露隐蔽部分进行检查和检测；

(4) 玻璃幕墙结构和构造的检测要求和方法可参照现行行业标准《玻璃幕墙工程质量检验标准》JGJ/T 139 或其他相应的标准。

结构和构件的检查检测内容和方法见表 4-3。

既有玻璃幕墙结构和构件的检查检测内容和方法[6]　　表 4-3

检测项目	检测内容及要求
支承构件检查	1. 采用激光全站仪和靠尺、塞尺、线锤等对相邻立柱的平面外直线度、相邻面板外表面平面外高低差； 2. 立柱、横梁无明显变形、松动，不应有明显的锈蚀； 3. 预应力索、杆无明显松弛，钢绞线无断丝； 4. 玻璃肋不应有明显裂纹、损伤
埋件	连接牢固，无松动、脱落、开焊，不应变形、锈蚀
与主体结构连接	连接牢固，无松动、脱落、开焊，不应变形、锈蚀

续表

检测项目	检测内容及要求
立柱横梁连接	连接牢固，不松动
与面板连接	1. 结构胶与基材无分离、干硬、龟裂、粉化； 2. 点支承幕墙驳接头、驳接爪无明显变形、松动，固定部位玻璃无局部破损； 3. 明框幕墙玻璃镶嵌胶条脱落； 4. 隐框幕墙密封胶应连续，无起泡、开裂、龟裂、粉化、变色、褪色、化学析出及与基材分离； 5. 点支承幕墙驳接头、驳接爪与玻璃接触衬垫和衬套无明显老化、损坏
开启扇检查	1. 五金配件齐全、牢固，锁点完整，不得松动、脱落； 2. 挂钩式铰链应有防脱落措施； 3. 五金件不应有明显的锈蚀； 4. 开启应灵活，撑挡定位准确牢固、开关同步、不变形

4.4.3 结构承载力验算

（1）当委托方未提供设计文件时，应按照现行国家、行业和地方标准，核算最不利工况下建筑幕墙与主体结构连接、建筑幕墙单元受力节点、构件的承载力和变形。

（2）玻璃幕墙材料的强度设计值应按照实际状态确定，并应采用下列方法：

1）当原设计文件有效且材料无严重的性能退化、施工偏差在允许范围内时，可采用材料强度标准值来推算；

2）检测表明不符合上述要求时，应按检测结果确定相关材料的强度标准值。

（3）玻璃幕墙的构件和节点核验应按照实际状态确定，并应符合下列要求：

1）构件和节点的几何位置应采用实测值，并应计入锈蚀、腐蚀和施工偏差等因素的影响；

2）计算模型和便捷条件应符合实际状态。

结构承载力验算项目和内容见表 4-4。

结构承载力验算项目和内容[6] **表 4-4**

验算项目	验 算 内 容
玻璃面板	（1）应符合《建筑幕墙工程技术规范》DGJ 08—56—2010 的规定，按不同的面板支承形式，校验玻璃面板的最大应力和变形； （2）核验点支承玻璃还应对玻璃孔边应力，必要时进行点支承玻璃的抗风压性能试验
玻璃面板支承连接	（1）采用螺纹紧固件固定的框支承玻璃面板，应核验螺纹连接承载能力，玻璃面板固定连接件（如压块、压板等）应验算受弯曲和受剪切能力； （2）点支承玻璃面板的连接应核验点支承装置的承载能力，必要时应进行点支持也能够装置承载能力的抽样检测； （3）应对结构胶厚度与宽度进行核验，对于无托付装置的隐框中空玻璃幕墙或开启扇中空玻璃，结构胶受持久载荷作用时，需同时对玻璃与附框打胶宽度及中空玻璃二道结构密封胶打胶宽度进行验算

续表

验算项目	验 算 内 容
立柱、横梁	(1) 幕墙的立柱、横梁应根据实际支承条件，采用相应的计算模型进行结构承载力核验，开口铝合金立柱强度应按《建筑幕墙工程技术规范》DGJ 08—56—2012 附录F进行； (2) 幕墙立柱由于安装构造而产生压应力时，应进行立柱界面的偏心受压承载力核验
拉杆（索）体系	(1) 索杆体系应该核验在各种受力状况下的拉杆强度、整体稳定和局部稳定，并核验拉杆、拉索的张力； (2) 非自平衡形式的索杆体系应核验其对主体结构的影响； (3) 单层索网及单拉索支承结构中的拉索应保持受拉，并核验单层平面索网及单拉索的挠度

4.4.4 分析论证、安全性评定

根据现场检查、检测和验算结果，对玻璃幕墙的安全性进行分析论证，必要时，可组织行业内知名专家根据现场情况、工程检查情况及计算分析情况对既有玻璃幕墙出现的问题、可能存在的安全隐患及解决措施进行论证，出具专家论证意见。

上海市工程建设规范《建筑幕墙安全性能检测评估技术规程》DG/TJ 08—803—2013)[58]对玻璃幕墙安全性评定规定如下：

(1) 建筑幕墙安全性能检测评估，应先评定结构承载力、结构和构造、构件和节点变形（或位移）三方面等级，再综合评定建筑幕墙安全性能的等级。

(2) 结构承载能力按表4-5评定等级，并取建筑幕墙主要结构构件、节点最低一级作为建筑幕墙承载能力的等级。

建筑幕墙承载力的评定等级[58]　　**表4-5**

检查项目	f/σ			
	a_u	b_u	c_u	d_u
结构构件或节点	≥1.00	<1.00，且≥0.90	<0.90，且≥0.85	<0.85

(3) 建筑幕墙主要结构和构造的等级按表4-6评定，然后取其中最低一级作为建筑幕墙结构和构造的等级。

建筑幕墙结构和构造的评定等级[58]　　**表4-6**

检查项目	a_u	b_u	c_u	d_u
结构构造，防火构造，防雷构造	构造方式正确，符合现行规范和设计要求，工作无异常	构造方式正确，符合现行规范和设计要求，工作无异常，仅有局部表面缺陷	构造方式有缺陷，不能完全符合现行规范和设计要求，局部存在构造隐患	构造方式不当，有严重缺陷，不符合现行规范和设计要求，工作异常，存在结构、构造隐患或失效

（4）建筑幕墙主要结构构件、节点按表4-7评定等级，然后取其中最低一级作为建筑幕墙结构和构造的等级。

建筑幕墙构件和节点变形（或位移）的评定等级[58]　　表4-7

检查项目	a_u	b_u	c_u	d_u
主要结构构件 $d_{f,min}/d_f$	≥0.95	<0.95， 且≥0.90	<0.90， 且≥0.85	<0.85
主要节点	结构连接方式正确，受力可靠，无变形、滑移、松动或其他缺陷，工作无异常	结构连接方式正确，受力可靠，无明显变形、滑移、松动或其他缺陷，工作无异常	连接方式不当，构造有缺陷，局部发现变形、松动	连接方式和构造有严重缺陷，已导致预埋件、焊缝或螺栓等发生明显变形，滑移，局部拉脱、剪切破坏或裂缝

（5）建筑幕墙安全性能等级的综合评定及相应措施应按表4-8规定。

建筑幕墙安全性能等级的综合评定及相应措施[58]　　表4-8

等级	分级标准	子项安全等级	相应措施
a_u	安全性能符合要求，不影响建筑幕墙继续使用	承载力为 a_u 级，结构和构造，构件和节点变形不低于 b_u 级	无
b_u	安全性能略低，尚不显著影响建筑幕墙继续使用	承载力不低于 b_u 级，结构和构造，构件和节点变形不低于 c_u 级	更换材料或加固相应构件、节点
c_u	安全性能不足，已显著影响建筑幕墙继续使用	承载力为 c_u 级	加固相应构件、节点或拆除部分结构重建
d_u	安全性能严重不符合要求，已严重影响建筑幕墙继续使用	任一子项为 d_u 级	拆除部分或全部结构，同时应采取必要的应急措施

4.4.5　提出处理意见、出具鉴定报告

根据现场调查，检测和验算结果，以及专家论证分析意见，鉴定单位以及国家有关技术标准，以书面形式出具检查鉴定报告，并提出有效的处理意见，供委托方参考。

4.4.6　现场检查检测抽样方案

（1）现场检查项目按检查对象分为玻璃、支承构件、连接构造和开启窗，按重要性分为安全项目和一般项目。

（2）根据北京市住房和城乡建设委员会颁布的《既有玻璃幕墙安全检查及整治技术导则》[59]规定，应按下列规定划分检验批和抽样：

1）不同结构形式的幕墙应单独组批；

2）幕墙面积每5000m^{2}划分为一个检验批，不足5000m^{2}时单独划分为一个检验批；

注：划分检验批时应考虑建筑朝向因素。

3）抽样应优先选取临街等可能造成较大公共危害的，发生过安全事故的，及漏水、漏气等影响正常使用功能的部位；

4）玻璃板块检查数量不得少于幕墙玻璃总数的10%；

5）支承构件的抽样数量不得少于总数的5%；

6）结构胶等连接构造检查数量不得少于10%；

7）开启窗检查数量不得少于10%。

4.5　既有玻璃幕墙安全检测与鉴定方案

既有玻璃幕墙安全检测与鉴定方案是检测机构在充分了解玻璃幕墙工程基本情况、幕墙出现的典型质量安全问题的基础上，结合业主提出的具体检测目的、要求、检测环境等制定的检测程序和流程，检测方案宜包含检测内容、检测方法、检测依据、使用的检测设备、投入的检测力量等。安全检测与鉴定方案也是业主评估检测机构鉴定能力、检测方法的可靠性、准确性、先进性等的重要依据。

检测机构需根据不同的检测工程实际情况制定具体的检测与鉴定方案。

附：某玻璃幕墙安全评估检测方案范例（仅供参考）。

××××
既有玻璃幕墙安全性能检测与鉴定方案

批准：

审核：

编写：

××××公司

年　月　日

××××
既有玻璃幕墙安全性能检测与鉴定方案

一、工程概况

略。

二、检测鉴定依据

本次检测鉴定的主要依据如下：

1. 上海市工程建设规范《玻璃幕墙安全性能检测评估技术规程》DG/TJ 08—803—2013；
2. 四川省地方标准《既有玻璃幕墙安全使用性能检测鉴定技术规程》DB51/T 5068—2010；
3. 广东省地方标准《建筑幕墙可靠性鉴定技术规程》DBJ/T 15—88—2011；
4. 国家标准《玻璃缺陷检测方法 光弹扫描法》GB/T 30020—2013；
5. 国家标准《中空玻璃结构安全隐患现场检测方法》(报批稿)；
6. ××××公司企业标准《既有建筑幕墙面板松动脱落风险评估方法-动态法》；
7. 国家标准《建筑结构荷载规范》GB 50009—2012；
8. 国家标准《钢结构设计规范》GB 50017—2003；
9. 国家标准《建筑抗震设计规范》GB 50011—2010；
10. 行业标准《建筑变形测量规范》JGJ 8—2007；
11. 行业标准《建筑玻璃应用技术规程》JGJ 113—2009；
12. 国家标准《建筑幕墙平面内变形性能检测方法》GB/T 18250—2000；
13. 国家标准《建筑幕墙》GB/T 21086—2007；
14. 行业标准《玻璃幕墙工程质量检验标准》JGJ/T 139—2001；
15. 行业标准《玻璃幕墙工程技术规范》JGJ 102—2003；
16. 国家标准《建筑用硅酮结构密封胶》GB 16776—2005；
17. 国家标准《钢结构工程施工质量验收规范》GB 50205—2001；
18. 国家标准《建筑装饰装修工程质量验收规范》GB 50210—2001；
19. 中国工程建设标准化协会标准《点支式玻璃幕墙工程技术规程》CECS 127—2001；
20. 国家标准《建筑用硅酮结构密封胶》GB 16776—2005；
21. 北京豪沃克软件技术有限公司的门窗幕墙工程软件；
22. 美国 ANSYS 分析软件；
23. 委托方提供的部分相关资料等；

……

三、安全检测与评估程序

安全检测与评估程序见图 4-34 流程图。

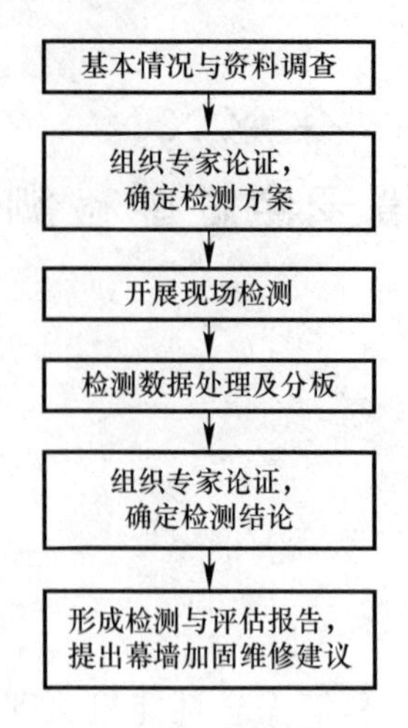

图4-34　检测与评估流程

四、检测鉴定的内容和方法

1. 玻璃幕墙工程资料审查（该部分由幕墙结构设计师完成）

（1）玻璃幕墙设计图、竣工图（或施工图）、设计变更文件、幕墙工程计算书；

（2）玻璃幕墙主要材料，包括面板、金属构件、密封材料、五金件及附件等的材质、型号、种类、生产厂家、产品合格证书、性能检测报告、进场验收记录和复验报告；密封材料与实际工程用基材相容性检验报告、硅酮结构胶剥离试验记录等；

（3）玻璃幕墙抗风压性能、气密性能、水密性能、平面内变形性能等检测报告及其他性能测试报告；

（4）施工过程中后埋件的现场拉拔检测报告、张拉杆索体系预拉力张拉记录、安装施工、验收记录、隐蔽工程验收记录、分项工程竣工验收记录等；

（5）幕墙维护记录，质量问题或事故问题及其处理意见记录，包括图像、影像等资料。

2. 建筑幕墙基本情况现场勘察

（1）根据该工程玻璃幕墙的设计图纸，对幕墙的结构布置、分格形式进行核查；

（2）根据该工程玻璃幕墙的设计及竣工图纸，对幕墙的结构布置、分格形式、现状进行勘察，检查总体构造措施状况，并对勘察过程中发现的问题进行描述。

3. 玻璃幕墙安全性能现场检查检测

（1）玻璃幕墙材料、构件的现场检查检测

1）幕墙面板检测

① 玻璃检测

检查各种玻璃面板的品种、外观质量及边缘处理的情况；检查玻璃是否为安全玻璃；是否出现破裂、损伤；对于中空玻璃检查其是否有起雾、结露、进水、霉变等现象；对镀膜玻璃的镀膜层检查其是否有脱膜现象，与结构胶粘结部位是否经过除膜处理；对夹层玻璃检查是否有分层、脱胶、气泡等现象出现。

② 钢化玻璃自爆检测

用××××研发的钢化玻璃自爆风险检测方法及玻璃应力仪检测钢化玻璃自爆源及自

爆风险。

③ 中空玻璃密封失效检测

采用××××发明的中空玻璃密封失效检测方法及装置对中空玻璃密封性能失效所带来的安全隐患进行检测。

2）支承构件材料及结构的检测

① 检查各立柱、横梁、龙骨、拉索等金属构件的外观质量，检查表面是否出现腐蚀、锈蚀，是否出现局部失稳或整体失稳现象；

② 检查立柱、横梁、拉索是否出现明显变形、松动；

③ 检查面板间立柱、板块间横梁规格、壁厚、涂膜膜厚；

④ 检查面板左右两侧立柱、板块上下两侧横梁间距；

⑤ 根据现场实际情况，并与委托方协商确定进行面板间立柱、横梁铝合金型材的韦氏硬度检测；

⑥ 用拉拔仪检测幕墙拉索张力；

⑦ 对于隐蔽在不透明幕墙面板后面的立柱和横梁外观质量检查，需在幕墙面板或其连接缝隙处钻孔，并用内窥镜从钻孔处伸进面板后面进行观测或拍照检测。

3）连接构造材料及结构检测

① 硅酮结构密封胶及建筑密封材料检测

A. 检查硅酮结构密封胶及建筑密封材料的外观质量，包含硅酮结构胶及建筑密封材料的老化、脱胶、开裂、起泡、化学析出现象等检查；

B. 检测硅酮结构密封胶及建筑密封材料与基材的粘结性，是否与基材分离；胶体弹性是否降低；

C. 检测硅酮结构密封胶的打胶厚度及宽度、现场接缝与设计的符合性；

D. 试验室检测：对于半隐框玻璃幕墙，根据现场实际情况，抽取部分玻璃面板进行结构胶取样，并进行结构胶拉伸强度、延伸率、邵氏硬度进行检测，对其进行老化程度和粘结质量评价。

② 预埋件及螺栓件检测

A. 检查后埋件、化学螺栓外观质量、连接牢固程度、开焊，是否变形、锈蚀或脱落；

B. 对于上述隐蔽在不透明幕墙面板后面的预埋件、化学螺栓的外观检测，需在幕墙面板或其连接缝隙处钻孔，并用内窥镜从钻孔处伸进面板后面进行观测或拍照检测。

C. 采用拉拔仪检测埋件及化学螺栓的锚固紧固力；

③ 与主体结构连接检测

A. 检查与主体结构连接部件的连接牢固程度、松动、开焊、脱落现象；

B. 检查幕墙立柱与主体结构相连的预埋件、化学螺栓的规格、尺寸、数量；

C. 对于上述隐蔽在不透明幕墙面板后面的连接件外观检查，需在幕墙面板或其连接缝隙处钻孔，并用内窥镜从钻孔处伸进面板后面进行观测或拍照检测。

④ 立柱横梁连接检测

检查立柱和横梁间的连接牢固程度、是否有松动。

⑤ 点支承玻璃幕墙支承件检测

检查点支承幕墙驳接头、驳接爪外观质量及其与玻璃接触衬垫和衬套是否老化、破损。

4）五金件及其他配件材料检测

① 检查开启扇五金件及其他配件外观质量、是否齐全、牢固、生锈，锁点完整性；

② 检查转接件与预埋件、连接板的焊缝的规格，确定与设计是否相符；

③ 检查转接件与立柱连接的螺栓规格、数量检查，确定与设计是否相符；

④ 检查横梁与立柱连接角码、螺栓规格、数量检查，确定与设计是否相符；

⑤ 检查螺栓、螺钉及铆钉等连接是否有松动；连接的个数和材质是否与设计相符。

（2）玻璃幕墙整体结构、构造安全性能检查检测

1）幕墙面板松动及整体脱落风险检测

① 采用手敲、手拔、耳听等方法普查玻璃幕墙面板的松动状况；

② 在上述普查检测过程中，发现幕墙面板出现松动迹象或声频不同时，继续采用×××研发的幕墙面板松动坠落风险检测方法检测幕墙面板松动程度及坠落风险，同时进行计算和对比分析，以确定其坠落风险等级；

③ 在上述检测后，对松动坠落风险等级高的幕墙面板采用拆开检测、拉拔法、负压加载法检测其抗风压及抗外力坠落能力，并对其支承与连接件进行重点检查与排查。

2）幕墙承载能力（安全性）的验算（该部分由幕墙结构设计师完成）

根据上述检查的结果和业主提供的相关资料，结合现行国家及地方相关规范、标准等对该幕墙的面板、结构胶、主要支撑构件等承载能力进行验算，并给出结论。

五、检查、检测组批及抽样方案

1. 组批原则

（1）按不同结构形式的幕墙单独组批；

（2）幕墙面积每5000m^2划分为一个检验批，不足5000m^2时单独划分为一个检验批。

2. 抽样原则及方案

（1）抽样优先选择在临街、风口、发生过安全事故的部位及普查过程中发生质量问题或松动部位，且每个不同检验批必须保证至少抽样一次；

（2）对于幕墙面板松动脱落普查及钢化玻璃自爆风险检测，需对面板进行全数检测，其他的采取抽样检测方案；

（3）振动测试方法检测幕墙面板坠落风险等级抽样数量暂定为面板总数的20%；

（4）中空玻璃密封失效视现场情况检测每个检验批至少抽样一次；

（5）负压法及拉拔法检测陶土板及石材幕墙面板抗风压及外力脱落风险能力，每个检验批至少抽样一次；

（6）钻孔采用内窥镜观测隐蔽件外观质量，每个检验批至少抽样二次；

（7）支承构件的抽样数量暂定为总数量的10%；

（8）连接构造及五金件的抽样数量暂定为总数量的10%。

六、检测结果评定

1. 根据对幕墙材料和支承构件、连接节点和构造检测及承载能力验算等结果，召开专家讨论会对结果进行分析与评论。同时，参照国家标准《民用建筑可靠性鉴定标准》

GB 50292—1999 及四川省地方标准《既有玻璃幕墙安全使用性能检测鉴定技术规程》DB51/T 5068—2010、广东省地方标准《建筑幕墙可靠性鉴定技术规程》DBJ/T 15—88—2011、上海市工程建设规范《玻璃幕墙安全性能检测评估技术规程》DG/TJ 08— 803—2010 等标准，综合判定幕墙的安全性等级，并向委托单位出具《既有玻璃幕墙安全性能检测与鉴定告知书》。

2. 对于幕墙可靠性检测结论为可靠度不足时，向委托方提供幕墙可靠度差的原因及检测与试验数据及图像依据，并且给出幕墙拆换、维修、加固与整改方案等建议。

七、主要检测设备

钢化玻璃自爆检测光弹应力仪、幕墙面板振动测试系统、中空玻璃密封失效及风险检测设备、高空幕墙自攀爬机器人、玻璃厚度仪、数码放大镜、裂缝测宽仪、邵氏硬度计、拉拔仪、扭力扳手、内窥镜、索力测定仪、红外热成像仪、均布负压加载装置（根据检测条件定制）、激光测距仪、常规力学性能试验设备、成分分析试验设备、照相设备、卷尺等。

八、委托方提供的配合事项

1. 提供建筑幕墙工程资料审查所需的全部资料一份；

2. 指派专人协调现场检测配合工作，大厦物业管理处或委托方应积极配合我方做好相关安全警戒工作，并负责监督与本检测工作无关的人员不得进入警戒区域；

3. 提供检测需要的电源、爬梯等登高作业设施；

4. 其他需要配合及协助事项。

九、检测评估进度计划

检测时间为进场检测之日起 90 个工作日完成，检测与评估报告提交的最终时间为现场检测完成之日起 30 个工作日完成。

××××公司

××年××月××日

第 5 章 钢化玻璃的自爆机理与自爆风险检测

5.1 引言

我国幕墙用玻璃主要包括单层钢化玻璃、钢化夹胶玻璃、钢化中空玻璃、普通夹胶玻璃等品种，其中钢化玻璃是幕墙上应用最广泛的玻璃品种。另外，家庭用的玻璃灶台、桌面、淋雨墙和玻璃洗脸池等也都大量使用钢化玻璃。大量发生的钢化玻璃自爆问题带来的严峻的城市公共安全问题，必须尽快从理论上确定钢化玻璃的自爆机理和自爆准则，以便及时地预测这种潜在的安全隐患，保障人民群众生活环境和生活质量。为提高玻璃的安全性和强度，钢化玻璃普遍使用于汽车风挡、建筑幕墙、家具灶具等制品。但是，由于玻璃本身是一种脆性材料，其抗拉强度远低于抗压强度，在断裂过程中几乎没有任何塑性变形，破坏往往是突发性的和灾难性的。到目前为止，国际上还没有行之有效的方法避免玻璃产品的突发性破坏，只能通过贴膜或夹胶来避免钢化玻璃自爆后的散落。在我国汽车玻璃的自爆、建筑幕墙玻璃破碎下“玻璃雨”、浴室玻璃突然炸裂、钢化玻璃茶几和灶具等的破碎伤人事件仍然不断被报道。在繁华的市区，钢化玻璃制品成了“定时炸弹”，特别对于悬挂于高层建筑上的玻璃幕墙，任何一起幕墙玻璃的破裂事故都可能造成灾难性的后果。

中国是世界上玻璃幕墙最多的国家（超过世界总量的一半），玻璃幕墙的安全问题不容忽视。到 2014 年年底，我国已建成了超过 10 亿 m^2 的各式建筑幕墙（包括采光屋面），占世界总量的 50%以上。近几年，玻璃幕墙破裂事故频繁发生，特别是钢化玻璃自爆伤人事故尤为突出，比如，2006 年 7 月 31 日晚，上海市某大厦玻璃幕墙自爆，下了一场长达 75min 的“玻璃雨”，2 人受伤。显然，了解钢化玻璃自爆的真正原因和机理，对减少和防止事故发生是至关重要的。传统的理解认为玻璃自爆起因可分为两种：一是由玻璃中可见缺陷引起的自爆，如表面划痕或边缘缺陷的发展等。二是由玻璃中硫化镍（NiS）等杂质发生相变膨胀引起的自爆。前者检测相对容易，故生产中可控。后者则主要由玻璃中微小的硫化镍颗粒体积膨胀引发，无法简易检验，故不可控。在实际处理上，前者一般可以在安装前剔除，后者因无法检验而继续存在，成为使用中钢化玻璃自爆的主要因素，一般提到的自爆均指后一种情况。由于硫化镍引发的自爆无法预测，且在服役中的自爆会造成较大的经济损失，被称为“玻璃癌症”。实际上除了硫化镍之外，只要是存在于玻璃内部的杂质颗粒，若膨胀系数与玻璃不相同，都可能导致玻璃的自爆。

本章节详细分析了钢化玻璃自爆机理及其自爆影响因素，同时，提出了一种钢化玻璃自爆检测方法-光弹扫描法，并对该方法的检测原理、检测流程及检测设备等进行了阐述。

5.2 钢化玻璃的应力分布与能量[60,61,62]

钢化玻璃是一个应力平衡体，表层为压应力，而中间层为拉应力，物理钢化玻璃比化学钢化玻璃具备了更大的应变能，其应力分布如图 5-1 所示。

设玻璃的总厚度为 h，半厚度为 l，以玻璃的中间层（对称轴）为原点进行沿厚度的应力分析，假设钢化玻璃内部应力（残余应力）满足以下条件：

（1）应力沿厚度方向连续光滑变化；

（2）在无外力作用下压应力与拉应力达到自平衡，应力沿厚度积分为零；

（3）表面最大压应力可测，并表示为 σ_c；

（4）面内应力处处相等，即 $\sigma_x=\sigma_y$。

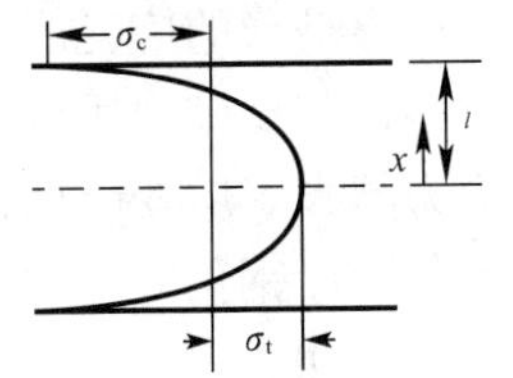

图 5-1 钢化玻璃拉压应力分布示意图

（σ_c 为表层压应力；σ_t 为内层最大拉应力）

根据以上条件，可以求出一个残余应力（也称为钢化应力）分布表达式如下：

$$\sigma=-(1.4\xi^{2.5}-0.4)\times\sigma_c \tag{5-1}$$

式中 σ_c——表层的压应力（拉应力为正，压应力为负），它可通过表面应力仪测量；

$\xi=x/l$——在（0，1）范围内的无量纲参数；

x——样品中间位置到表面的距离；

l——样品厚度的一半，即 $h=2l$，见图 5-1。

在式（5-1）中令残余应力为零，可以求出应力分布从表面压应力到中间层拉应力的过渡层位置为距离表面 0.2h 的位置。因此可以推断中间的拉应力层厚度为 $0.6h$。在对称轴的位置，$x=0$，拉应力达到最大，从式（5-1）中可知，最大拉应力等于表面压应力绝对值的 0.4 倍。反过来，表面压应力的绝对值是中间最大拉应力的 2.5 倍。这也说明，钢化应力越大，内部的拉应力也越大，而玻璃的破坏大都是由于拉应力引起，拉应力越大就越容易发生自爆或破裂。所以并非钢化应力越大越好。虽然钢化应力越大，弯曲强度越高，但发生自爆的概率也越大。

钢化玻璃内应力使得它本身成为一个具有较大应变能的固体，当玻璃破裂时，所有的应变能释放并转化为表面能和少量的声能、热能和残余的应变能。钢化应力越大，具有的应变能也就越大。因而，破裂后转化的表面能也越大，这也是为什么钢化应力越大破裂后的玻璃碎片数量越多。当玻璃的厚度给定后，单位面积上的应变能（能量密度）可以通过应力分布函数计算出来。考虑应力在平面处处相等的假设，即 $\sigma_x=\sigma_y=\sigma$。

单位体积上的应变能为：

$$w=\frac{1}{2}[\sigma_x\cdot\varepsilon_x+\sigma_y\cdot\varepsilon_y]=\sigma_x\cdot\varepsilon_x=\frac{\sigma_x^2}{E} \tag{5-2}$$

将式（5-1）带入应变能的计算，沿玻璃厚度积分求出单位面积上的能量：

$$W=2\int_0^l\frac{\sigma^2}{E}dx=\frac{2l\sigma_c^2}{E}\int_0^1[1.4\cdot\xi^{2.5}-0.4]^2d\xi=\frac{h\sigma_c^2}{6E} \tag{5-3}$$

玻璃的应变势能等于整块玻璃的面积乘以单位面积的能量。对于长宽分别为 a 和 b 的钢化玻璃，其内部具备的应变势能为：

$$\frac{abh \cdot \sigma_c^2}{6 \cdot E} = \frac{V \cdot \sigma_c^2}{6E} \tag{5-4}$$

因此，钢化玻璃的应变能实际上可以直接从钢化玻璃的表面钢化应力值、弹性模量和玻璃的体积直接算出来，而玻璃的体积和弹性模量都是已知的，故只要测出表面应力值就可以算出玻璃的应变能。

钢化玻璃破裂后形成碎片的断口表面能基本上近似于玻璃的原有应变能，所以玻璃钢化应力越大，应变能也越大，因而碎片数也越多。通过这一原理，可以近似估算出来碎片数量与表面钢化应力之间的关系。根据钢化玻璃的国家标准 GB 15763.2—2005 的规定，在 50mm 边长的正方形面积内的碎片数量不能少于 40（4～12mm 厚的玻璃）。对应于这个下限值的表面应力一般认为在 90MPa 左右，这个值给我们标定提供了一个参考值。但是标准中在厚度为 4～12mm 范围都一样，不考虑厚度变化。根据作者对国家安全玻璃与石英玻璃质量检测中心的近百块玻璃数据的统计分析，说明表面应力与碎片数量之间的关系非常离散。我们可以根据能量准则估测一个近似的关系式，假设在 50mm×50mm 面积内的碎片数为 n，每块碎片的表面能为 S，则有：

$$n \cdot S = \frac{V \cdot \sigma_c^2}{6E} = 2500h\,\frac{\sigma_c^2}{6E} \tag{5-5}$$

对于厚度为 6mm，弹性模量为 70GPa 的玻璃可以近似得到碎片数的表达式为：

$$n = 0.00494 \cdot \sigma_c^2 \tag{5-6}$$

这个关系是表示的是一个近似关系，因为很多情况下玻璃品种和钢化均匀性影响很大，所以对于给定的一类玻璃，最好需要进行标定，针对厚度和弹性模量都为常数并且已知的情况，给出一个表面应力和对应的碎片数，求出式（5-5）里面的 S 值。

5.3 钢化玻璃缺陷与应力集中

工程应用中的钢化玻璃难免会含有微小的缺陷和杂质，如果这些缺陷位于钢化玻璃拉应力层中，容易产生应力集中。一旦应力累积超过了玻璃的本征强度，则会产生钢化玻璃破裂现象。假设玻璃的本征强度是个常数 σ_i，则钢化玻璃中间层的最大拉应力不允许太大而接近本征强度。如果内部拉应力达到本征强度则玻璃发生破裂。根据钢化应力的分布，当中间拉应力达到或等于本征强度时，表面的钢化应力则等于 2.5 倍的本征强度。所以我们认为，为了安全，钢化应力不宜太高。假设表面钢化应力达到 250MPa，则可推断中间的最大拉应力达到 100MPa 左右。假设本征强度为 150MPa，剩余强度就只有 50MPa 了。换句话说，钢化拉应力继续增大 50MPa 玻璃就可能破裂。另一方面，本征强度随内部缺陷而降低，如果玻璃内部有缺陷如微裂纹，杂质等，由于局部应力集中引起拉应力的叠加，更容易引起玻璃的自爆。

钢化玻璃自爆的典型破坏形貌如图 5-2 所示，其共同特征是破坏源处都有一对蝴蝶形状的碎片（蝴蝶斑），蝴蝶斑中间的界面上通常为破坏源发生点（如图 5-2（*a*）中点 A 所示），并能找出引起破坏的杂质颗粒。这些小颗粒都是在距玻璃表面有一定深度的拉应力层，如图 5-2（*b*）所示。图 5-2（*b*）中的痕迹清楚地显示了破坏过程，首先由于颗粒膨胀在玻璃的拉应力区引起局部一次开裂，进而产生二次破裂和整体破碎。

(*a*)

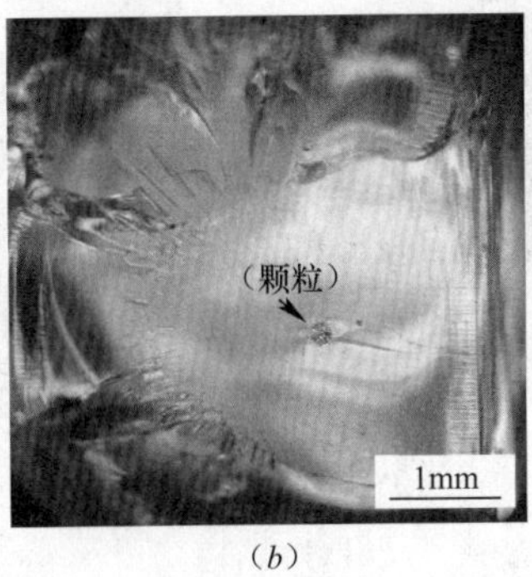

(*b*)

图 5-2 钢化玻璃自爆的典型破坏形貌

(*a*) 钢化玻璃自爆后破坏源附近的光学照片（其中 *A* 点为破坏源）；(*b*) 破裂源处玻璃碎片的横截面照片

通过对玻璃自爆残片的电镜观察和成分分析，我们发现引起钢化玻璃自爆的来源不仅仅是传统认识中的硫化镍微粒，还有许多其他异质相颗粒如：单质硅、氧化铝、和偏硅铝酸钠等。除了这些引起自爆的颗粒成分不同之外，杂质颗粒的形貌也可分为两类，一类是圆球形的颗粒，另一类是不规则带有棱角的碎粒。图 5-3 是各种杂质颗粒的电镜图片。其中，图 5-3 (*a*)、(*b*)、(*c*) 均为球形的小颗粒，多为硫化镍和单质硅，其余的 (*d*) 和 (*f*) 是形状不规范的小碎粒。它表明各种杂质都可能引起钢化玻璃内部的应力集中从而导致玻璃的自爆。图 5-3 (*a*) 为单质硅小球的截面图以及沿图中白线所采集的能谱分析结果。单质硅的膨胀系数约为 $(3\sim5)\times10^{-6}\text{K}^{-1}$，而普通钠钙硅玻璃的膨胀系数大约是它的两倍。在玻璃的降温过程中周边的玻璃对单质硅球形颗粒产生越来越大的压应力，反之单质硅微粒对周边的玻璃形成相同的径向压应力和切向拉应力。对于物理钢化玻璃，表面受压应力，中间是与表面压应力保持平衡的拉应力区。单质硅颗粒周围的切向拉应力与钢化玻璃的拉应力叠加，使得颗粒周围垂直于玻璃面的平面拉应力达到最大，当这种局部拉应力达到一定程度就可导致玻璃破裂。同时当最大拉应力接近玻璃的断裂强度便形成一种危险的不稳定系统，一旦有温度变化或者外部受力，局部应力峰值就可能超过强度值而发生破坏。玻璃中的局部应力主要是由于玻璃和单质硅颗粒的膨胀系数之差所引起。

应力集中的原因多种多样，对于杂质存在的条件下，应力集中产生主要因为杂质颗粒与周边玻璃之间在界面上产生挤压。根据弹性理论，这种挤压应力主要由温差和两种材料膨胀系数之差及弹性系数所决定。考虑球形颗粒来分析应力状态，在颗粒周边的玻璃中应力状态是球对称分布，并且随距离而快速衰减，径向和切向应力的绝对值相差一倍，即最大径向应力的绝对值是同一点切向应力的两倍。它们可以表示为：

$$\sigma_{\rm r} = P \cdot \left(\frac{a}{r}\right)^3 \quad (r \geqslant a) \tag{5-7a}$$

$$\sigma_{\rm t} = -\frac{P}{2} \cdot \left(\frac{a}{r}\right)^3 \quad (r \geqslant a) \tag{5-7b}$$

式中 $\sigma_{\rm r}$——径向应力；

$\sigma_{\rm t}$——切向应力；

a——颗粒半径；

r——球对称的轴坐标；

P——颗粒与玻璃之间界面的正压应力，它是温差和材料性能的函数。

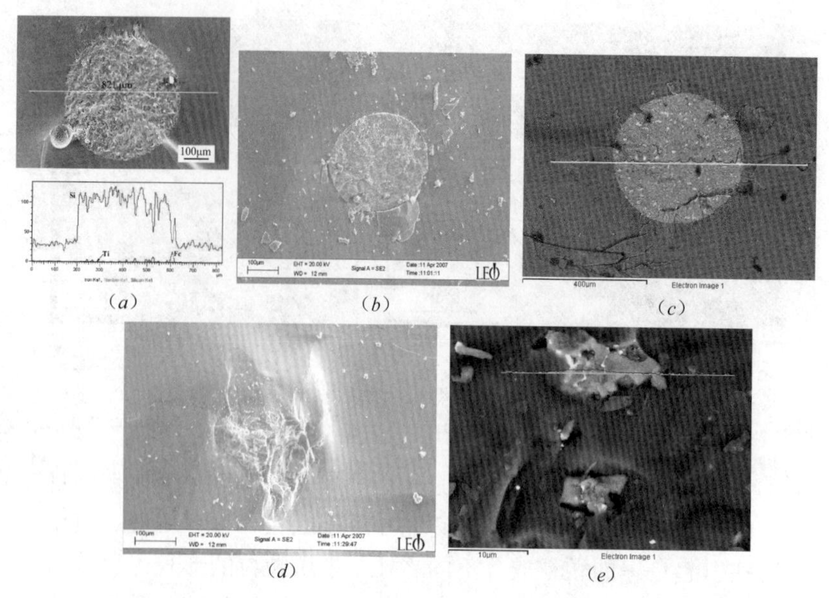

(a)　(b)　(c)　(d)　(e)

图 5-3　钢化玻璃自爆后断裂源的横截面杂质颗粒及其形貌分析
(a) 单质硅颗粒；(b) 硫化镍；(c) 硅；(d) $Na_2Al_2Si_5O_{10}$；(e) Al_2O_3

$$P=\frac{(\alpha_m-\alpha_p)\cdot\Delta T\cdot E_m}{[(1+\nu_m)/2]+[(1-2\nu_p)\cdot E_m/E_p]} \tag{5-8}$$

式（5-8）中的下标 p 和 m 分别代表颗粒和基体，E，α，ν 分别代表弹性模量、膨胀系数和泊松比。上述公式表明，当参数温差值 ΔT 或膨胀系数之差（$\alpha_m-\alpha_p$）是负的，颗粒将受到静水压力，反之受到静水拉力。对于硅颗粒在玻璃基体中，降温过程温差是负的，所以颗粒周边的径向应力是压力，切向应力是拉力，所以切向应力是裂纹起始的根源。由此可知，钢化玻璃中的裂纹萌发和扩展主要是由于在异质颗粒附近处的切向残余拉应力所导致的。导致这种残余拉应力的原因可以分为两类：一类是在相变膨胀过程所产生的应力（如硫化镍微粒的相变），另一类是由于异质颗粒与玻璃基体的热膨胀系数不匹配而产生的应力。

采用有限元对不同自爆源微粒尺寸引起自爆的力学机理进行了分析，如图 5-4 所示。异质颗粒尺寸越大，造成应力集中现象越明显，产生自爆的风险越大。当颗粒尺寸足够小时，产生的自爆风险很小。由此可知，在钢化玻璃中有可能存在一个临界颗粒尺寸。

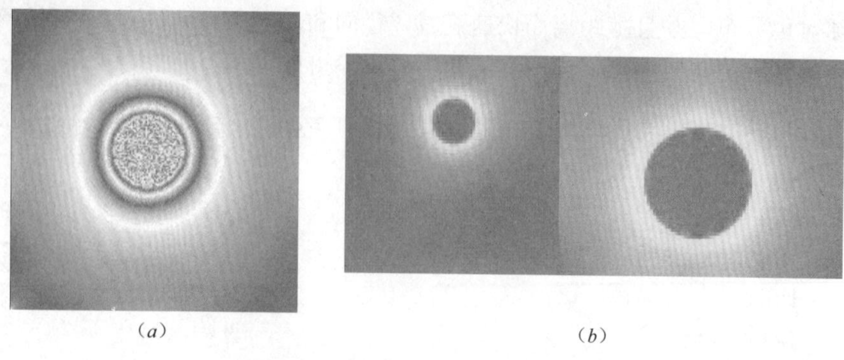

(a)　(b)

图 5-4　有限元模拟单质硅颗粒在玻璃冷却过程中的热应力分布中的
(a) 剪力图；(b) 颗粒尺寸对应力区厚度的影响

5.4 钢化玻璃的局部强度与自爆机理

根据脆性材料的均强度准则[63]，对于处在非均匀应力场下的脆性材料来说，裂纹萌生的临界状态取决于特定小区域（牵连区）的平均应力，而不是该面区域或体区域中某点的最大应力。当牵连区的平均应力达到临界值，脆性材料将在该区域断裂。该区域的宽度 δ 为一材料常数，取决于材料性能但与样品尺寸和形状无关。为了确定 δ 值，可通过将平均应力概念代入裂纹尖端的应力场，此时对于断裂力学来说是裂纹失稳扩展的临界状态，即应力强度因子达到代表材料阻力特征的临界应力强度因子：$K_{\mathrm{I}}=K_{\mathrm{IC}}$，从而得到牵连区的尺寸为：

$$\delta=\frac{2}{\pi}\left(\frac{K_{\mathrm{IC}}}{\sigma_{\mathrm{b}}}\right)^{2} \tag{5-9}$$

其中 σ_{b} 为断裂强度，可用弯曲强度表示。考虑到裂纹是由膨胀粒子周围的切向拉伸应力导致的，颗粒附近裂纹萌生（自爆发生条件）的情况可以通过式（5-10）给出：

$$\int_{a}^{a+\delta}\sigma_{\mathrm{t}}\mathrm{d}r=\delta\cdot\sigma_{\mathrm{o}} \tag{5-10}$$

其中 σ_{o} 是玻璃的局部强度，它是位置的函数：

$$\sigma_{\mathrm{o}}=\sigma_{i}-\sigma=\sigma_{i}+(1.4\xi^{2.5}-0.4)\sigma_{\mathrm{c}} \tag{5-11}$$

在钢化玻璃的表面残余强度比本征强度还要高出一个表面压应力，由公式（5-7）可知这时表面的残余强度为：

$$\sigma_{\mathrm{o}}=\sigma_{i}+\sigma_{\mathrm{c}} \tag{5-12}$$

在钢化玻璃横截面的对称轴位置：

$$\sigma_{\mathrm{o}}=\sigma_{i}-0.4\sigma_{\mathrm{c}} \tag{5-13}$$

钢化玻璃的每一处的残余强度是厚度方向位置的函数，在上下两层压应力区，局部强度高于本征强度，在中间的拉应力区，局部强度低于本征强度。局部强度的最大值在表面，这也是为什么钢化玻璃的弯曲强度能够提高的原因，因为弯曲强度实际上近似于表面的残余强度。这种提高强度的代价是降低了中间层的强度，局部强度的最小值在中间对称轴上，所以中间层内只要有局部拉应力达到残余强度就可能发生破坏，表现为自爆。普通玻璃和钢化玻璃的局部强度沿厚度变化规律如图 5-5 所示。普通玻璃假设是处处均匀，故强度处处相等。但实际上普通玻璃表面的局部强度由于表面微裂纹的存在，要比内部的强度要低一些。为了分析简洁，钢化玻璃分析时先不考虑这些因素。如上所述钢化玻璃的局部强度最大值显然在表面，最小值在中间层，对于超钢化的情况，最小局部强度已经很低，非常容易发生自爆。在一些诱导自爆的外界原因作用下，如阳光直晒，暴风暴雨，积雪以及

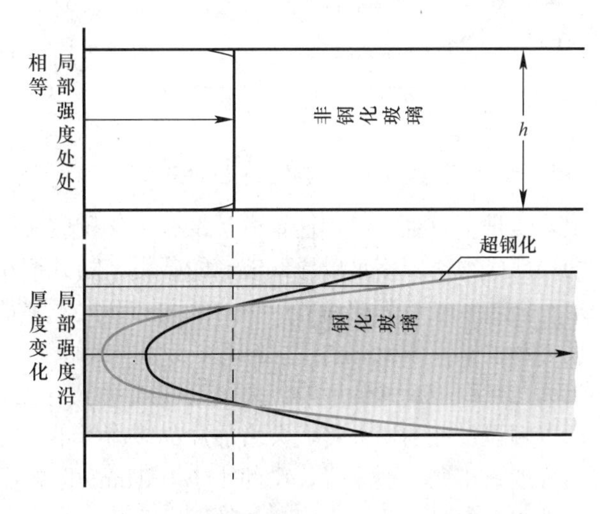

图 5-5 普通玻璃和钢化玻璃的局部强度沿厚度的变化示意图

装配扭曲等各种因素下都可能导致内部缺陷的应力集中加剧，从而引起钢化玻璃的自爆。甚至没有硫化镍等杂质也可能由于其他因素发生自爆。

一般而言，在式（5-9）计算中的 δ 值对脆性材料而言，是晶粒尺寸的增函数；它反映了微观结构上相互作用和限制的尺度。由于普通玻璃的断裂韧性 K_{IC} 范围为 0.5～0.6MPa・$m^{1/2}$，弯曲强度约为 80MPa，通过计算估计扩展区域的尺寸为 0.01～0.03mm。平均应力准则表明在非均匀应力场中的临界峰值应力依赖于应力梯度，而并不是常数。由颗粒膨胀引起的应力梯度与颗粒的尺寸有关。

对于玻璃，假定 δ=0.02mm，颗粒表面压力 P 与颗粒尺寸 a 在不同残余强度 σ_0 下的关系如图 5-6 所示。对局部裂纹的临界压力随颗粒尺寸的增加或残余强度的下降而下降。由于压力与温差 ΔT 成正比，温度差受相变温度与蠕变温度的限制，大约为 500～600℃，压力 P 通常约为 80～150MPa，因此在钢化玻璃中概率比较多引起破坏的颗粒半径通常为 0.1～0.25mm。但不局限于这个范围的颗粒尺寸，对于钢化应力越大的钢化玻璃，可以引发自爆的颗粒尺寸就越小。有两种情况钢化玻璃很快就可能自爆破坏：一种是杂质颗粒很大，周边应力集中较强；另外一种是当玻璃处于超钢化条件下（钢化拉应力接近玻璃的本征强度）时，即使没有杂质缺陷也可能会发生自爆，这两种情况的钢化玻璃一般寿命不长。对于没有钢化的普通玻璃，由于在中间区域有更高的残余强度，该颗粒尺寸不会引起玻璃破坏。从图中可以看出，当颗粒的半径小于 0.1mm，所需膨胀压力随颗粒尺寸的减小而急剧上升。杂质颗粒的尺寸越大，自保风险就越大。当颗粒直径小于 0.1mm 时，钢化玻璃的自爆风险很小。这是因为这种情况颗粒表面的所需要的正压力非常大。当然，对于超钢化情况另当别论，这时再小的杂质都可能引起自爆。

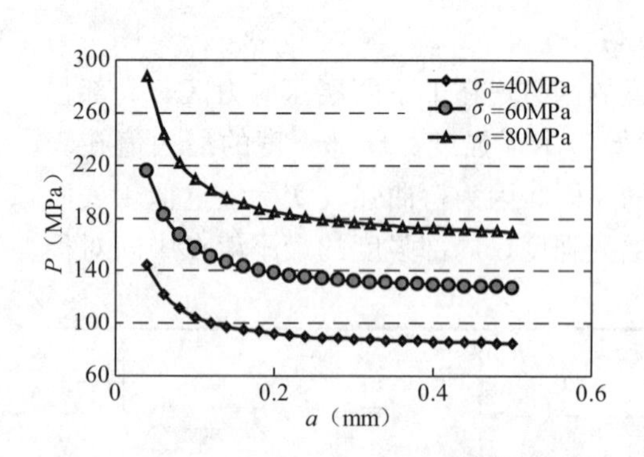

图 5-6　界面压力计算值与颗粒半径的关系

上述理论研究建立了物理钢化玻璃的钢化应力分布函数，分析了钢化玻璃内部不同缺陷的品种、形貌及尺寸下的附近应力场分布状态，确立了钢化玻璃自爆源和自爆机理及自爆源临界颗粒尺寸。下面重点分析钢化玻璃自爆相关的影响因素，它包括钢化应力的大小；杂质颗粒尺寸的大小；颗粒所处在的位置和温度变化的大小。

（1）钢化应力的影响：这种影响实际上与杂质的位置有关，需假设杂质处于中间拉应力层，对于普通玻璃，也有硫化镍小颗粒相变发生，但是不发生自爆，这是由于没有钢化拉应力的作用，它表明仅仅杂质小颗粒本身引起的局部应力集中不足以导致玻璃的破裂。随着钢化应力的增大，处于杂质位置的钢化应力加上杂质颗粒引起的局部应力的总和必须大于本征强度才发生自爆，因此对于给定的杂质尺寸和位置，钢化应力越大越容易发生自爆。

（2）颗粒尺寸的影响：由式（5-2）知道，杂质局部应力与颗粒尺寸的三次方成正比，所以颗粒尺寸的增大将大大增加局部应力集中，所以钢化玻璃自爆概率随颗粒尺寸减小而大幅度减小。一般来说，尺寸小于 0.1mm 的杂质引起自爆概率相对较小，除非正好处于中性层上并且钢化应力很强的情况。

（3）颗粒位置的影响：杂质颗粒距离玻璃横截面的中性层越近就越容易发生自爆，在零应力点至玻璃表面这个压应力区间（上下表层约占40%总厚度），杂质的存在几乎不引起钢化玻璃的自爆。杂质颗粒所在最危险的位置是玻璃的对称中间层。

（4）温度的影响：引起颗粒表面受压的原因很多情况下是由于温度变化引起，除了硫化镍相变引起颗粒受压之外，热应力引起的颗粒膨胀或玻璃收缩都可产生颗粒表面受压。当杂质颗粒的膨胀系数大于玻璃的膨胀系数，升温过程产生界面压力；当颗粒的膨胀系数小于玻璃的膨胀系数，降温过程产生界面受压。注意，只有颗粒与玻璃的界面受压才可能导致玻璃局部拉应力，界面受拉时没有影响。温度变化（温差）引起的局部应力随温差大小是线性关系，而不是随颗粒尺寸三次方的非线性变化。

（5）玻璃体积的影响：因为缺陷概率是影响钢化玻璃自爆的重要因素，显然体积越大的玻璃含有缺陷的概率越大，如果每一吨玻璃里面有一颗杂质颗粒，当这一吨玻璃做成十块玻璃时，可能自爆的玻璃概率为10%，如果做成了1000块玻璃，自爆概率就可能为0.1%。所以，玻璃的体积越大，自爆概率相对也越大。

归根结底，钢化玻璃的自爆是由于拉应力层内的局部的应力集中引起，而应力集中是由于杂质颗粒与玻璃之间的界面产生压力或微裂纹扩展（小概率）所致，颗粒界面压力可由多种因素引起，如硫化镍颗粒相变或其他各种各样的杂质颗粒在变温过程中的热变形所致（只有膨胀系数与玻璃完全一致的杂质颗粒不产生界面压力）。因此，钢化玻璃自爆的直接原因只有一个，就是局部应力集中，间接原因有多种多样。应力集中程度受到上述多种因素影响。引起这种应力集中的缺陷或杂质也是多种多样的。检测或预测每一种缺陷或杂质要比检测应力集中困难和麻烦得多。因此，我们只需要想办法检测到应力集中点，就可以找到自爆风险源。而对于透明材料的玻璃，具有很大的应力梯度变化的应力集中很容易采用光弹法来确定。这样，也就确定了我们的风险检测和预测的方法——光弹扫描法。该研究成果为评价钢化玻璃自爆风险及风险程度提供了理论依据。

5.5 光弹扫描法检测钢化玻璃自爆风险技术

玻璃是一种典型光弹性材料，可通过光弹设备检测到玻璃内部的应力存在。由前面分析可知，钢化玻璃自爆源附近有应力集中，且这种应力集中具备光弹效应，或者说，自爆是由于应力集中所引起，因此，通过光弹设备就能够发现自爆源附近因应力集中导致的应力光斑，从而为检测自爆源提供了一种间接手段。图5-7为玻璃含杂质及其附近的应力集中显微光弹斑图像。

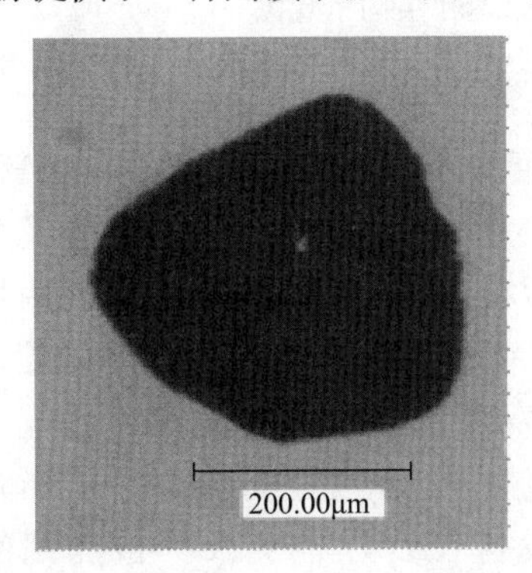

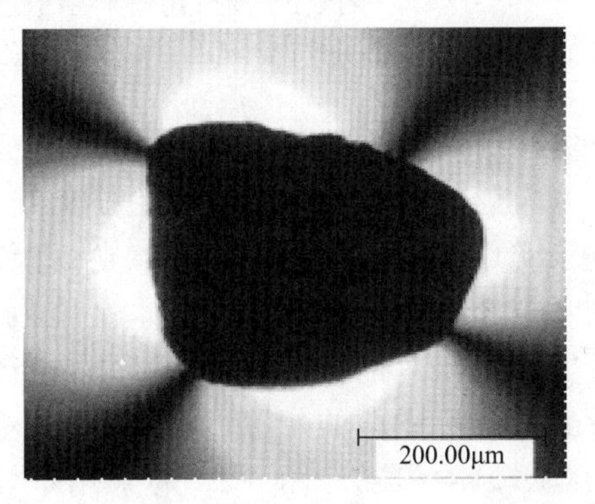

图5-7 显微镜和偏光显微镜所看到的玻璃内部杂质及其附近的应力光斑图

用于现场检测钢化玻璃自爆源的光弹仪可以分别设计成透射式和反射式形式，图 5-8 和图 5-9 分别为透射式和反射式光弹仪结构示意图。

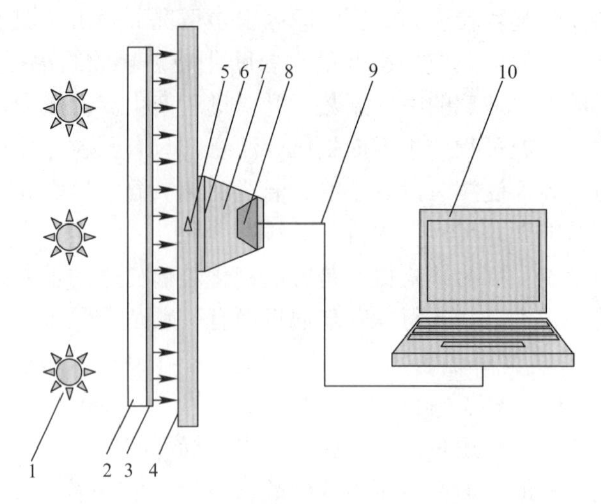

图 5-8 检测玻璃缺陷的透射式光弹装置示意图

1—光源；2—有机玻璃平板；3—起偏片；4—玻璃检测样品；5—缺陷或杂质；6—检偏片；7—暗箱；8—工业相机；9—数据连接线；10—计算机

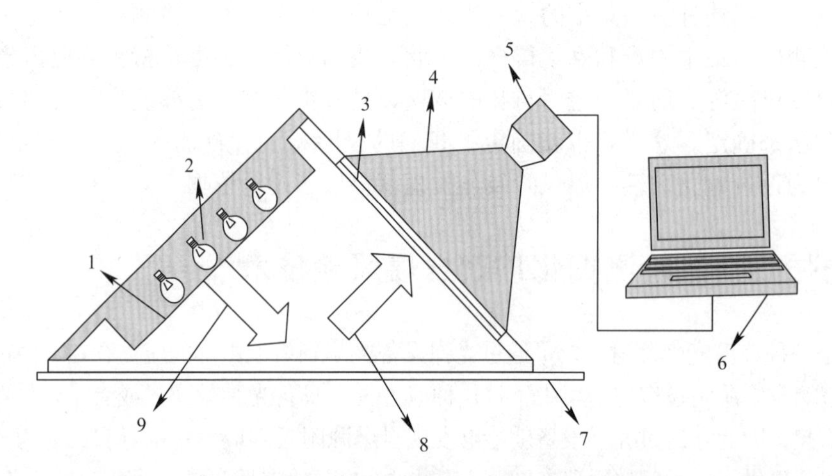

图 5-9 反射式光弹扫描仪原理和结构示意图

1—起偏片；2—光源；3—检偏片；4—暗箱；5—工业相机；6—计算机；7—玻璃；8—偏振光；9—偏振光

由于现场检测环境往往要求携带的设备轻便，并且根据不同的检测条件需要同时采用透射式和反射式检测，检测方式更换频繁。因此，根据需求，笔者及其所在的研究团队研制了实用于现场检测钢化玻璃自爆源及自爆风险的透射、反射两用光弹扫描仪，其结构示意图和实物图见图 5-10。研发的钢化玻璃自爆源与自爆风险现场检测光弹扫描仪可实现现场对钢化玻璃自动扫描，当发现自爆源应力光斑时，配套的软件可对自爆源及其自爆源光斑的位置、形貌、大小、明亮程度进行分析，从而预测钢化玻璃自爆源的自爆风险程度。图 5-11 为采用本设备在现在检测及其检测到的幕墙玻璃自爆源应力光斑。

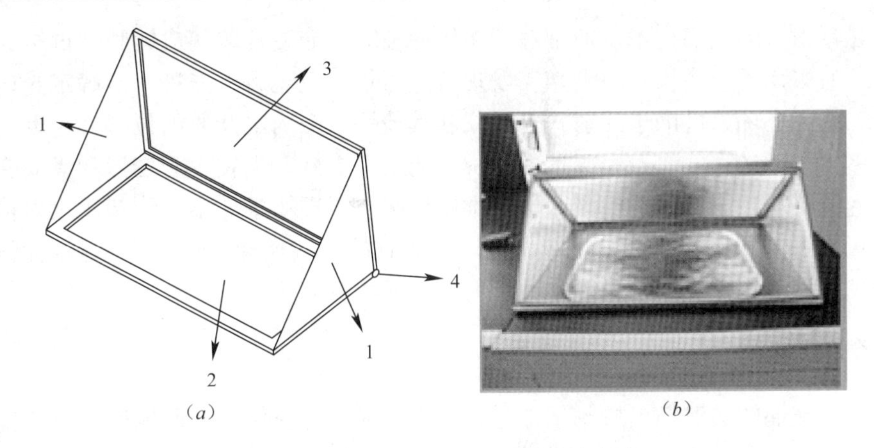

图 5-10 透射、反射式两用光弹扫描仪

(a) 结构示意图（1—直角三角遮光板）；(b) 实物图

1—支撑三角板；2—起偏片；3—检偏片；4—连接构件

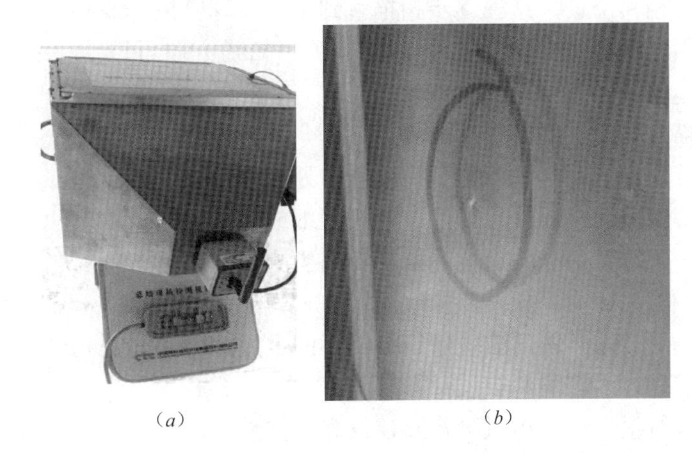

图 5-11 钢化玻璃自爆源现场检测及检测到的应力光斑

(a) 现场检测照片；(b) 检测到的钢化玻璃自爆源应力光斑

5.6 玻璃幕墙检测基本流程

在上述技术研究与设备研制基础上，中国建材检验认证集团编制了国家标准《玻璃缺陷检测方法 光弹扫描法》GB/T 30020—2013[64]，规范了钢化玻璃自爆风险检测的操作流程、检测设备及参数、图像处理与分析等。该方法不仅可用于建筑幕墙的自爆风险检测和预测，也可用于钢化玻璃生产质量的检测和幕墙玻璃安装之前的可靠性检测。在本章主要谈既有玻璃幕墙的现场检测。

受检玻璃幕墙的表面如果很脏，则检测之前需要对玻璃表面进行清理，使得表面光洁，以提高测试的准确性。光弹扫描仪通常安装在爬墙机器人上面，通过遥控来控制机器人的运动扫描整块玻璃表面。对于底层区域或矮楼，也可以人工手动进行扫描检测，以减少成本并节约时间。

幕墙玻璃自爆风险检测的基本流程主要参照上述国家标准，针对幕墙的情况决定采用透射式还是反射式的扫描技术。通常对于多层的玻璃，如夹胶玻璃或镀膜玻璃组成的中空玻璃幕墙，宜采用透射式扫描检测。当发现有应力集中光斑后，需进一步确定光斑来自哪一块玻璃，为此还可以借助于反射式光弹仪和其他手段来确定杂质的位置和深度，从而估测它属于多层里面的哪一块。由于透射比反射的效果更好，也较少有变形和光畸变，因此只要条件允许，尽量采用透射检测。但是很多情况下，现场条件不允许使用投射检测，如检测人员无法进入到室内，只能在室外检测；或有的幕墙玻璃后面不是室内，而是墙面，不能在玻璃的两面都操作；都只能采用反射式扫描检测方法。

5.6.1　透射式检测

单块幕墙玻璃的透射扫描检测基本过程是将透射式光弹仪的平面偏振光源和检偏器分别置于玻璃的前后面，位置应一一对应。可采用里外同时人工移动，也可以里外采用同步移动的机器人控制。打开电源偏振光通过玻璃后到达检偏器，检偏器所应看到的光斑由工业相机记录并传输到计算机软件系统，如果没有出现由计算机自动识别而报警的现象，则移动检偏器到旁边相邻位置。这种逐步扫描直到出现计算机报警蜂鸣声，配合直观视图分析，对光斑点采用显微镜或放大镜进行局部检测，扫描方向可以水平移动，也可以垂直移动。

对于透射扫描检测的主要流程如下：

(1) 对所有玻璃进行人眼观测是否需要清洁处理，如果表面太脏，则先清洁；

(2) 对所有幕墙玻璃进行编号排序，并用图纸或计算机记录下来；

(3) 按照排序对每一块玻璃进行透射式扫描检测。并记录下有问题的玻璃编号与缺陷在玻璃的位置；

(4) 全部完成后对有问题的玻璃进行针对性的重点检测，确定光斑点是玻璃内部缺陷还是表面缺陷，或是表面碎屑和脏点；

(5) 记录和分析报告，提出风险排除建议和具体措施；

(6) 对于多层或含有镀膜的中空玻璃，需确定缺陷来自于哪一层玻璃。

5.6.2　反射式检测

反射式扫描检测通常要求被检玻璃的背面是黑的或暗的，例如晚上没有灯，无论在室内还是室外都可以实现反射式的扫描。白天操作通常将被测幕墙玻璃的背面盖上深色的遮光布或板，将反射式检测仪置于玻璃的操作面，打开电源后偏振光通过玻璃后反射到检偏器，检偏器所能看到的光斑由工业相机记录到计算机软件系统，如果没有出现由计算机自动识别而报警或肉眼观测到的可疑缺陷，测移动检偏器到旁边相邻位置。逐步重复该过程，对光斑点在玻璃上的位置用粉笔或彩笔做出标记确定，并标号，然后采用显微镜或放大镜进行局部检测，确定缺陷的类型和大小。反射式的最大优点是只需要在玻璃的一面操作，显得简单方便和容易操作，而且在很多较复杂的场合也能使用。

检测流程与透射式的流程基本相似，按照以上6个步骤来操作，只是将透射换成反射扫描的操作来执行即可。

(1) 扫描移动方式

扫描移动方式可以是手持移动，也可以是机械自动控制，采用自动控制可以手动遥控或者编程全自动。扫描速度不高于每分钟600mm。

（2）分析

计算机对获取的疑似缺陷图像进行分析，对独立的光斑突变的奇异点重点分析；记录下对应玻璃的编号和对应的疑似缺陷在玻璃上的位置以及标号，进一步采用便携显微镜分析确定玻璃中的杂质和缺陷的类型、尺寸。

根据测试结果，提供扫描图像中的缺陷图片，用彩色笔标记被测玻璃存在应力集中的缺陷位置，通常可画一小圈把被测到的缺陷圈起来。

试验报告应包括以下内容：

1）试验时间、报告时间；

2）玻璃试样有关信息（产品类型、样品编号、标称尺寸和测量尺寸、送检单位）；

3）设备型号、扫描方式；

4）缺陷数量、位置和对应的光斑图像；

5）依据本试验方法所进行试验的说明，及关于任何偏离的说明；

6）检测单位和检测人员。

第 6 章　幕墙玻璃坠落风险现场检测技术——动态法

6.1　引言

玻璃幕墙在使用过程中，由于支承体系及粘结体系会发生松动、损伤或老化，其实际表现为幕墙玻璃的支承边界条件发生松动损伤，并导致幕墙玻璃的刚度衰降，从而使玻璃的固有频率下降。另一方面，玻璃边界支承结构和粘结材料的损伤和老化使玻璃幕墙抗外力（风、地震、冲击载荷作用）能力降低，增大了幕墙玻璃整体脱落风险概率，影响幕墙玻璃的使用安全可靠性能，玻璃幕墙连接体系（螺栓、预埋件、紧固件、结构胶等）的松动和损伤识别是评价玻璃幕墙安全性能关键环节之一。无论什么因素引起幕墙松动和坠落、坠落之前的固有频率都会下降。因此，只要建立起幕墙玻璃固有频率与其边界支承松动损伤关系，就可通过幕墙玻璃固有频率来间接描述玻璃幕墙连接体系的损伤与老化程度，预测玻璃幕墙的脱落风险程度及抵抗外力剩余能力，进而评价玻璃幕墙的安全可靠性能。在幕墙玻璃本身形态不发生损伤变化情况下，频率的变化可认为是完全由于其边界支承松动损伤引起的。因此，只要通过比较幕墙玻璃固有频率相对大小就可以识别其边界支承松动损伤程度，并依此给玻璃幕墙进行安全等级划分。

6.2　幕墙玻璃板振动特性理论解析

6.2.1　幕墙玻璃板支承边界条件

幕墙玻璃板的边界条件与其支承方式有关，当边界弹性支承时，可认为是简支，当边界未受任何支承件约束时，可认为是自由，当边界被镶固时，可认为是固支，当某点被支承时，可认为是点支。另外，由于幕墙玻璃在使用过程中由于支承结构的松动或老化等损伤也会导致其边界条件发生变化。具体边界条件及图示法见表 6-1[65]。

对于四边支承的幕墙玻璃（明框或隐框），其边界约束条件可视为四边简支和四边固支之间；对于两边或三边支承的玻璃幕墙，支承边约束条件可视为四边简支和四边固支之间，非支承边可视为边缘自由状态；对于点支承玻璃幕墙，支承点位置边界约束条件可视为该支撑点处处于简支和固支之间。

6.2.2　幕墙玻璃板的自由振动分析

幕墙玻璃板一般长宽尺寸远大于其厚度尺寸，因此，力学上可认为玻璃是典型的薄板结构，且板以垂直于中面方向的横向振动为主。根据弹性理论，设薄板在平衡位置的挠度

幕墙玻璃板常见边界条件与图示法　　**表 6-1**

类型	截面图	平面图	边界条件
自由边		0, x, y	$\frac{\partial^2 w}{\partial x^2}+\frac{\partial^2 w}{\partial y^2}=0$ $\frac{\partial^3 w}{\partial x^3}+(2-\nu)\frac{\partial^3 w}{\partial x y^2}=0$
简支边		0, x, y	$w=0$ $\frac{\partial^2 w}{\partial x^2}=0$
固支边		0, x, y	$w=0$ $\frac{\partial w}{\partial x}=0$
弹性支承边	k_1	0, x, y	$D\left[\frac{\partial^3 w}{\partial x^3}+(2-\nu)\frac{\partial^3 w}{\partial x\partial y^2}\right]=k_1(y)w$ $\frac{\partial^2 w}{\partial x^2}+\frac{\partial^2 w}{\partial y^2}=0$
角点支承		0, x, y	$w=0$

为 $w_e=w_e(x,\ y)$，这时，薄板所受的横向载荷为 $q=q(x,\ y)$，按照薄板的弹性曲面微分方程[66-68]，有：

$$D\nabla^4 w_e=q_0 \tag{6-1}$$

设薄板在振动过程中的任一瞬时 t 的挠度为 $w_t=w_t(x,\ y,\ t)$，则薄板每单位面积上在该瞬时所受的弹性力 $D\nabla^4 w_i$，将与横向载荷 q 及惯性力 q_i 成平衡，即

$$D\nabla^4 w_i=q+q_i \tag{6-2}$$

注意薄板的加速度是 $\partial^2 w_i/\partial t^2$，因而每单位面积上的惯性力是：

$$q_i=-\overline{m}\frac{\partial^2 w_i}{\partial t^2} \tag{6-3}$$

其中 $\overline{m}$ 为薄板每单位面积内的质量（包括薄板本身的质量和随同薄板振动的质量），则式（6-2）可改写为：

$$D\nabla^4 w_i = q - \overline{m}\frac{\partial^2 w_i}{\partial t^2} \tag{6-4}$$

将式（6-4）与式（6-1）相减，得到

$$D\nabla^4 (w_i - w_e) = -\overline{m}\frac{\partial^2 w_i}{\partial t^2}$$

由于 w_e 不随时间改变，$\frac{\partial^2 w_e}{\partial t^2}=0$，所以上式可以改写为

$$D\nabla^4 (w_i - w_e) = -\overline{m}\frac{\partial^2}{\partial t^2}(w_i - w_e) \tag{6-5}$$

为了简便，我们把薄板的挠度从平衡位置量起，于是薄板在任一瞬时的挠度为 $w=w_t-w_e$，而式（6-5）成为

$$D\nabla^4 w = -\overline{m}\frac{-\partial^2 w}{\partial t^2} \tag{6-6}$$

这就是薄板自由振动的微分方程。

现在来试求微分方程（6-6）的如下形式解答：

$$w = \sum_{m=1}^{\infty}(A_m \cos\omega_m t + B_m \sin\omega_m t)W_m(x,y) \tag{6-7}$$

这里薄板上每一点（x，y）的挠度，被表示成为无数多个简谐振动下的挠度相叠加，而每一个简谐振动的频率是 ω_m。另一方面，薄板在每一瞬时 t 的挠度，则被表示成为无数多种振形下的挠度相叠加，而每一种振型下的挠度是由振形函数 $W_m(x，y)$ 表示的。

为了求出各种振形下的振形函数 W_m，以及与之相应的频率 ω_m，取

$$w = (A\cos\omega t + B\sin\omega t)W(x,y)$$

代入自由振动微分方程（6-6），得出振型微分方程：

$$\nabla^4 W - \frac{\omega^2 \overline{m}}{D}W = 0 \tag{6-8}$$

如果可以由这一微分方程求得 W 的满足边界条件的非零解，即可由关系式

$$\omega^2 = \frac{D}{\overline{m}}\frac{\nabla^4 W}{W} \tag{6-9}$$

求得相应的频率 ω。自由振动频率（固有频率）完全取决于薄板的固有特性，而与外来因素无关。

当薄板每单位面积内的振动质量 $\overline{m}$ 为常量时，才有可能求得函数形式的解答。这时，令：

$$\frac{\omega^2 \overline{m}}{D}\gamma^4 \tag{6-10}$$

则振型微分方程（6-8）简化为常系数微分方程

$$\nabla^4 W - \gamma^4 W = 0 \tag{6-11}$$

现在就可能比较简便地求得 W 的满足边界条件的、函数形式的非零解，从而求得相应的 γ 值，然后再用式（6-10）求得相应的频率，而各种支承条件的边界条件在表 6-1 中均给出，因此，各种支承条件幕墙的振动特性参数（振型和固有频率）均可得到。

对于薄板简单的四边简支和固支的固有频率和振型，均有经典的理论解析公式[68]：

四边简支矩形板：

$$\omega = \pi^2\left(\frac{1}{a^2}+\frac{1}{b^2}\right)\sqrt{\frac{D}{\overline{m}}} \tag{6-12}$$

四边固支矩形板：

$$\omega^2 = \frac{504D}{a^4 b^4 \overline{m}}\left(a^4+b^4+\frac{4}{7}a^2b^2\right) \tag{6-13}$$

式中 ω——矩形板的固有频率（rad/s）；

D——板的弯曲刚度；

$\overline{m}$——每单位面积的板质量；

a——短边边长；

b——长边边长。

弯曲刚度 D 的表达式为：

$$D = Eh^3/12(1-\nu^2) \tag{6-14}$$

式中 E——杨氏模量；

h——板厚度；

ν——泊松比。

6.2.3 不同支承条件幕墙玻璃板振动模态分析

模态分析是研究结构动力特性一种近代方法，是系统辨别方法在工程振动领域中的应用。模态是结构的固有振动特性，每一个模态具有特定的固有频率、阻尼比和模态振型。这些模态参数可以由计算或试验分析取得，这样一个计算或试验分析过程称为模态分析。这个分析过程如果是由有限元计算的方法取得的，则称为计算模态分析；如果通过试验将采集的系统输入与输出信号经过参数识别获得模态参数，称为试验模态分析。

6.2.3.1 有限元模态分析

对于比较简单的支承条件，比如四边简支和固支的矩形板的振动固有频率，理论上均有经典的解析解，但对那些边界条件复杂，异形板的振动固有特性，理论上对其进行解析比较困难。但是，只要模型建立正确，采用有限元方法是一个比较精确简单而且快速的计算方法来获得各种支承条件和各种形状的幕墙玻璃的振动特性参数。同时，有限元模态分析结果可为试验模态分析提供参照及验证。

（1）框支承幕墙玻璃

框支承幕墙为四边或某些边由幕墙附框支承，其中明框幕墙是采用螺栓紧固压块力作用将玻璃依附在附框上，隐框幕墙是采用结构胶的粘结作用将玻璃粘结在附框上。

1）模型的建立

采用有限元 ANSYS 软件对各种支承方式的幕墙玻璃进行模态分析，可得到幕墙玻璃的振型及对应的固有频率。分析时，玻璃可视为弹性薄板，单元类型采用 Elastic 4node 63 单元，玻璃弹性模量：E=70GPa，泊松比：ν=0.24，密度：$\overline{m}$=2.5g/cm^3。固支时边界节点位移和转动全约束，简支时边界节点位移约束，转动不约束，自由时全不约束。

以一实例分析，为获得同一块玻璃在不同支承条件下的固有频率，模型选择玻璃长宽尺寸 a=b=300mm，厚度 h=4mm，有限元模型如图 6-1 所示。

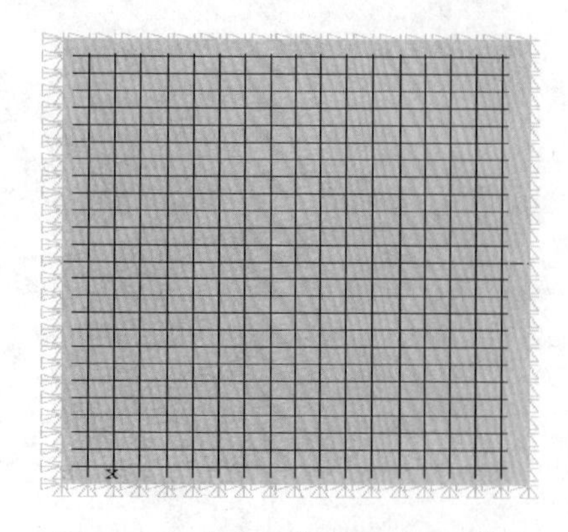

图 6-1　四边支承幕墙玻璃振动特性分析 ANSYS 有限元模型

2）模型验证

通过有限元模型计算得到玻璃四边固支时一阶固有频率为 392Hz，按式（6-11）得到的理论解为 398Hz，玻璃四边简支时一阶固有频率为 216Hz，按式（6-12）得到理论解为 219Hz。有限元解和理论解非常接近，说明有限元模型正确，结果精确。

3）不同边界条件下幕墙玻璃固有频率与振型

对框支幕墙玻璃（300mm×300mm×4mm）的 13 种边界条件（包含所有边界条件）的前四阶固有频率进行有限元计算，并按其一阶固有频率大小来对各种边界条件排列（见图 6-2），由图中可以看出各种边界条件下玻璃固有频率的大小，显然，四边固支时对应的固有频率最大，而只一边简支，另三边均自由时固有频率最小。图中还发现各种边界条件下二、三、四阶频率并不按一阶频率那样顺序递增，而是呈无规律地起伏变化。

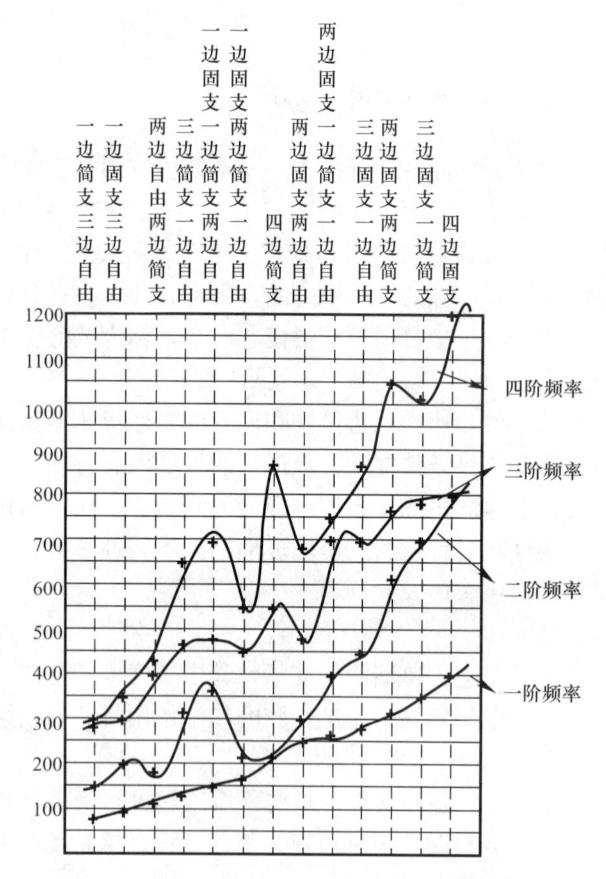

图 6-2　各种边界条件下玻璃前四阶固有频率分布

图 6-3 为各种边界条件下幕墙玻璃板的模态振型图，由图可以看到各种支承条件下玻璃板的各阶位移模态振动情况。显然，四边支承玻璃一阶振型是以玻璃中心振幅最大的横向起

伏，二、三阶振动起伏位置在玻璃板对角线上。因此，假如要获得幕墙玻璃的一阶固有频率，激励位置最好选择在玻璃板中央。计算模态振型图可为试验模态的正确性提供参照。

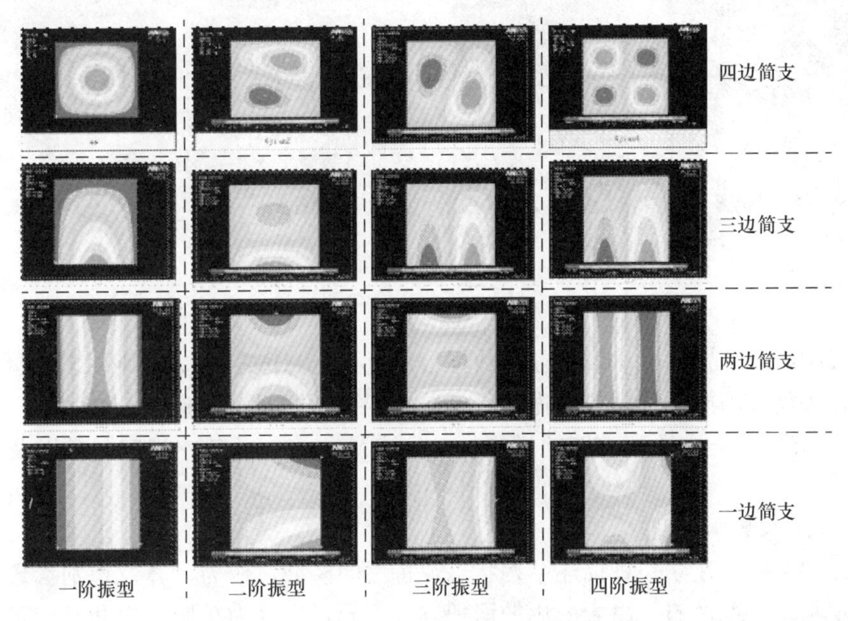

图 6-3　各种边界条件下幕墙玻璃位移模态振型图

(2) 点支承幕墙玻璃

点支承幕墙玻璃的建模单元选取和框支承玻璃一样，但在支承点处玻璃应开孔，在开孔的周边节点都应完全约束。四点支承幕墙的有限元模型见图 6-4。

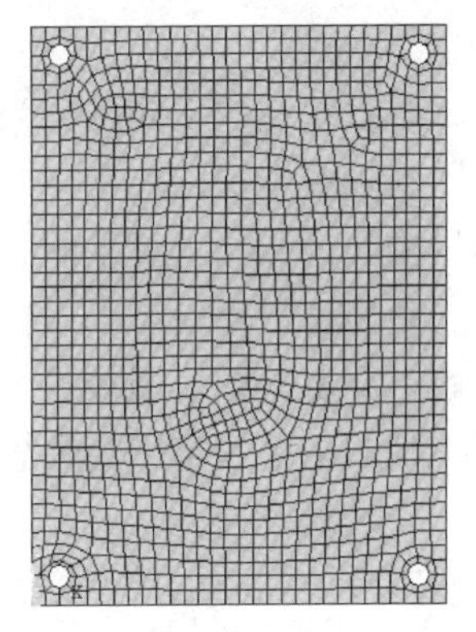

图 6-4　四点支承幕墙玻璃振动特性分析 ANSYS 有限元模型

通过 ANSYS 有限元计算可以得到所需要的四点支承幕墙玻璃的振动固有频率和振型图。图 6-5 为四点支承幕墙玻璃的前四阶位移模态振型图，由图中可以看出，由于支承点处位移的约束，该处振型位移很小，一阶振型最大起伏位置也是在玻璃板中心，但二、三阶则在长短边边长中心处。

6.2.3.2　试验模态分析

(1) 试验模态分析基本过程

试验模态分析大致可分为四个基本过程[69]：

1) 动态数据的采集及频响函数或脉冲响应函数分析

① 激励方法。试验模态分析是人为地对结构物施加一定动态激励，采集各点的振动响应信号及激振力信号，根据力及响应信号，用各种参数识别方法获取模态参数。激励方法不同，相应识别方法也不同。目前主要由单输入单输出（SISO）、单输入多输出（MISO）多输入多输出（MIMO）三种方法。以输入力的信号特征还可分为正弦慢扫描、正弦快扫描、稳态随机（包括白噪声、宽带噪声或伪随机）、瞬态激励（包括随机脉冲激励）等。

② 数据采集。SISO 方法要求同时高速采集输入与输出两个点的信号，用不断移动激

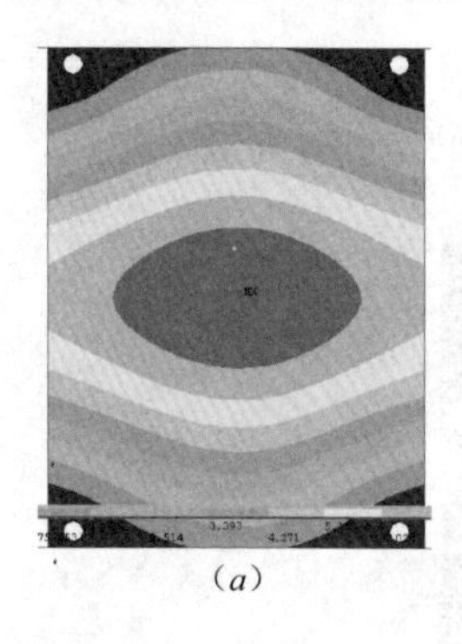
(a)

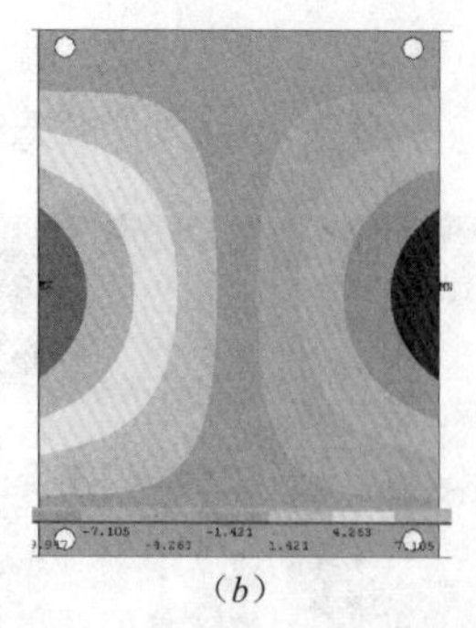
(b)

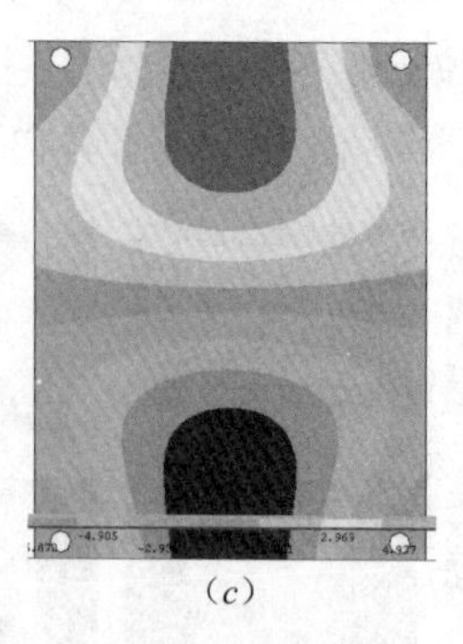
(c)

(d)

图 6-5　四点支承幕墙玻璃位移模态振型图
(a) 一阶振型；(b) 二阶振型；(c) 三阶振型；(d) 四阶振型

励点位置或响应点位置的办法取得振型数据。SIMO 及 MIMO 的方法则要求大量通道数据的高速并行采集，因此要求大量的振动测量传感器或激振器，试验成本较高。

③ 时域或频域信号处理。例如谱分析、传递函数估计、脉冲响应测量以及滤波、相关分析等。

2）建立结构数学模型

根据已知条件，建立一种描述结构状态及特性的模型，作为计算及识别参数依据。目前一般假定系统为线性的。由于采用的识别方法不同，也分为频域建模和时域建模。根据阻尼特性及频率耦合程度分为实模态或复模态模型等。

3）参数识别

按识别域的不同可分为频域法、时域法和混合域法，后者是指在时域识别复特征值，再回到频域中识别振型，激励方式不同（SISO、MISO、MIMO），相应的参数识别方法也不尽相同。并非越复杂的方法识别的结果越可靠。对于目前能够进行的大多数不是十分复杂的结构，只要取得了可靠的频响数据，即使用较简单的识别方法也可能获得良好的模态参数；反之，即使用最复杂的数学模型、最高级的拟合方法，如果频响测量数据不可靠，则识别的结果一定不会理想。

4）振型动画

参数识别的结果得到了结构的模态参数模型，即一组固有频率、模态阻尼以及相应各阶模态的振型。由于结构复杂，由许多自由度组成的振型也相当复杂，必须采用动画的方法，将放大了的振型叠加到原始的几何形状上。

以上四个步骤是模态试验及分析的主要过程。而支持这个过程的除了激振拾振装置、双通道 FFT 分析仪、台式或便携式计算机等硬件外，还要有一个完善的模态分析软件包。通用的模态分析软件包必须适合各种结构物的几何特征，设置多种坐标系，划分多个子结构，具有多种拟合方法，并能将结构的模态振动在屏幕上三维实时动画显示。

（2）幕墙玻璃模态分析现场实例及操作步骤

以四边框支承玻璃幕墙为例，选择模态分析软件及相关硬件设施进行。

根据试验模态分析过程，现场试验操作步骤如下：

1）幕墙玻璃板测点网格划分：由于玻璃板结构简单，矩形玻璃测点网格形状一般采用长方形布置，网格大小按幕墙玻璃长宽尺寸调节，一般应保证均匀分布，幕墙玻璃模态试验网格划分示意图见图 6-6。

2）结构模型生成：按玻璃尺寸结构及测点布点位置在模态分析软件上建立好模型，并对边界支承点进行约束。

3）参数设置：设置好传感器类型、测点总数、原点导纳对应测点（最好选择在板中心部位）、分析最大阻尼等。

4）MISO试验：试验采用MISO（多点激励，单点响应）激振方法，将传感器置于导纳对应测点位置，采用橡胶力锤逐点激励测点，拾振传感器将玻璃振动信号输入信号处理设备进行时域和频域信号处理。图6-7为玻璃的振动频响函数曲线。

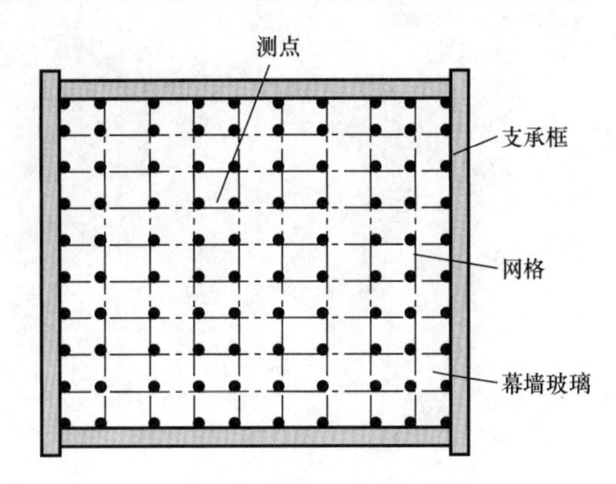

图6-6 幕墙玻璃板模态试验网格划分示意图

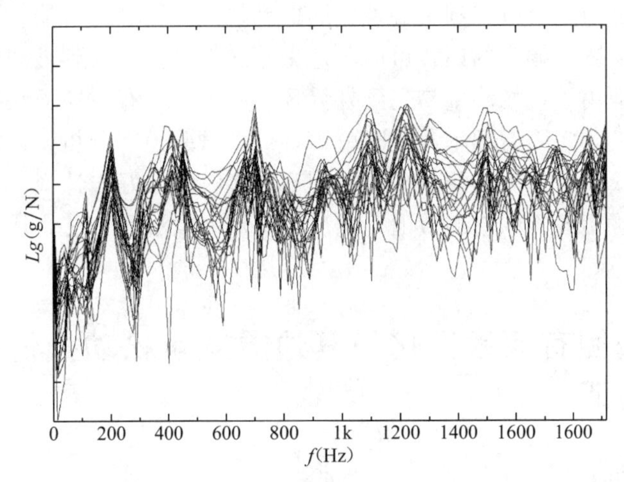

图6-7 MISO试验玻璃频响函数曲线

5）模态拟合：采用频域法，在玻璃频响函数曲线上进行定阶，并进行拟合。

6）通过模态拟合后获得的玻璃前四阶振型见图6-8，与图6-3通过ANSYS计算出的四边简支下模态振型图完全相同。由振型图可以识别玻璃的相应阶数的固有频率值。

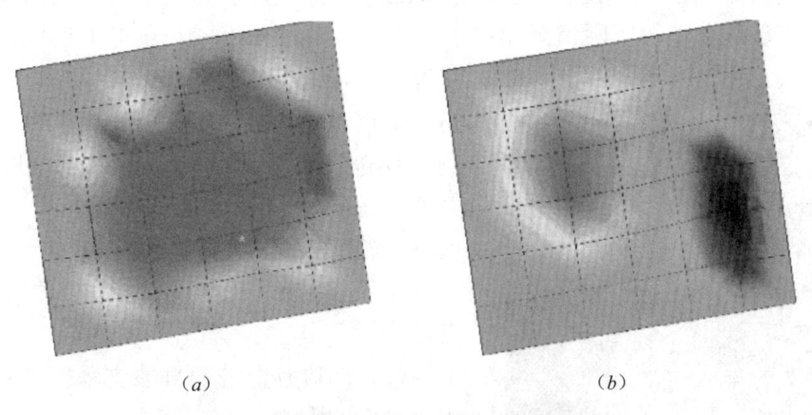

图6-8 四边支承玻璃板振动前四阶振型图（一）

(*a*) 一阶；(*b*) 二阶

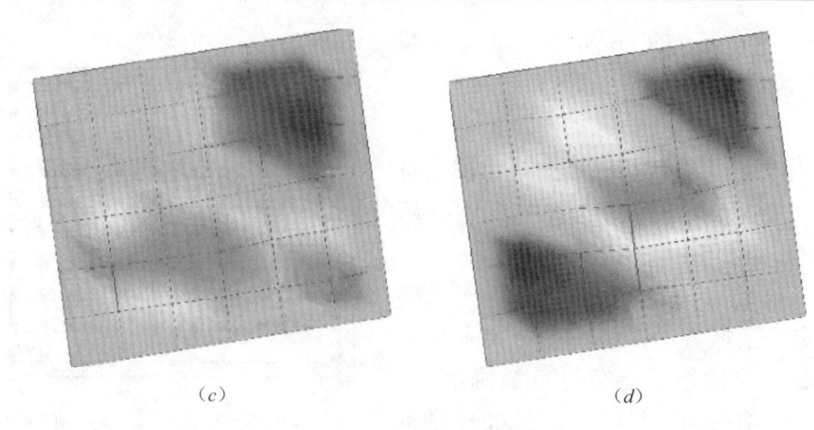

（c）　　　　（d）

图 6-8　四边支承玻璃板振动前四阶振型图（二）
（c）三阶；（d）四阶

通过试验模态分析，可以得到幕墙玻璃的振动特性参数（各阶振动固有频率和振型）。对于现场只测量玻璃固有频率的话，可简单地采用触发激励，得到玻璃的振动波形图和玻璃频响函数曲线，但由于现场测量易受到外界环境的干扰，有时还无法简单地从玻璃频响函数曲线确定玻璃的真实固有频率，此时就需要借助试验模态分析，通过振型图来确定玻璃的真实固有频率。因此，现场测量玻璃的固有频率时，最好先选择一块同样的幕墙玻璃做一个模态分析，确定各阶频率的数值，然后才采用触发激励方法，快速地得到玻璃的固有频率。

6.3　幕墙玻璃固有频率变化与其边界支承松动损伤关系——简单的试验验证

（1）试验条件与方法

选择对四边有框支承玻璃幕墙进行分析。为了得到幕墙玻璃边界不同松动程度与其固有频率变化之间的关系，实验室特制一玻璃四边支承松紧可调节装置（见图 6-9），该装置由一个钢基底及边部夹紧装置构成，夹紧装置松紧可通过螺栓进行调节，将玻璃板试样放置于钢基底框架上，玻璃与金属框架之间用弹性橡皮为支承垫，从而使其工作状态与四边夹支玻璃幕墙的实际情况相接近。通过调节螺栓松紧，获得玻璃四边不同夹紧状况下的固有频率。

图 6-9　玻璃四边支承可调节松紧装置

幕墙玻璃固有频率测量选用幕墙动态性能测试仪进行测量，激励装置采用橡胶力锤，按触发激振方法获得玻璃的振动信号，利用快速傅立叶变换（FFT）进行频谱分析，获得频谱图（见图 6-10），便可精确得到玻璃的振动固有频率。

（2）四边有框玻璃幕墙支承松动对幕墙玻璃固有频率的影响

将紧固螺栓拧到最紧状态，然后不断松动螺

栓，螺栓松动可视为幕墙玻璃边界支撑发生松动损伤，所有螺栓同步每松动 1/2 周测量玻璃固有频率一次（只考虑玻璃一阶固有频率），获得玻璃固有频率随其四边紧固力关系（玻璃尺寸为 300mm×300mm×4mm），见图 6-11。由图可以看出，随着螺栓的松动圈数（紧固力衰降）增大，玻璃的固有频率不断降低，而且几乎呈线性关系[70]。

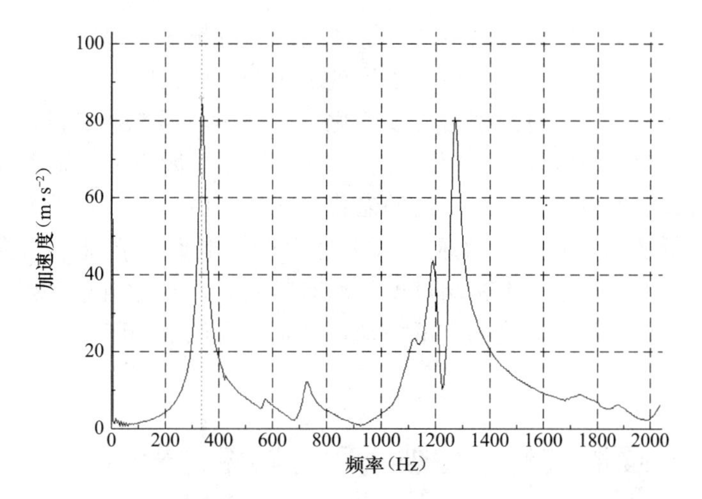

图 6-10　典型玻璃傅立叶变换功率谱图（四边支承）

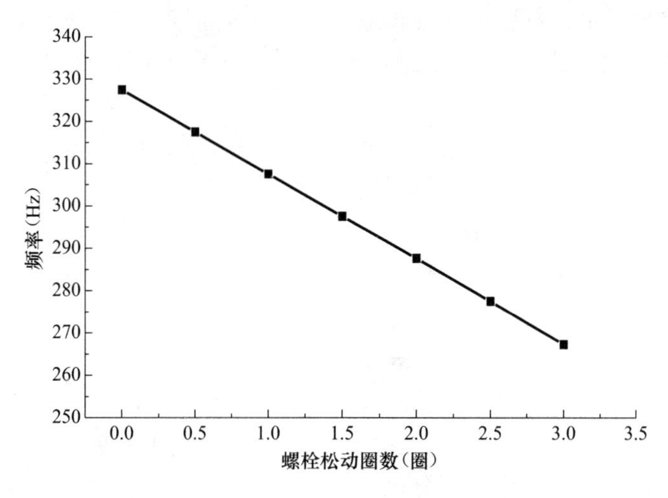

图 6-11　不同螺栓紧固力下玻璃的固有频率

进一步对该块玻璃四边不同边界支承条件（简支和固支，玻璃板可视为弹性矩形薄板）及不同螺栓紧固力对应的固有频率数值（见表 6-2）进行分析，可以看出所测得的玻璃板的固有频率处在低于玻璃板四边固支和高于四边简支对应的频率约 20％的区间（玻璃四边简支和四边固支对应的固有频率分别按式（6-12）和式（6-13）进行计算，由于实际中玻璃的边界固定是不可能完全四边固支或四边简支的，所以这大约离四边固支或四边简支理论频率 20％左右的频率区间是无法测得到的）。随着玻璃四边紧固力的均匀增大，幕墙玻璃的固有频率也在这一区间均匀的递增。

不同螺栓紧固力下玻璃板的固有频率　　表 6-2

支承条件	四边简支	螺栓紧固圈数（圈）							四边固支
		0	0.5	1	1.5	2	2.5	3	
固有频率（Hz）	219.0	219.0	267.3	277.5	287.6	297.5	307.5	317.5	398.0

上面试验结果启发了我们可以通过测量玻璃的固有频率来识别该块玻璃的四边支承松紧状况。显然，相同条件下，当玻璃边界支承越松，则其固有频率越低。往往新建的玻璃幕墙由于其支承结构没有出现松动或老化，幕墙玻璃板支承紧固，对应的固有频率较大，而此时幕墙玻璃抵抗外力作用能力也较大，脱落风险也低。随着玻璃幕墙使用年限的增加，幕墙玻璃板边界因支承结构的老化，变形或破损而不断松动，幕墙玻璃对应的固有频率也不断衰降，此时幕墙玻璃抵抗外力作用能力也衰退，其脱落风险概率也大。因此，我们可以只测量一下幕墙玻璃的固有频率，并通过相对比较，建立起评价标准，就可以简便地知道幕墙玻璃的支承松动程度及脱落风险程度，进而评价玻璃幕墙的可靠性。

6.4　结构胶界面脱胶对幕墙玻璃固有频率的影响

结构胶粘结失效是玻璃幕墙失效的主要因素之一，特别是对于隐框玻璃幕墙来说，结构胶粘结失效将会使玻璃面板整体脱落，造成严重的安全隐患。结构胶脱胶问题现场一直没有很好的办法来检测，已有的一些检测方法可采用有损及无损方法进行检测，但现场操作和取样困难。

从理论上来说，结构胶的脱粘失效会降低对幕墙玻璃的边缘约束作用，进而使幕墙玻璃固有频率下降。为验证这一问题，笔者所在研究团队进行了一个简单的试验，试验选择了一块玻璃尺寸为640mm×460mm×6mm，由式（6-12）及式（6-13）得其四边简支固有频率为107.3Hz，四边固支的固有频率为201.2Hz。玻璃洗净后在标准环境下用结构胶将四边粘结在附框上，将玻璃静放于试验室内养护30d，待结构胶充分固化干燥后进行试验。故意对结构胶进行切割模拟结构胶脱胶，本试验对结构胶每切割破坏5cm后测量玻璃固有频率一次，直至结构胶完全破坏（结构胶总长度为220cm）。

图6-12给出了该块玻璃四边脱胶比率与其固有频率及频率变化率关系[71]，其中脱胶比率为脱胶长度占结构胶总长度的百分比。频率变化率为固有频率有损伤和无损伤时的差值与结构无损伤时频率的比值[72]，即

$$\delta=\frac{\Delta\omega_i}{\omega_{i0}}\times 100\%=\frac{\omega_i-\omega_{i0}}{\omega_{i0}}\times 100\% \tag{6-15}$$

式中　ω_i——结构胶损伤后玻璃的第 i 阶频率；

ω_{i0}——结构胶损伤前玻璃的第 i 阶频率。

由图6-12可以看出，随着结构胶脱胶长度的增加，幕墙玻璃的固有频率下降，频率变化率增大，而且基本与脱胶长度呈线性关系。当玻璃固有频率到其四边简支对应的频率时，此时结构胶被切割的比率为25%左右，当被全部切割破坏后，玻璃频率由未切割前的118.5Hz下降到切割后的74.5Hz，说明频率对隐框玻璃结构胶的破坏失效反应非常敏感。

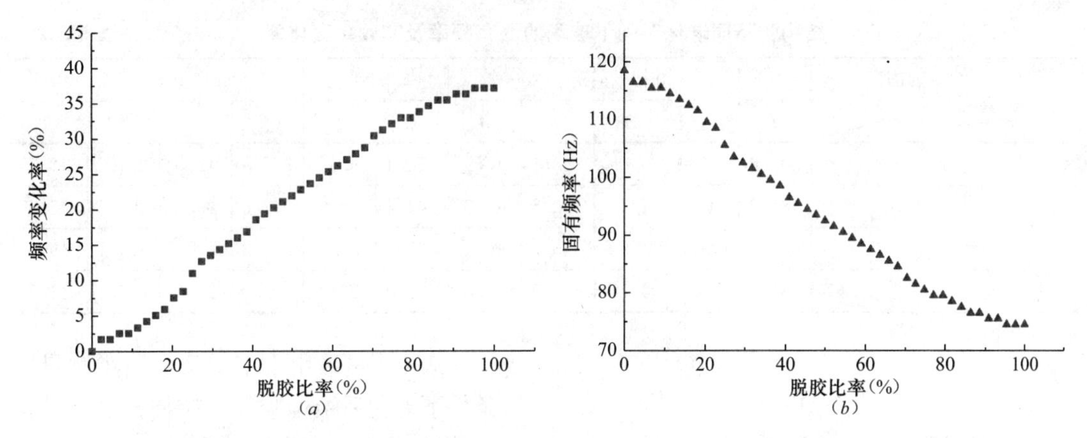

图 6-12 结构胶脱胶比率与玻璃固有频率和频率变化率关系

(a) 脱胶比率与玻璃频率变化率关系；(b) 脱胶比率与玻璃频率变化关系

这是因为当结构胶发生脱胶失效后，玻璃边界受结构胶的粘结约束力降低，因此玻璃的固有频率降低。因此通过测量隐框幕墙玻璃的固有频率，并与未失效前玻璃频率进行比较，可以达到定量地识别结构胶的脱胶损伤失效程度。

6.5 结构胶老化对幕墙玻璃固有频率的影响

结构胶是一种有机材料，随着服役年限的增加，会发生老化硬化现象，老化后的结构胶会与玻璃脱粘，是隐框玻璃幕墙安全隐患最直接也最主要的一种表现形式。由于结构胶的老化，使其本身力学性能及对幕墙玻璃的粘结作用力降低，从而导致玻璃幕墙抗风压和抗震能力下降，玻璃整体脱落的风险程度更高，危及人们的生命财产安全。目前，对结构胶的老化程度特别是其界面粘结强度现场检测非常困难，已有的方法只是简单地观察一下结构胶的外观是否有龟裂或变色现象，或测量一下结构胶的表面邵氏硬度，对于界面粘结强度，只能采取现场取样带回试验室进行测量。

从理论上说，随着结构胶的老化，结构胶对玻璃的粘结作用力下降，玻璃边界约束力降低，因而其固有频率也会不断地降低。为验证这一现象，作者进行了如下试验：

为获得结构胶老化对玻璃固有频率变化的影响，试验时，制备了一个缩尺尺寸的隐框玻璃幕墙单元（试样按《玻璃幕墙工程技术规范》JGJ 102—2003 制备），并将其放入高温高湿（湿度>95%，温度在 25～55℃间有规律的变化循环，由于每一个循环结构胶均要受一次高温高湿作用，这样对结构胶的粘结力就有较大的影响）环境箱中进行老化，每老化一定时间后取出样品测量玻璃的固有频率。通过试验，得到表 6-3[72] 的不同老化时间后玻璃前四阶固有频率及其频率变化率值。由试验结果可以看出，在老化 2000h 前，玻璃固有频率变化相对较小，在第 2000～4000h 老化时间段变化的幅度增大，老化到 4000h 后变化又趋缓。图 6-13 是玻璃前四阶频率变化率随老化时间增长的变化曲线，很明显，频率变化率随结构胶的老化时间增加而增大，而且第二、三阶频率更为敏感。上面结果说明了结构胶的老化可以表现为玻璃的固有频率改变。因此，根据某些阶频率的变化率可以判断幕墙结构胶老化损伤的存在，还可以判断老化程度。

结构胶不同老化时间下玻璃的固有频率及其频率变化率　　表 6-3

老化时间（h） 频率阶数	0	1000		2000		3000		4000		5000	
	f	f	δ	f	δ	f	δ	f	δ	f	δ
1	302.6	300.0	0.85	298.1	1.49	274.4	9.32	266.3	12.0	264.2	12.7
2	481.2	441.6	8.23	410.5	14.7	344.4	28.5	292.6	39.2	260.8	45.8
3	650.4	611.5	5.98	543.7	16.4	425.4	34.6	353.2	45.7	329.1	49.4
4	781.1	775.5	0.72	695.2	11.0	578.0	26.0	502.2	35.7	455.4	41.7

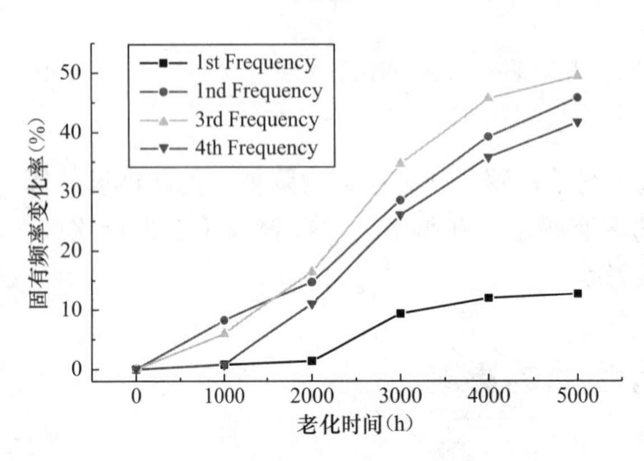

图 6-13　结构胶不同老化时间下玻璃前四阶固有频率变化率分布曲线

表 6-4 是采用十字交叉法同步测量同条件下老化后结构胶最大拉伸强度（结构胶粘结强度），由表可以看出，随着老化时间的增长，结构胶的粘结强度明显下降，而且其下降趋势与表 6-3 中固有频率下降趋势相同，也与文献［75］中的结果相同[75]。在第 2000～4000h 老化时间段变化的幅度最大，老化到 4000h 后频率变化有所变缓，说明玻璃固有频率的变化确实是因结构胶对玻璃的粘结强度降低引起的。由表 6-4 可以看出，老化 5000h 后，结构胶粘结强度下降了 45.6%。而对应的玻璃一阶固有频率下降了 12.7%。

不同老化时间下结构胶粘结强度　　表 6-4

老化时间（h）	0	1000	2000	3000	4000	5000
粘结强度（MPa）	1.25	1.18	1.02	0.81	0.71	0.68

6.6　基于玻璃固有频率变化的玻璃幕墙安全评估

对现有建筑构件的安全评估主要通过综合考虑其剩余寿命及价值从而决定构件是否应该被更换，以及在安全、经济上是否合理等，因此合理的评估方法很重要。玻璃幕墙脱落主要来源于两方面：一方面是因支承体系，锚固体系和胶粘剂（结构胶）的松动，老化，开裂和变形等而引起对幕墙玻璃支承紧固力衰降，从而使玻璃幕墙抵抗外力作用能力降低而增大了玻璃脱落概率；另一方面来自于幕墙玻璃面板本身缺陷而引起玻璃自爆或破裂脱落。而第一方面综合影响作用可表现为幕墙玻璃频率改变的单因素线性函数。因此，我们可以只简单地根据幕墙玻璃固有频率变化大小来识别幕墙因支承体系和粘结体系的老化和损伤程度，评价玻璃幕墙的健康状态及剩余寿命。

根据实测幕墙玻璃固有频率大小，我们提出了相对比较法和划分安全频率区间法来评价玻璃幕墙的安全状态[70]。

6.6.1 相对比较法

幕墙玻璃相互之间是一个单独的单元体，不同玻璃之间的安全性态会存在一定的差别，某块玻璃的破损或脱落基本上不会影响其他幕墙玻璃的使用。相对比较法是通过相互之间的比较，快速找出可能出现问题的幕墙玻璃，从而有针对性地对其采取安全加固或更换措施。

相对比较法是建立在同条件下的基础之上的[56]，也就是说相互比较的幕墙玻璃应该是玻璃品种、形状尺寸、支承方式及材料、施工工艺等均应一样。对于同一工程的幕墙玻璃来说，基本上能满足上述几个条件（至少能分几个批次满足），因此就给相对比较法提供了条件。

在现场测量完所有需要检测的幕墙玻璃的频率后，将具有相同条件的幕墙玻璃分批次，并进行比较，显然，频率越高的幕墙玻璃，其安全性越高，而对于那些频率明显偏低的玻璃，就应该引起注意，此时，可对那些频率偏低的玻璃进行更加细致的观察和检测，找出可能出现问题的原因。

同时，相对比较法也为玻璃幕墙风险筛查提供了一种良好的抽样检查检测方案。因为通过对同一批次的幕墙玻璃而言，选择频率更低的玻璃进行检查检测，如果不存在安全隐患的话，则频率更高的幕墙玻璃也就不存在安全隐患。

6.6.2 划分安全频率区间法

相对比较法能快速发现可能出现安全问题的幕墙玻璃，但该方法缺乏整体评估性，比如，我们获得了某栋大楼所有幕墙玻璃的固有频率，我们要如何知道该大楼的幕墙玻璃是否存在安全隐患，其安全等级如何，剩余寿命还有多少，是否需要采取维修加固甚至更换措施等。为此，我们提出了划分安全频率区间法，其基本思路就是针对某已知玻璃品种、结构、形状尺寸、边界支承条件的幕墙玻璃，对其安全等级事先按频率值的大小区间进行划分，当实测同条件下幕墙玻璃的频率处于哪个频率区间范围时，我们就认为该块玻璃处于这个频率区间对应的安全等级范围内。

欧洲学者提出了 EPIQR 和 MEDIC 两种方法评价建筑构件的可靠性，评估时把建筑物单元按 a、b、b、d4 个等级划分，其中：a 为可靠；b 为基本上可靠，能正常使用；c 为需要维修；d 为不能继续使用，必须立即采取措施[57-59]。显然，用幕墙玻璃固有频率变化来识别玻璃幕墙的损伤程度，也可按 4 个级别进行划分，但准确确定分级标准（频率区间）是非常重要的。如图 6-14 所示，按玻璃频率将玻璃幕墙安全划分成四个等分，需要确定幕墙玻璃的频率上限、A、B、C 和频率下限 5 个频率值。试验表明（经过大量试验证明），四边支承幕墙玻璃板固有频率处于四边简支和四边固支对应的固有频率之间，也就是说，支承越紧固，幕墙玻璃板的极限频率越接近于其在四边固支对应下的固有频率，相反，支承越松动，其对应的固有频率越接近于简支状态下对应的固有频率。因此，可以把幕墙玻璃在四边固支和简支对应下的固有频率作为评价玻璃幕墙安全等级的频率上下限值。根据薄板理论，四边简支和固支板固有频率计算方法已在 6.2 节式（6-12）和式（6-13）已给出。

只要幕墙玻璃板的形状尺寸结构确定下来了，则玻璃幕墙分级标准的上下限值就确定

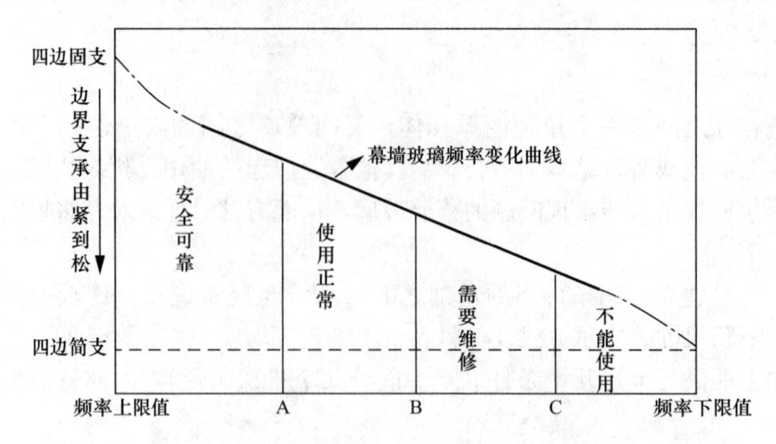

图 6-14　玻璃幕墙可靠性评价安全等级划分

下来了，下面最为关键的是确定 A、B、C 的频率区间值，这需要大量试验和工程检测及实践经验，科学地获得同一规格幕墙玻璃固有频率的衰降量及对应的玻璃幕墙失效概率或损伤程度，根据失效概率定级。当然，最为简便的方法是直接在试验室里建立起幕墙玻璃固有频率衰降与其承载外力能力下降量关系（或隐框幕墙玻璃固有频率与结构胶剥离强度关系），根据其承载力下降量确定幕墙的安全等级，直接获得安全频率划分区间。

确定 A、B、C 频率区间值后，我们还可以进一步对现有不同年代（0～30 年）幕墙玻璃固有频率进行大量现场检测，得到图 6-15 玻璃幕墙在整个测量年代内 4 个频率区间（等级）出现的概率分布示意图，图中，4 条曲线分别展示了在任一时刻，幕墙分别属于 A_u、B_u、C_u、D_u 等级的概率情况。即此玻璃幕墙在使用期内分别属于 A_u、B_u、C_u、D_u 等级的概率分布随时间的变化情况和发展趋势。将这 4 条曲线逐一累加，绘于同一个图上，如图 6-16 所示，此时 4 个等级之间的概率关系是互补的，即任一时刻[73]：

$$P_a(t) + P_b(t) + P_c(t) + P_d(t) = 1 \tag{6-16}$$

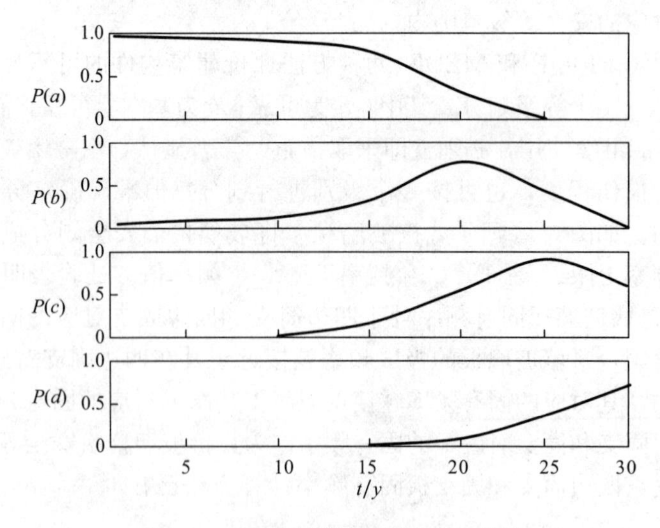

图 6-15　玻璃幕墙等级概率分布曲线

式中，$P_a(t)$ 表示 t 时刻为 A_u 的概率，其余类似。在图 6-16 中沿任意时刻作一条纵向线，跨越 4 个分布，可清晰地看出此刻等级 A_u、B_u、C_u、D_u 的概率分布情况。例如在图 6-16 中沿 $t=20$ 年所作的垂直线，代表在 $t=20$ 年时此玻璃幕墙属于 A_u 级的概率为 0.25，属于 B_u 级的概率为 $0.68-0.25=0.43$，属于 C_u 级的概率为 $0.88-0.68=0.20$，属于 D_u 级的概率为 $1-0.88=0.12$。依此我们可以预测玻璃幕墙在使用若干年后的可靠性。

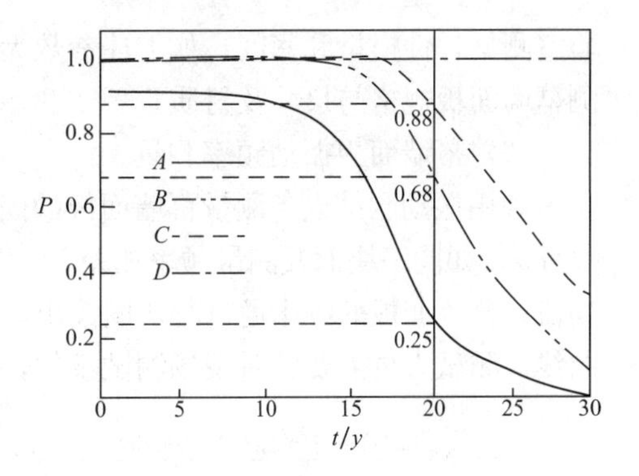

图 6-16 4 个等级的概率分布关系图
图中 $A=P(a)$，$B=P(a)+P(b)$，
$C=P(a)+P(b)+P(c)$，
$D=P(a)+P(b)+P(c)+P(d)=1$

作者对不同建设年代的四边有框和隐框玻璃幕墙进行了大量的现场测量及试验室验证，给出表 6-5 的四边支承玻璃幕墙安全等级分级标准及对应的幕墙玻璃频率区间划分建议值。

四边支承玻璃幕墙安全等级分级标准及玻璃频率区间　　表 6-5

安全等级	分级标准	幕墙面板频率	幕墙使用状态
A_u 级	安全性能符合要求	≥下限频率 50% ≤上限频率	安全可靠，幕墙面板脱落风险概率极低
B_u 级	安全性能略低	≥下限频率 30% ≤下限频率 50%	使用正常，幕墙面板脱落风险概率低
C_u 级	安全性能不足	≥下限频率 20% ≤下限频率 30%	需要维修，幕墙面板存在一定的脱落风险概率
D_u 级	安全性能严重不符合要求	≥下限频率 ≤下限频率 20%	不能使用，幕墙面板存在严重脱落风险

注：由于各种幕墙涉及的条件有区别，表中的数据仅提供参考。

6.7 基于固有频率变化的玻璃幕墙安全评估现场操作细则

6.7.1 检测装置

检测装置包括幕墙面板激励装置、信号接收装置、信号处理装置与分析系统。

信号激励采用柔性橡胶锤，信号接收装置采用位移或加速度传感器，要求频率响应范围大于 0.5～5kHz 范围，激励与接收位置应在所测建筑幕墙单块面板的板几何中心部位，以便更容易激起一阶频率的振动。将接收信号放大后利用信号分析仪进行波谱和 FFT 适时分析，且要求最高采样频率高于 51.2kHz。将分析后的数据用电脑和相关配套的软件进行处理，得到振动频谱图，从频谱图上提取面板的一阶振动固有频率。

6.7.2 检测步骤

（1）尺寸及材质获取

优先建议现场测量幕墙面板尺寸，采用卷尺测量，精确至 1mm。并取少量样品，带回实验室测量弹性模量和密度。如上述参数无法现场获得，可根据建筑幕墙工程资料，获得待检测幕墙面板规格与尺寸及材质。

（2）幕墙面板振动频率测量

利用振动测试设备测量幕墙面板的固有频率，每块幕墙面板必须测量三次以上，精确到0.1Hz，如同一块面板测量频率相差5%以上，需重新测量，固有频率取三次测量数据的平均值；幕墙面板的频率通过频谱图读出，见图6-17。为了获得良好且易识别的振动频响函数曲线，测试人员需要针对现场测试条件，调整测试参数。

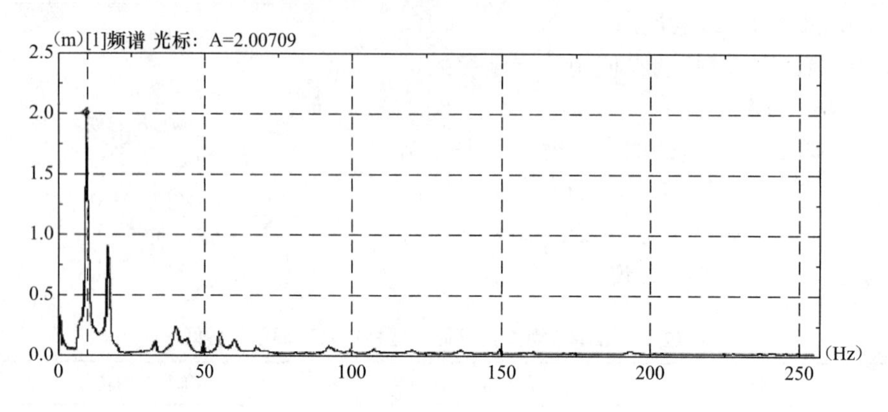

图6-17　幕墙面板振动频响函数曲线

（3）评估标准

1）上、下限频率确定

幕墙面板无论采取什么样的支承形式，其振动频率应处于边界简支支撑和固支支撑对应的频率之间，因此，可以把边界简支对应的频率作为安全评估中的下限频率值，把边界固支对应的频率作为安全评估中的上限频率值。对于四边支承的面板，四边简支和四边固支对应的理论频率按式（6-12）和式（6-13）确定。

对于其他异形面板及不同边界支承形式的面板，由于无理论计算解析解，固有频率下限值和上限值可采用有限元建模计算得到。

2）安全等级划分

将幕墙面板上限和下限值对应的区间划分为4个等级区间，每个等级区间对应一个幕墙面板脱落风险等级，实测频率处于哪个频率区间，则其脱落风险等级即为该频率区间对应的安全等级，频率安全区间及其风险等级划分标准见表6-5。

3）频率相对比较进行安全等级评估

对整栋幕墙，按尺寸、规格、材质完全相同的面板归类，对同一类型的面板的实测频率值由大到小进行排列，频率越高者，则其脱落风险越低。

第7章　幕墙中空/真空玻璃结构安全隐患现场检测

7.1　引言

发展高效节能玻璃是降低建筑能耗重要途径之一。作为目前应用最广泛的节能玻璃，中空玻璃由于其边缘采用有机材料（结构胶、聚硫胶等）存在易老化、耐候性、气密性、水密性差等缺陷，中空玻璃节能效果随时间易衰降甚至失效，其耐久性难以与建筑物寿命相匹配。由于我国早期中空玻璃市场还比较混乱，部分厂家为降低成本偷工减料，中空玻璃打胶宽度不足，甚至使用劣质的结构胶，从而造成中空玻璃耐久性差，易发生界面脱胶漏气。另外，中空玻璃结构胶在使用一定时间后，由于其物理老化也会弱化粘结界面强度，在环境循环载荷作用下造成界面开裂漏气。中空玻璃节能功效取决于两片玻璃之间的密封气体层，一旦密封层失效（气体泄漏），中空玻璃将变成与普通玻璃毫无两样，完全失去节能功效，并造成中空玻璃露点。特别是，中空玻璃的密封气体层还起到传递外载荷作用，中空层气密失效后气体失去传载能力，此时中空玻璃只受力的一面起到承载作用，因此中空玻璃整体承载能力明显降低。应用于幕墙上的中空玻璃密封层失效后，在风载荷作用下，外片单独受力，大大增大了中空玻璃密封胶及玻璃原片中的应力，很容易造成外片玻璃破碎甚至整体脱落，严重影响中空玻璃安全使用。我国中空玻璃总体上数量巨大，如果这些失效的中空玻璃继续使用，不仅使节能建筑失去节能功效，还存在潜在玻璃脱落的安全隐患，百害无一益。因此，对因中空玻璃中空层密封性能失效造成的中空玻璃破裂坠落风险检测也是玻璃门窗幕墙安全检测与评估中不可缺少的一道工序。

而作为节能玻璃的一枝新秀，真空玻璃由于其良好的节能功效越来越受到广泛关注。真空玻璃已越来越广泛应用于我国的节能建筑领域，其安全可靠性应用非常重要。真空玻璃在制备抽真空过程中，有可能抽真空不到位造成空腔真空度不足，也有可能因封边部位存在原始缺陷和裂纹，或服役后受到环境和外载冲击作用造成封边部位及玻璃原片产生微裂纹，从而使真空玻璃出现慢漏气甚至直通裂纹大漏气现象，造成真空玻璃空腔压力值不断上升。当空腔压力值上升到一定程度时，不仅影响真空玻璃隔热性能，同时也影响了真空玻璃的安全服役性能，因此，检测真空玻璃真空保存状况对评价真空玻璃隔热性能及安全可靠性能具有重要意义，也是建筑玻璃幕墙安全评估中一道必不可少的工作内容。

第4章4.2分别谈到了中空玻璃和真空玻璃密封失效原因及其带来的安全隐患进行了简单说明，本章节将具体阐述既有玻璃幕墙使用的中空和真空玻璃因密封失效带来的结构安全隐患问题的现场检测技术及操作步骤。

7.2 中空玻璃结构安全隐患现场检测技术[74]

7.2.1 检测原理

将基于中空玻璃中空层密封失效前后其承载变形性能的改变，通过在线对中空玻璃施加载荷，测量中空玻璃内外片变形量，达到识别中空玻璃中空层是否密封。

中空层密封失效（气体泄漏）状态下中空玻璃承载特性：

（1）中空层密封状态下中空玻璃承载性能

设中空玻璃外片（直接承载的一面）玻璃受垂直均布荷载 P 作用，此时中空气体层因外片玻璃受弯变形体积被压缩，设压缩体积量为 ΔV，压力增大为 ΔP，根据理想气体状态方程，如不考虑中空层气体的温度变化，则有：

$$P_0 V_0 = (P_0 + \Delta P)(V_0 - \Delta V) \tag{7-1}$$

式中 P_0——中空层初始压强，通常为1标准大气压（1.1013×10^5Pa）；

V_0——中空层初始体积；

ΔP——空腔层压力变化；

ΔV——空腔层体积变化。

另一方面，受 ΔP 的作用，中空玻璃的内片玻璃也发生变形，根据外、内片玻璃各点处的变形差，将差值对整个玻璃面积积分，就可以求出中空气体层的体积改变量 ΔV 为：

$$\Delta V = \left|\iint_A (w_1 - w_2)\,\mathrm{d}\sigma\right| \tag{7-2}$$

式中 w_1、w_2——分别为玻璃板面某微小面积 σ 域上外、内片的挠度；

A——中空玻璃的面积域。

中空玻璃的内外片玻璃受结构胶约束，挠度计算时，可按四边简支公式计算，在四边简支时，玻璃板的挠度计算公式如下：

$$w(x,y) = \frac{16q_0}{D\pi^6}\sum_{m=1}^{\infty}\sum_{n=1}^{\infty}\frac{\sin\frac{m\pi x}{a}\sin\frac{n\pi y}{b}}{mn\left(\frac{m^2}{a^2}+\frac{n^2}{b^2}\right)^2} \tag{7-3}$$

式中 m、n——奇数，$m=1$，3，5，……，$n=1$，3，5，……；

D——玻璃板的刚度；

q_0——作用在玻璃板上的均布荷载；

a，b——玻璃板的短边和长边边长。

观察上列级数，可以看出其收敛很快，因此计算时可以只取 $m=1$，$n=1$ 就能够满足精度要求。

显然，中空玻璃在均布力 P 作用下，外片玻璃承受的均布荷载为 $P-\Delta P$，内片玻璃承受的均布荷载为 ΔP，根据式（7-1），式（7-2），可以计算出得到中空层体积改变：

$$\Delta V = \frac{64a^5b^5}{\pi^8(a^2+b^2)^2}\left(\frac{P-\Delta P}{D_1} - \frac{\Delta P}{D_2}\right) \tag{7-4}$$

式中，D_1，D_2 为中空玻璃外、内的刚度。将式（7-4）代入式（7-1），就可以得到一

个关于 ΔP 的二次方程。ΔP 就是在外片玻璃受 P 作用下通过气体层传给内片的压力，$\Delta P/(P-\Delta P)$ 即为内外片玻璃承载比例。上面的计算方法是直接根据中空玻璃两原片两面的压力差计算出来的，除了认为玻璃挠度计算时是假设为四边简支外，未经任何假设，因此计算结果很可靠，而且综合考虑了玻璃尺寸，中空层初始体积，初始压力和外加荷载等因数。因此，只要这些参数确定下来了，那么中空玻璃内外片的承载比例就能够确定下来。

（2）中空层失效（泄漏）状态下中空玻璃承载特性

根据上面分析，在中空层气体密封情况下，气体的传递作用能够将一部分外荷载传递给另一片玻璃，但是当气体层泄漏时，中空层气体则完全丧失了传递荷载的作用，此时，中空玻璃承受荷载完全由直接受力的那片玻璃承担，显然，此时的中空玻璃承受荷载能力将明显下降。

（3）密封和泄漏状态下中空玻璃内外片挠度计算

由上面分析可知，正因为中空玻璃中空气体层在密封和泄漏状态下其承载性能存在明显差别，这就给我们提供了一个现场检测中空玻璃是否存在中空气体层泄漏的简便方法。只要我们给中空玻璃一面的玻璃施加一个荷载，并通过检测设备测量另一面玻璃的变形，显然，当中空玻璃中空气体层已泄漏，则另一面玻璃不发生变形，如果密封良好，则另一面玻璃将会产生明显变形。

考虑到现场检测时对玻璃施加集中力比较方便，因此，本文只对中空玻璃受集中荷载进行分析，根据板的弯曲理论，在集中力 P 作用于板中心情况下，四边简支矩形板的挠度方程为：

$$w=\frac{4P}{\pi^4 abD}\sum_{m=1}^{\infty}\sum_{n=1}^{\infty}\frac{\sin\frac{m\pi}{2}\sin\frac{n\pi}{2}}{\left(\frac{m^2}{a^2}+\frac{n^2}{b^2}\right)^2}\sin\frac{m\pi x}{a}\sin\frac{n\pi y}{b} \tag{7-5}$$

在集中力 P 作用下，设中空玻璃中空层压力变化为 ΔP，则中空层外片受正向（集中力作用方向）P 和反向 ΔP 作用下发生变形，内片受正向 ΔP 作用下发生变形，根据式（7-5）外片在 P 作用下体积变形量为：

$$\Delta V_1=\left|\iint_A w\mathrm{d}\sigma\right|=\frac{16Pa^4b^4}{\pi^6 D_1(a^2+b^2)^2} \tag{7-6}$$

根据式（7-3），内外片玻璃在均布荷载 ΔP 的作用下体积变形量为：

$$\Delta V_2=\left|\iint_A (w_{外}+w_{内})\mathrm{d}\sigma\right|=\frac{64a^5b^5\Delta P}{\pi^8(a^2+b^2)^2}\left(\frac{1}{D_1}+\frac{1}{D_2}\right) \tag{7-7}$$

则中空层在集中力 P 的作用下总的体积变化 ΔV 为

$$\Delta V=\Delta V_1-\Delta V_2 \tag{7-8}$$

将式（7-8）代入（7-1）后方程只有 ΔP 一个未知数，因此可以将 ΔP 给算出来，此时根据内外片玻璃承受的载荷，按四边简支板理论，就可以得到玻璃内外片的挠度值。

依据上述给出的计算方法，式（7-9）～式（7-12）给出了中空层密封和泄露状态下在中空玻璃外片给定集中载荷量时外片挠度及中空层厚度的理论计算公式：

1）不漏气情况下中空玻璃外片板中心挠度按式（7-9）计算：

$$w_{\mathrm{p}}=m\frac{Pb^2}{Et_1^3}-k\frac{\Delta Pb^4}{Et_1^3} \tag{7-9}$$

2）不漏气情况下中空玻璃板中心处中空层厚度按式（7-10）计算：

$$h_p = h_0 - m\frac{Pb^2}{Et_1^3} + k\frac{\Delta Pb^4}{Et_1^3} + k\frac{\Delta Pb^4}{Et_2^3} \tag{7-10}$$

3）漏气情况下中空玻璃外片板中心挠度按式（7-11）计算：

$$w_f = m\frac{Pb^2}{Et_1^3} \tag{7-11}$$

4）漏气情况下中空玻璃板中心处中空层厚度按式（7-12）计算：

$$h_f = h_0 - m\frac{Pb^2}{Et_1^3} \tag{7-12}$$

式（7-9）、式（7-10）中：

$$\Delta P = \frac{X_1 - h_0 ab - P_0 X_2 + \sqrt{(X_1 - h_0 ab - P_0 X_2)^2 + 4X_1 X_2 P_0}}{2X_2} \tag{7-13}$$

式（7-13）中：

$$X_1 = \frac{16Pa^4b^4}{\pi^6 D_1(a^2+b^2)^2} \tag{7-14}$$

$$X_2 = \frac{64a^5b^5}{\pi^8(a^2+b^2)^2}\left(\frac{1}{D_1}+\frac{1}{D_2}\right) \tag{7-15}$$

式（7-14）、式（7-15）中：

$$D_1 = \frac{Et_1^3}{12(1-\nu^2)} \tag{7-16}$$

$$D_2 = \frac{Et_2^3}{12(1-\nu^2)} \tag{7-17}$$

式（7-9）～式（7-17）中：

w_p——不漏气情况下中空玻璃外片板中心挠度；

w_f——漏气情况下中空玻璃外片板中心挠度；

h_p——不漏气情况下中空玻璃板中心处中空层厚度；

h_f——漏气情况下中空玻璃板中心处中空层厚度；

P——施加在中空玻璃外片板中心处的集中载荷；

a——中空玻璃长边尺寸；

b——中空玻璃短边尺寸；

t_1——中空玻璃外片厚度；

t_2——中空玻璃内片厚度；

h_0——中空玻璃中空层初始厚度；

P_0——标准大气压，取值为 1.013×10^5Pa；

E——玻璃弹性模量，取值为 7×10^{10}Pa；

ν——玻璃的泊松比，取值为 0.24。

m、k 为系数，取值见表 7-1。

（4）算例

设一中空玻璃规格为 6mm＋A12mm＋6mm，边长尺寸为 2000mm×2000mm，受集中荷载为 P＝500N。

根据上面的计算方法得到中空层压力增大为 ΔP＝154Pa。

m、k 取值 表 7-1

b/a	1.0	1.1	1.2	1.4	1.6	1.8	2.0	3.0	4.0	5.0	∞
m	0.1265	0.1381	0.1478	0.1621	0.1714	0.1769	0.1803	0.1846	—	—	0.1849
k	0.0444	—	0.0616	0.0770	0.0906	0.1017	0.1110	0.1335	0.1400	0.1417	0.1421

外片玻璃因集中力 P 产生的最大挠度（板中心）为：

$$w_{1a\max} = 0.1265\frac{Pb^2}{Et^3} = 16.73\text{mm}$$

外片玻璃因均布压力 ΔP 产生的最大挠度（板中心）为：

$$w_{1b\max} = 0.0444\frac{\Delta Pb^4}{Et^3} = 7.235\text{mm}$$

外片玻璃在中空层气体不泄漏情况下的最大挠度为：

$$w_{外} = w_{1a\max} - w_{1b\max} = 9.495\text{mm}$$

外片玻璃在中空层气体泄漏情况下的最大挠度为：

$$w_{外} = w_{1a\max} = 16.73\text{mm}$$

内片玻璃因均布压力 ΔP 产生的最大挠度为：

$$w_{2\max} = 0.0444\frac{\Delta Pb^4}{Et^3} = 7.235\text{mm}$$

内片玻璃在中空层气体不泄漏情况下的最大挠度为：

$$w_{内} = w_{2\max} = 7.235\text{mm}$$

内片玻璃在中空层气体泄漏情况下的最大挠度为：

$$w_{内} = 0$$

加力后中空玻璃中心中空层厚度可以根据内外片玻璃最大挠度差求出，在不泄漏情况下，中空层厚度为：

$$H = 12 - w_{外} + w_{内} = 12 - 9.495 + 7.235 = 9.74\text{mm}$$

在泄漏情况下：

$$H = 12 - w_{外} = 12 - 16.73 = -4.73\text{mm}$$

得出是一个负数，也就是说，在 500N 的集中力作用下，如果中空玻璃中空层气体泄漏，那么两片玻璃会贴在一起去了。如果不泄漏，则中空层厚度变化不大。

上面计算结果表明，中空层气体泄漏前后中空玻璃内外片挠度变化明显，因此，我们完全可以采用通过测量内外片的挠度变化或中空层厚度的变化来识别气体层是否密封良好，进而判断中空玻璃二道密封胶是否出现脱胶、断胶等现象，评价中空玻璃的风险性能。

式（7-9）～式（7-12）的计算结果可为评判中空玻璃气密性能是否失效提供判断依据。实测数据与密封和泄露状态下的理论计算数据进行比较，如果实测数据靠近或等于密封状态下计算得到的理论值，则中空玻璃中空层为密封良好，反之则中空层出现漏气。

7.2.2 中空玻璃中空层失效在线检测方法[75]

（1）加载装置

采用杠杆-砝码加载装置在中空玻璃表面板几何中心施加垂直集中载荷，如图 7-1 所示。在长度可调的杠杆顶端设置有弹性加载球，加载后加载球与玻璃的接触半径为 5～15mm。杠杆底端设置有吸盘，吸盘固定于表面平滑的刚性物体上，在杠杆弹性加载球的一端施加砝码（根据现场加载条件，也可选择其他可以施加并显示力值的加载装置）。

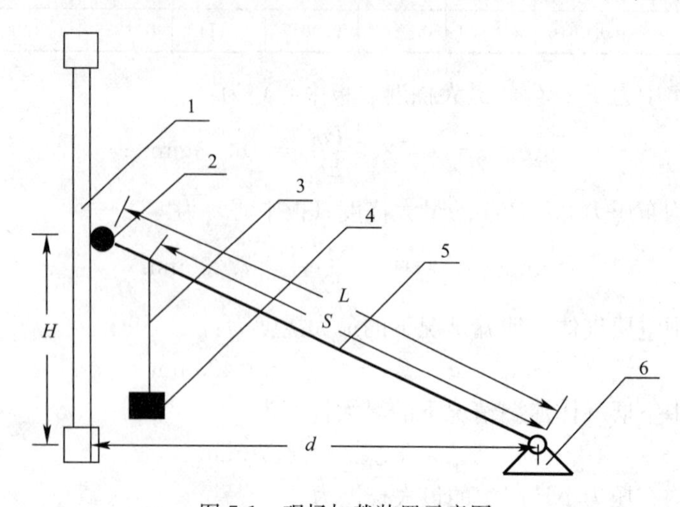

图 7-1　现场加载装置示意图

1—中空玻璃；2—加载球；3—挂绳；4—砝码；5—杠杆；6—吸盘

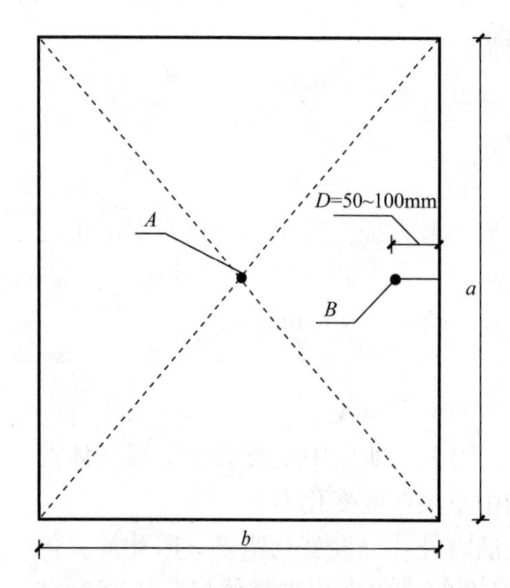

图 7-2　中空玻璃尺寸及中空层厚度测点位置示意图

A—中空玻璃板中心测点；

B—中空玻璃长边边缘测点

（2）检测方法

1）中空玻璃尺寸及中空层初始厚度测量

如图 7-2 所示，采用精度为 1mm 的量具测量矩形中空玻璃的长边尺寸 a 和短边尺寸 b，精度为 0.1mm 的量具测量中空玻璃的玻璃厚度及中空玻璃板几何中心 A 处中空层（中空层）初始厚度 h_0 及距中空玻璃长边边缘中点 50～100mm$B$ 处的中空层初始厚度 h_1。

2）安装加载装置

按图 7-1 所示安装好集中载荷加载装置，加载球对准中空玻璃直接承载面板中心，并用卷尺测量图示中的 H、d、L、S 的距离，精确至 1.0mm。

3）施加砝码

施加砝码质量 M 应处于如下范围内：$M_{min} \leqslant M \leqslant M_{max}$。施加砝码的最大允许质量 M_{max} 和最小质量 M_{min} 计算，按式（7-18）和式（7-19）：

$$M_{max} = \frac{50t_1^2 \cdot L \cdot H}{g \cdot d \cdot S[1.24\ln(0.0637b) + \beta]} \tag{7-18}$$

式中　M_{max}——加载砝码质量最大允许值（kg）；

t_1——中空玻璃承载面玻璃厚度（mm）；

H——加载点至杠杆下端的垂直距离（mm）；

d——加载点至杠杆下端的水平距离（mm）；

L——杠杆长度（mm）；

S——砝码挂点处至连杆下端的长度（mm）；

b——中空玻璃短边尺寸（mm）；

β——系数，取值见表 7-2；

g——当地重力加速度（m/s^2）。

$$M_{min}=\frac{20t_1^2 \cdot L \cdot H}{g \cdot d \cdot S[1.24\ln(0.0637b)+\beta]} \tag{7-19}$$

式中 M_{min}——加载砝码重量最小值（N）。

β 取值 **表 7-2**

a/b	1.0	1.1	1.2	1.4	1.6	1.8	2.0	3.0	>3
β	0.435	0.550	0.650	0.789	0.875	0.927	0.958	0.990	1.000

注：a 为中空玻璃长边尺寸。砝码的最大允许质量考虑了集中载荷引起的直接承载面玻璃最大应力不超过普通玻璃设计强度值。

4）集中载荷计算

根据力矩方程计算施加砝码后杠杆顶端球头施加给中空玻璃的集中载荷 P 为：

$$P=Mg \cdot (d/L) \cdot (S/H) \tag{7-20}$$

式中 P——对中空玻璃面板施加的集中载荷（正压力）；

5）加载后中空玻璃中空层厚度测量

测量加载后中空玻璃 A 点处中空层厚度 h 值。

6）矩形平板中空玻璃接近度的计算

提出了用接近度来表征中空层是否发生密封失效，接近度是指实测值与理论密封或失效状态计算值的接近程度。

中空层密封未失效接近度按式（7-21）计算：

$$\eta_{hp}=|h-h_p| \tag{7-21}$$

式中 η_{hp}——中空层密封未失效中空玻璃接近度；

h——现场实测加载后中空玻璃 A 点处中空层厚度；

h_p——理论计算中空层密封未失效中空玻璃 A 点处中空层厚度，计算方法参见式（7-24）。

中空层密封失效接近度按式（7-22）计算：

$$\eta_{hf}=|h-h_f| \tag{7-22}$$

式中 η_{hf}——中空层密封失效中空玻璃接近度；

h_f——理论计算中空层密封失效时的中空玻璃 A 点处中空层厚度，计算方法参见式（7-23）。

7）风险判据

当 $\eta_{hf}<\eta_{hp}$ 时，中空玻璃结构存在安全隐患。

8）中空玻璃板中心受集中载荷后板中心中空层厚度理论计算

① 中空层密封失效后中空玻璃板中心中空层厚度按式（7-23）计算：

$$h_f=h_0-m\frac{Pb^2}{Et_1^3}\times 10^6 \tag{7-23}$$

式中　h_f——密封失效中空玻璃板中心中空层厚度（mm）；

h_0——加载前中空玻璃板中心中空层初始厚度（mm）；

P——施加在中空玻璃直接承载面板中心处的集中载荷（N）；

b——中空玻璃短边尺寸（mm）；

E——玻璃弹性模量，取值为 7×10^{10} Pa；

t_1——中空玻璃直接承载面板厚度（mm）；

m——系数，见表 7-2。

② 中空层密封未失效中空玻璃板中心中空层厚度按式（7-24）计算：

$$h_p = h_0 - \left(m\frac{Pb^2}{Et_1^3} - k\frac{\Delta Pb^4}{Et_1^3} - k\frac{\Delta Pb^4}{Et_2^3}\right)\times 10^6 \tag{7-24}$$

式中　h_p——密封未失效中空玻璃板中心中空层厚度（mm）；

h_0——中空玻璃板中心中空层初始厚度（mm）；

t_2——中空玻璃非直接承载面厚度（mm）；

ΔP——加载后中空玻璃腔体压力变化（Pa）；

k——系数，见表 7-3。

式（7-24）中，ΔP 按式（7-25）计算：

$$\Delta P = \frac{X_1 - h_1ab - P_0X_2 + \sqrt{(X_1 - h_1ab - P_0X_2)^2 + 4X_1X_2P_0}}{2X_2} \tag{7-25}$$

式中　X_1、X_2——系数，分别由式（7-26）、式（7-28）确定。

$$X_1 = \frac{16Pa^4b^4}{\pi^6D_1(a^2+b^2)^2} \tag{7-26}$$

式中　D_1——中空玻璃直接承载面板的刚度（N·m），由式（7-27）确定。

$$D_1 = \frac{Et_1^3}{12(1-\nu^2)} \tag{7-27}$$

式中　ν——玻璃的泊松比，取值为 0.24。

$$X_2 = \frac{64a^5b^5}{\pi^8(a^2+b^2)^2}\left(\frac{1}{D_1}+\frac{1}{D_2}\right) \tag{7-28}$$

式中　D_2——中空玻璃直接承载面板的刚度（N·m），由式（7-29）确定。

$$D_2 = \frac{Et_2^3}{12(1-\nu^2)} \tag{7-29}$$

参数 *m*、*k* 根据长宽比取值　　　　**表 7-3**

b/a	1.0	1.1	1.2	1.4	1.6	1.8
m	0.1265	0.1381	0.1478	0.1621	0.1714	0.1769
k	0.0444	0.0551	0.0616	0.0770	0.0906	0.1017
b/a	2.0	3.0	4.0	5.0	>5.0	—
m	0.1803	0.1846	0.1847	0.1848	0.1849	—
k	0.1110	0.1335	0.1400	0.1417	0.1421	—

7.2.3　中空玻璃中空层失效在线检测自动分析软件

由于上述计算公式比较复杂，编者编制了中空玻璃密封性能测试自动计算软件，只要把测试参数及测试结果输入到对应位置，软件即可自动对中空玻璃密封是否失效进行判断。软件界面见图 7-3。

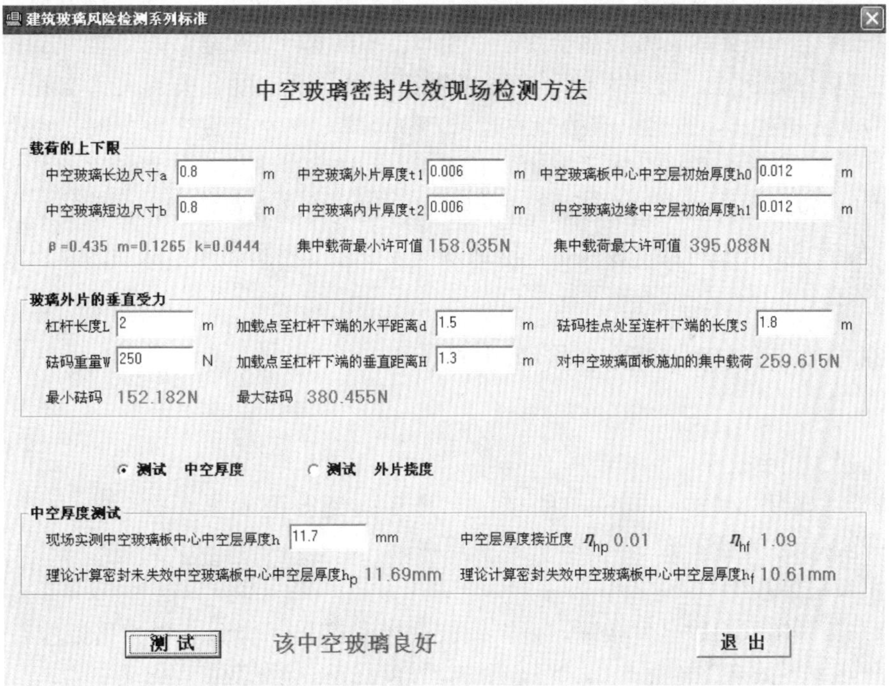

建筑玻璃风险检测系列标准

中空玻璃密封失效现场检测方法

载荷的上下限

中空玻璃长边尺寸a 0.8 m　中空玻璃外片厚度t1 0.006 m　中空玻璃板中心中空层初始厚度h0 0.012 m

中空玻璃短边尺寸b 0.8 m　中空玻璃内片厚度t2 0.006 m　中空玻璃边缘中空层初始厚度h1 0.012 m

β=0.435 m=0.1265 k=0.0444　集中载荷最小许可值 158.035N　集中载荷最大许可值 395.088N

玻璃外片的垂直受力

杠杆长度L 2 m　加载点至杠杆下端的水平距离d 1.5 m　砝码挂点处至连杆下端的长度S 1.8 m

砝码重量W 250 N　加载点至杠杆下端的垂直距离H 1.3 m　对中空玻璃面板施加的集中载荷 259.615N

最小砝码 152.182N　最大砝码 380.455N

测试 中空厚度　测试 外片挠度

中空厚度测试

现场实测中空玻璃板中心中空层厚度h 11.7 mm　中空层厚度接近度 η_{hp} 0.01　η_{hf} 1.09

理论计算密封未失效中空玻璃板中心中空层厚度h_p 11.69mm　理论计算密封失效中空玻璃板中心中空层厚度h_f 10.61mm

测 试　该中空玻璃良好　退 出

图 7-3 中空玻璃密封是否失效计算软件

7.3 真空玻璃结构安全隐患现场检测技术

7.3.1 检测原理[76]

真空玻璃在外部大气压作用下，将产生一定的应力和变形。为保证玻璃不因大气压而产生过大的应力，在真空玻璃内部放置许多金属支撑物，玻璃与支撑物相互作用抵消了玻璃内外大气压差带来的附加外力。显然，当大气压差越大时，支撑物与玻璃的相互作用力越大，而且支撑力的大小与气压差成线性比例关系。

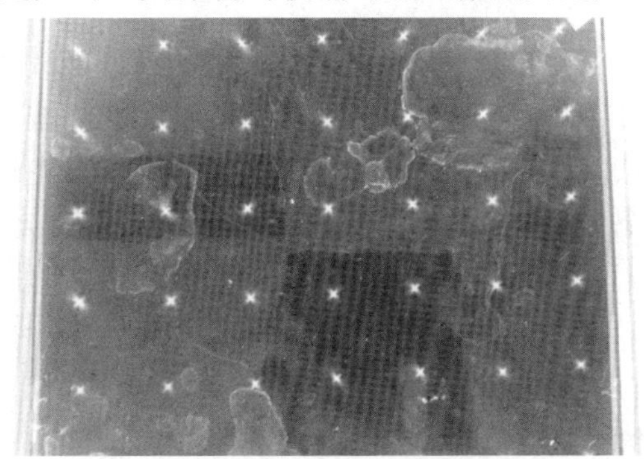

图 7-4 光弹仪观测到的真空玻璃支撑应力光斑形貌

真空玻璃支撑物与玻璃支撑位置处会产生应力集中，该位置玻璃应力最大。而且最大应力与玻璃的真空度（空腔内外压力值）有关，当玻璃真空度完全损失时，它们之间的作用力也完全消失。根据光弹性原理，材料在外力作用下会产生临时双折射现象，而这种现象是可以通过光弹仪检测得到的。图 7-4 为通过光弹仪观测到一单片玻璃厚为 4mm，支撑点间距为 30mm 的双层真空玻璃的支撑应力光斑。该处的应力光斑明亮程度、形貌大小与真空玻璃真空腔的真空保有量有关。

一般情况下，同一门窗幕墙使用的真空玻璃在尺寸、规格及实际应用状态基本上是相同的，当某块真空玻璃真空度衰降（空腔压力值上升）甚至完全丧失时，则其应力光斑大小将相对于其他未失效的真空玻璃会变小、变暗。不同真空失效程度下，观测到的真空玻璃应力光斑从分布状态、尺寸大小和光斑亮度都不同。真空度丧失越大（空腔压力值越高），则应力光斑越小，越暗，有的地方还看不到光斑。真空度完全失去时，应力光斑完全消失。因此，通过光斑的分布及形貌，并通过与相同条件下完好无损的真空玻璃的光斑进行比较，就可以知道哪块真空玻璃的真空是否出现衰降及衰降程度，特别是对那些真空衰降严重甚至完全失去的真空玻璃，更能通过该方法简单识别出来，从而为真空玻璃进行更换提供依据。

7.3.2　真空玻璃真空度衰减率在线检测方法[77]

（1）装置

1）透射式光弹仪

应符合 GB/T 30020—2013 中的规定，且平面光源消光度≤0.5%，发光面积≥ϕ30mm，光源稳定性优于 5%/min，光源强度可调。

2）图像采集系统

图像采集系统采用数显显微镜，显微镜线视场应在 2～10mm，放大倍数应在 10×～200×，分辨率不低于 1024×768，光度响应线性度优于 3%，灰度等级为 8bit。

3）图像储存与分析系统

图像储存与分析系统由计算机和分析软件构成，具有存储与图像测量尺寸的功能，图像尺寸测量精确至 0.001mm。

（2）检测区域

为消除边缘封边部位对支撑物支撑力的影响，检测区域应距离真空玻璃最外边缘 15cm 以上的中间区域进行，真空玻璃检测区域划分示意图见图 7-5（对于真空玻璃宽度尺寸小于 300mm 情况，检测区域可以选择在真空玻璃平面几何中心区域进行）。

（3）检测步骤

按图 7-6 给出的流程进行操作。

1）图像采集

将透射式光弹仪的平面偏振光源和检偏器分别置于并紧贴被测真空玻璃检测区域的前后面，打开电源偏振光通过玻璃到达检偏器，调节光弹仪光源强度至支撑应力光斑清晰可见。将数显显微镜紧贴检偏器，对准真空玻璃检测区域任何一个支撑应力光斑，调节焦距至中央亮斑边缘轮廓清晰，并拍摄照片传输到图像分析系统保存。

2）真空玻璃支撑应力光斑尺寸测量

调出图像分析系统保存的照片，按图 7-7（a）所示，分别测量照片中中央亮斑四个亮瓣的尺寸 d_1、d_2、d_3、d_4，并计算其平均值（d）作为该支撑应力光斑的中央亮斑尺寸值，按式（7-30）计算：

$$d=\frac{d_1+d_2+d_3+d_4}{4} \tag{7-30}$$

式中 d——所测支撑应力光斑的中央亮斑尺寸（mm）；

d_1、d_2、d_3、d_4——分别为中央亮斑四个亮瓣的尺寸（mm）。

注：亮瓣尺寸为亮瓣最外边缘至支撑物圆心之间的距离减去支撑物半径的值，实际测量时可以分别测量两正交方向的亮瓣的两端距离，减去支撑圆的直径，得到 d_1+d_2 的值，同理可测的 d_3+d_4 值。

3）真空玻璃样品支撑应力光斑中央亮斑平均尺寸

重复上面 1)、2）步骤，测量至少 9 个以上支撑应力光斑的中央亮斑尺寸，并计算其平均值（$\bar{d}$），作为所测真空玻璃样品的支撑应力光斑中央亮斑尺寸。

4）真空玻璃真空度衰减率测量

① 将一个与待检测真空玻璃结构相同而且真空度值完好（真空层压差为 1 个大气压，采用热导法测量）的真空玻璃标样，采用本章中规定的设备，按步骤 1）中给出的方法进行图像采集，同时，按步骤 2）中给出的操作步骤测量真空玻璃标样的应力光斑尺寸 d_v。

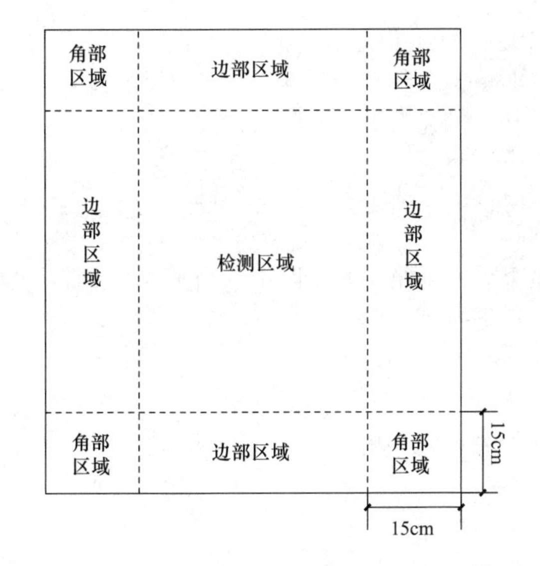

图 7-5 真空玻璃检测区域示意图

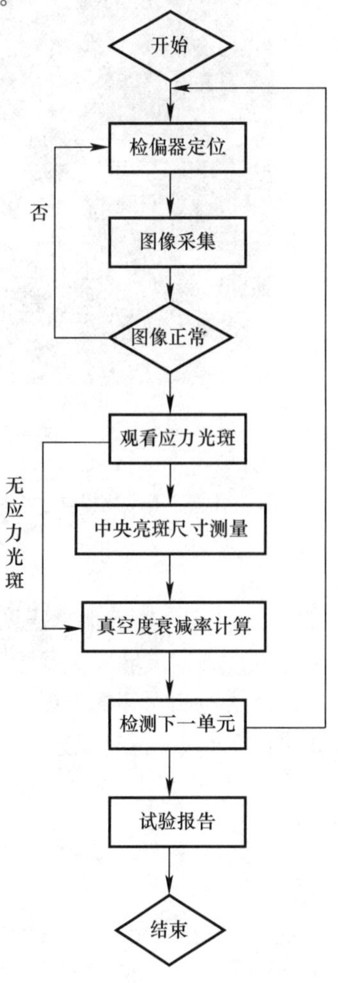

图 7-6 真空玻璃真空度衰减率检测操作流程图

② 采用与上述（1）中测量设备、测量参数和测量方法现场测量真空玻璃的支撑应力光斑尺寸 d。

③ 计算真空玻璃真空层气压差与标样真空层气压差比值，按式（7-31）计算。

$$R = d/d_v \tag{7-31}$$

式中 R——所测真空玻璃真空层气压差与标样真空层气压差比值。

d_v——标样真空层压差为 1 个大气压下的支撑应力光斑尺寸（mm）。

d——所测真空玻璃的支撑应力光斑尺寸（mm）。

④ 计算真空玻璃真空度衰减率，按式（7-32）计算。

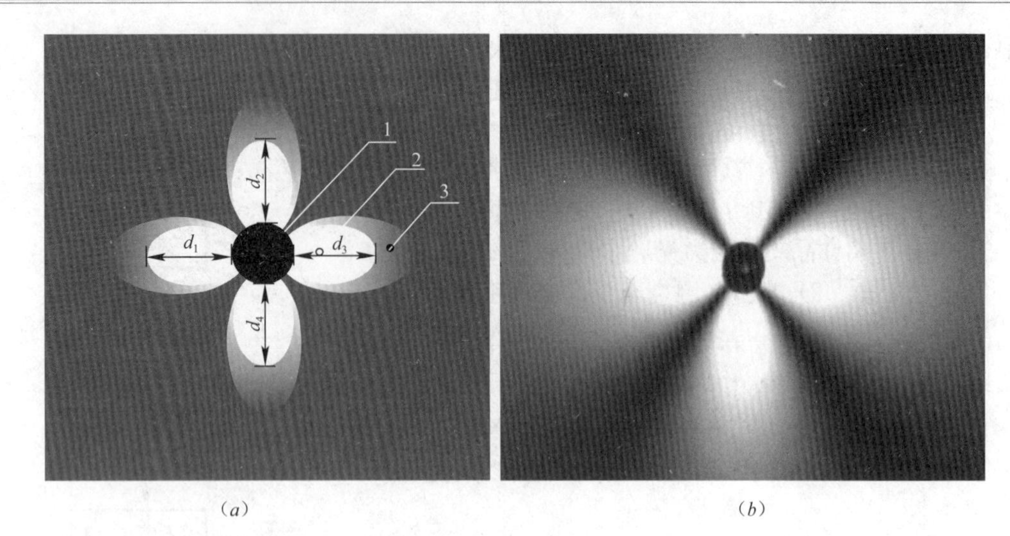

（a）　　　　　　　　　　　　　　　　　　（b）

图 7-7　真空玻璃支撑应力光斑形貌图

（a）支撑应力光斑及中央亮斑尺寸测量示意图；（b）支撑应力光斑实际形貌照片

1—支撑物；2—中央亮斑；3—弥散斑

$$\eta = 1 - R \tag{7-32}$$

式中　η——真空玻璃真空度衰减率（%）。

（4）真空玻璃安全隐患评价

根据检测得到的 η 评价真空玻璃是否会发生结构安全隐患，当 $\eta \geqslant 80\%$ 时，此时真空玻璃存在严重的安全隐患，必须要求进行更换。

第8章　玻璃幕墙结构密封胶失效现场检测

8.1　引言

结构密封胶是玻璃幕墙一道关键材料，由于其起结构粘结作用，结构密封胶的健康服役对保障玻璃幕墙安全性能至关重要。很多隐框玻璃幕墙玻璃及中空玻璃外片整体坠落，均是由于结构密封胶的粘结失效导致的。因此，对玻璃幕墙进行安全评估，现场检测结构胶的服役性能是一道必不可少的程序。本书4.2.1.2详细介绍了建筑幕墙结构胶的各种失效模式和表现，本章节就玻璃幕墙安全性能现场检测中涉及的结构密封胶检测项目中的一些常规和非常规方法进行阐述。

8.2　硅酮结构密封胶现场检测指标

目前，关于硅酮结构密封胶性能随时间变化规律的研究成果较少，无法通过某个单项指标的定量检测准确判断结构密封胶是否适于继续使用。考虑到对结构密封胶性能研究的最终目的仍着眼于评定既有玻璃幕墙是否继续适用，其表现状态主要集中在提供面板与框架的粘结强度、面板与框架存在的相对位移（变形）能力、胶体自身的形状及强度等几个方面。因而，检测机构需考虑通过一系列性能指标的检测来确定结构密封胶是否适于继续使用状态。目前，国内仅有上海市地方标准《建筑幕墙安全性能检测评估技术规程》DG/TJ 08803—2013[59]、广东省地方标准《建筑幕墙可靠性鉴定技术规程》DBJ/T 1588—2011[78]及四川省地方标准《既有玻璃幕墙安全使用性能检测鉴定技术规程》DB51/T 5068—2010[79]对硅酮结构密封胶性能现场检测做了规定。这3个地方标准对硅酮结构密封胶现场检测指标的共性要求列于表8-1。根据表8-1要求，硅酮结构密封胶的现场检测指标，主要包括：胶缝厚度、宽度，外观质量，邵氏硬度，胶母体强度，伸长率等。对某一具体幕墙工程进行安全性评估时，应根据现场和实验室检测的结果共同判断硅酮结构密封胶的粘结面质量是否适于继续使用。

三个地方标准对硅酮结构密封胶的检测要求[6]　　表8-1

检测指标	上海	广东	四川
	《玻璃幕墙安全性能检测评估技术规程》DG/TJ 08—803—2013	《建筑幕墙可靠性鉴定技术规程》DBJ/T 15—88—2011	《既有玻璃幕墙安全使用性能检测鉴定技术规程》DB51/T 5068—2010
胶的尺寸（宽/厚度）	检测硅酮结构胶宽度、厚度是否符合设计	将幕墙装配组件拆下，测量胶缝粘结宽度和厚度	—

续表

外观检查	从幕墙外侧检查时，玻璃与硅酮结构胶粘结面不应出现粘结不连续的缺陷，粘结面处玻璃表观应均匀一致；从幕墙内侧检查时，硅酮结构胶与相邻粘结材料处不应有变（褪）色、化学析出物等，也不应有潮湿漏水现象	目视观察法，判断硅酮结构是否有开裂、起泡、粉化、脱胶、变色、褪色和化学析出物等现象	从幕墙外侧检查时，玻璃与硅酮结构胶粘结面不应出现粘结不连续的缺陷，粘结面应均匀一致；从幕墙内侧检查时，硅酮结构胶与相邻粘结材料处不应有变（褪）色、化学析出物等现象
注胶质量	—	将幕墙结构装配组件拆下，切开胶缝体横截面，目测胶缝是否注胶饱满、有无气泡	—
粘结面质量检测	当铝合金型材表面采用有机涂层处理时，应检查硅酮结构胶底漆处理的施工记录。检查硅酮结构胶粘结面有无不相容现象	按《建筑用硅酮结构密封胶》GB 16776—2005 进行手拉剥离试验，检验硅酮结构胶与基材粘结面是否存在粘结面破坏	当铝合金型材表面采用有机涂层处理时，应检查硅酮结构胶底漆处理的施工记录，若无宜取样检测。检查硅酮结构胶粘结面有无不相容现象
邵氏硬度（邵 A）	按《建筑用硅酮结构密封胶》GB 16776—2005 检测	按《硫化橡胶或热塑性橡胶压入硬度试验方法 第 1 部分：邵氏硬度计法（邵尔硬度）》GB/T 531.1—2008 检测	按《建筑用硅酮结构密封胶》GB 16776—2005 检测
胶母体强度检测	按《建筑用硅酮结构密封胶》GB 16776—2005 检测	将胶体加工成 50mm×6mm×6mm 胶样（6 件），按本标准附录 A“既有建筑幕墙硅酮结构密封胶拉伸力学性能试验方法”检测	在附框上切取 50mm 长的胶样 30 件（6 组），按《建筑用硅酮结构密封胶》GB 16776—2005 分别进行国标 6 种状态的拉伸粘结性试验
胶母体伸长率	按《建筑用硅酮结构密封胶》GB 16776—2005 检测	采用胶母体强度检测用的胶样进行最大伸长率检测	采用胶母体强度检测用的胶样进行最大伸长率检测

8.3　常规检测方法[80]

常规法主要指通过外观目测、触碰检查胶材的宽度、厚度、密封性、老化程度、开裂程度等。采用钢直尺、塞尺检查胶材的宽度、厚度是否符合标准和设计要求；根据检测者的工作经验，通过外观目测或触碰检查胶材的密封性、老化程度或开裂程度，通常结构密封胶的外观质量应符合：1）从幕墙外侧检查时，玻璃与结构密封胶粘结面是否出现粘结不连续的缺陷，粘结面处玻璃表观是否均匀一致；2）从幕墙内侧检查时，结构密封胶与相邻粘结材料处有无变（褪）色、化学析出物等现象，有无潮湿、漏水现象。一般性的初步检查，可采用此类常规方法，该方法无法定量判断胶材的质量，判断结果和检测者的经验有关。

图 8-1　结构密封胶现场检测

8.4 规范法（现场拉伸试验）检测胶材[80]

《建筑用硅酮结构密封胶》GB 16776—2005 规定了施工时密封胶粘结性的现场测试方法，主要通过对胶材进行拉伸试验，确定胶材的粘结性，由于检测条件相似，该方法也可用于既有建筑幕墙胶材检测过程中。该方法是直接在现场拆卸下部分板块，固定在特制框架上，从而直接确定结构胶的拉伸粘结强度、并结合拉伸破坏断面形式判断粘结面质量是否符合标准要求，拉伸试示意图见图 8-2。

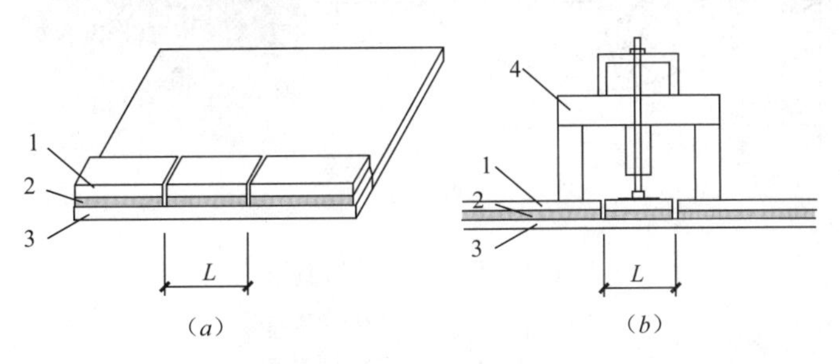

图 8-2 拉伸试验示意图[80]

(a) 拉伸试样制备示意图；(b) 拉伸粘结力测试示意图

1—副框；2—硅酮结构密封胶；3—玻璃；4—拉力试验机

试验步骤：1）将一定长度的副框和胶体完全切割开，记录切割长度 L；2）使用拉力装置，对被切割开的副框及胶体进行拉伸，记录最终拉力值 F；3）计算拉伸粘结强度，按式（8-1）进行：

$$\sigma = \frac{F}{A} = \frac{F}{a \times h} \tag{8-1}$$

式中 σ——结构密封胶拉伸粘结强度；

F——试验用拉力值；

A——结构密封胶受力横截面面积；

a——结构密封胶切割长度；

h——结构密封胶厚度。

根据《建筑用硅酮结构密封胶》GB 16776—2005[33]规定拉伸粘结强度≥0.6 MPa，延伸率≥100%。现场拉伸测试方法能在现场快速得到被测硅酮结构密封胶的拉伸粘结强度和延伸率，用于现场检测既有工程的胶材粘结面质量是否符合标准要求。

8.5 邵氏硬度法检测胶材[80]

《建筑用硅酮结构密封胶》GB 16776—2005 规定胶材的硬度范围为 20～60，对于现场裸露的密封胶或结构胶，可采用邵氏硬度计检测胶材的表面硬度，用以判定胶材的硬化程度。该方法简单、快捷，能定量化说明胶材的质量，结合常规检测方法（如外观目测、触碰检查）。原理为采用具有一定形状的钢制压针，在试验力作用下垂直压入试样表面，当压足表面与试样表面完全贴合时，压针尖端面相对压足平面有一定的伸出长度 L（图 8-3），以

L 值的大小来表征邵氏硬度的大小，L 值越大，表示邵氏硬度越低，反之越高。计算公式为：

$$HA = 100 - L/0.025 \tag{8-2}$$

式中　HA——结构密封胶的邵氏硬度。

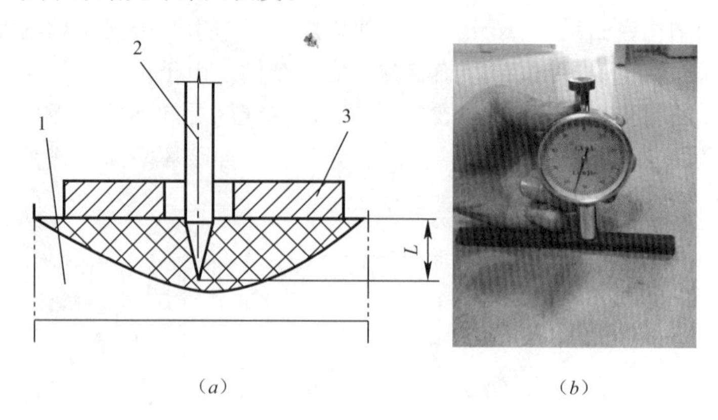

(a)　　(b)

图 8-3　邵氏硬度计检测示意
(a) 检测原理图；(b) 现场检测
1—试样；2—压针；3—压足

由于胶材的质量与多项指标有关（硬度只是其中指标之一），胶材品种较多，其初始邵氏硬度、硬度发展趋势不同，现有的试验数据尚不能全部反应各种硅酮结构密封胶邵氏硬度随时间而变化的规律，故单一的采用邵氏硬度计检测胶材的硬度以判定胶材质量的方法并不可行。邵氏硬度法应当结合常规检测方法（如外观目测、触碰检查等）或其他方法，综合判定胶材质量。

8.6　吸盘法和气囊法检测[80]

吸盘法模拟集中力荷载作用的现场检测方法来源于 ASTMC1394《评价原始构造硅酮门窗玻璃的标准指南》，该方法是根据设计风荷载，通过有限元计算分析得到等效的集中力荷载，由初始切割测试得到初始挠度，根据被测处的胶体挠度是否超过初始挠度来判断其粘结面质量是否合格。该法需配合使用反力架、千斤顶、力传感器、位移传感器等仪器使用，现场操作程序较多，过程控制较为严格。该方法适宜进行有限数量的室内试验，对于现场需抽样检测的玻璃幕墙，其使用条件和时间相对而言较为苛刻。其示意如图 8-4 所示。考虑到实际工程中，硅酮结构密封胶玻璃板块承受的是均布风荷载，因此，在现场检测时采用气囊加压来模拟均布风荷载，测量硅酮结构密封胶的变形，从而判断其粘结面质量是否满足要求。该方法是直接根据设计风荷载值进行均布荷载加压，由测量得到的胶体挠度与有限元计算得到的胶体挠度进行比较，推断出胶体应力，并判断其粘结面质量是否合格。其示意如图 8-5 所示。该法需配合试验位移计、压力表等装置，现场操作较为简单，在现场条件具备的前提下，可结合常规检测

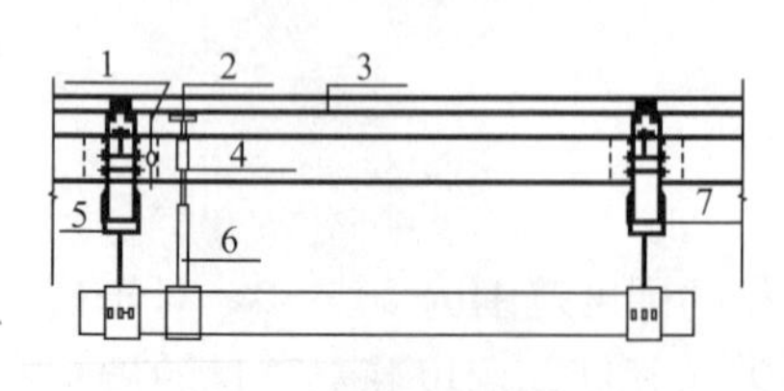

图 8-4　吸盘法示意图
1—位移传感器；2—钢圆盘；3—幕墙玻璃；
4—力传感器；5—夹具；
6—千斤顶；7—幕墙立柱

方法采用该法对玻璃幕墙胶材粘结质量进行综合评价。

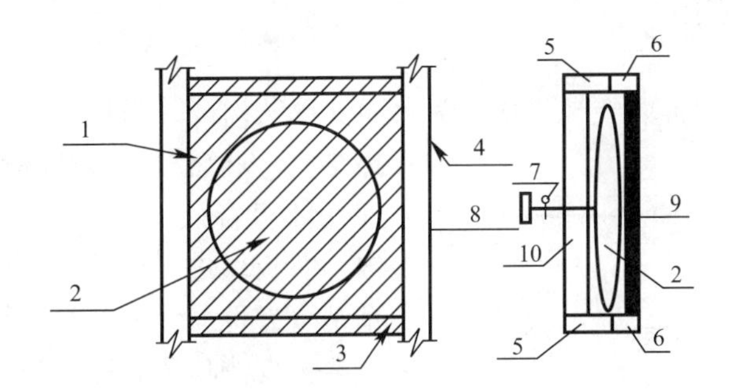

图 8-5　气囊法示意图

1—背板；2—气囊；3—横梁；4—铝合金竖框；5—支撑连接；6—横梁；7—压力表；8—充气加压装置；9—玻璃；10—背板

《结构密封胶装配玻璃失效评估标准指南》ASTM C 1392-00（2005）[81]提供了一种在已安装好的结构密封胶装配玻璃系统中，通过测量在局部加载的条件下所获得的挠度，来确定结构密封胶的失效部位，图 8-6 为检测示意图及现场检测图。其大致步骤为：首先，一个用结构密封胶完全粘结而成的现有方格，在其边缘处以不连续的定位方式从其侧面进行加载的条件下，测出该方格的挠度；然后，在几个被选定的方格上，故意对结构密封胶进行切割以模拟其失效状态，而且，在与前述相同的侧面加载条件下测量出这些方格的挠度；这样，在随后对该系统其他方格的测试过程中，上述这些挠度的测量结果便被用来作为确定密封胶是否已经失效的依据。评估其他方格，即测量其挠度，从而确定所有结构密封胶失效的程度。确定结构密封胶失效的方法是将所测得的挠度数值与先前所测得的失效件（即故意切割的）和未失效件的挠度结果进行比较，来确定结构胶是否脱胶失效及失效位置。

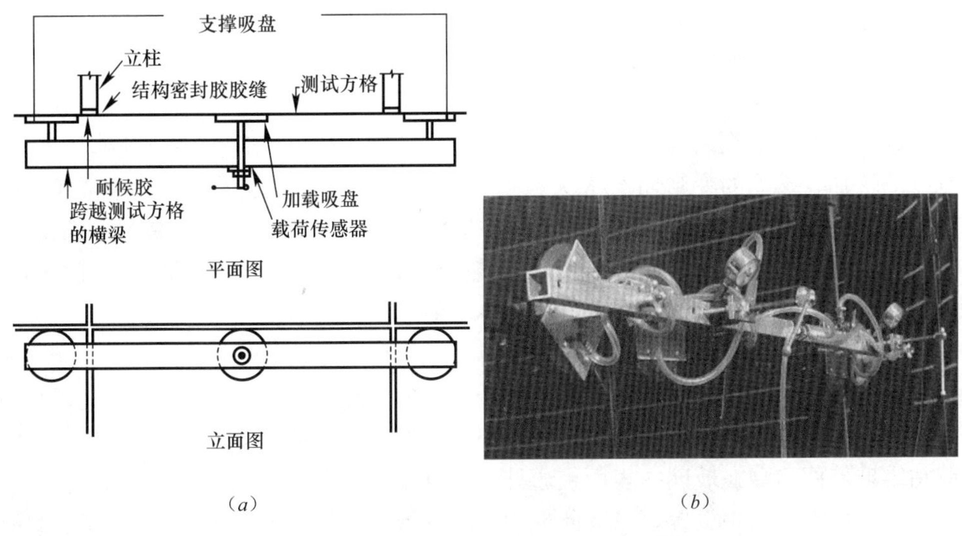

图 8-6　结构密封胶装配玻璃失效检测

(a) 检测示意图；(b) 现场检测图

8.7　推杆法检测[82]

推杆法检测，利用幕墙立柱或横梁为背面支撑结构，采用机械固定装置锁紧仪器与支撑结构。然后根据被测板块尺寸的大小，把刚性杆件组合成一定尺寸，在特定的加载位置内，对板块进行试验力加载，检验硅酮结构胶粘结可靠性。

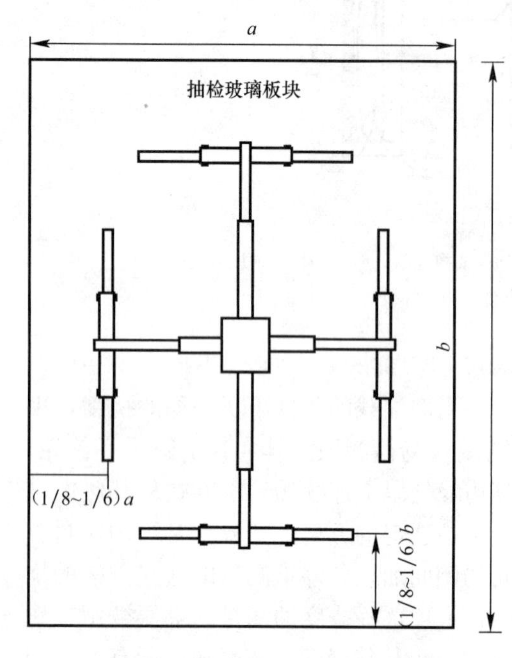

图 8-7　推杆法检测示意图

推杆法检测思路是通过加载手柄产生集中试验力，该集中试验力通过推杆分散成沿玻璃 4 条边长方向均匀的线荷载，然后通过近处玻璃传递给周边硅酮结构胶，考察硅酮结构胶、玻璃及附框之间的连接可靠性能。当杆件刚度符合一定技术要求时，加载位置一定时，根据试验验证，硅酮结构胶的受力状态可以近似等效为均匀荷载沿双向板传递，推杆法检测结果与静压箱法测试胶的变形量基本相同，其检测示意图见图 8-7。

推杆法检测技术要求如下：

（1）推杆刚度技术要求

由于推杆法手柄所产生的试验力为集中力，此集中力依靠四边推杆分解成线荷载，如果杆件的刚度较小，手柄产生的集中力作用下，推杆着力部位会发生较大的弯曲变形，导致试验力无法分解成均匀的线荷载。通过试验验证，加载所用各伸缩推杆刚度应满足加载刚度要求，即在 3 倍设计载荷作用下，长边推杆远端与近端压应变或拉应变差值不应大于 5%，这样推杆传递的荷载可以认为是集中力作用下沿杆件边长分成的等效线荷载。

（2）推杆加载位置

由于推杆法检测硅酮结构胶，推杆刚度增加了玻璃板块的刚度，在风荷作用下，玻璃板块刚度的增加，玻璃的变形将会大大减少，由于变形减少，胶的受力角度将变小，tan 值远低于 1/30，胶的侧向剪切力更小，根据试验研究结果，胶的变形值较静压箱偏小。为了与静压箱法建立等效受力效果，通过调节推杆离边缘胶缝的距离，降低整个试验板块的相对刚度，以达到胶受力状态与风压作用基本等效。

（3）仪表安装与固定

推杆法现场检测硅酮结构胶粘结可靠性，以胶的变形为主要监测对象，试验过程中采用分级加载，由于每级加载胶的变形增量较小，一般采用千分表监测胶的变形。由于硅酮结构胶粘结玻璃而隐藏在玻璃内表面板边处，千分表应在玻璃外侧固定，仪表指针应沿表面胶缝宽度方向垂直居中放置，只有此处测量的变形值才是胶的变形量，远离胶缝所测的结果是玻璃与胶的综合变形值，其量值上远大于胶自身变形量。

（4）试验力加载与读数

试验力加载采用分级加载，每级加载等效风压一般为250Pa。手动加载过程中应尽量保持匀速加载，加载速度及其均匀性直接影响着硅酮胶的变形量，每级加载时间一般以3～5min为宜。分级加载时，每一级应稳载一定时间，观察胶缝有无撕裂、脱胶等异常现象发生，并记录力值下降情况及胶的变形量。根据试验验证，胶的变形受稳载时间影响很大，5min稳载胶的变形量与1h稳载变形量差值可达10%～30%，试验结果表明，硅酮结构胶在分级试验力作用下稳载10～15min，胶的变形趋势趋于缓和与稳定，所以检测时应稳载15min，然后记录相关试验数据作为评价该级荷载作用下胶的连接可靠性依据。

8.8 振动测试法[72]

玻璃幕墙结构密封胶的失效模式主要体现在两个方面，一是结构密封胶的界面脱胶，二是结构胶的硬化和老化。同时，结构密封胶的硬化老化也会引发其与玻璃和铝合金附框的粘结性能退化。

（1）结构密封胶对幕墙玻璃粘结状态理论上能够通过幕墙玻璃的振动模态参数识别出来。对于简单的幕墙玻璃板而言，振动模态参数的变化与其四周约束状况有关。结构密封胶脱胶或粘结强度退化可实际表现为其对玻璃边界约束能力下降或消失。图8-8为通过试

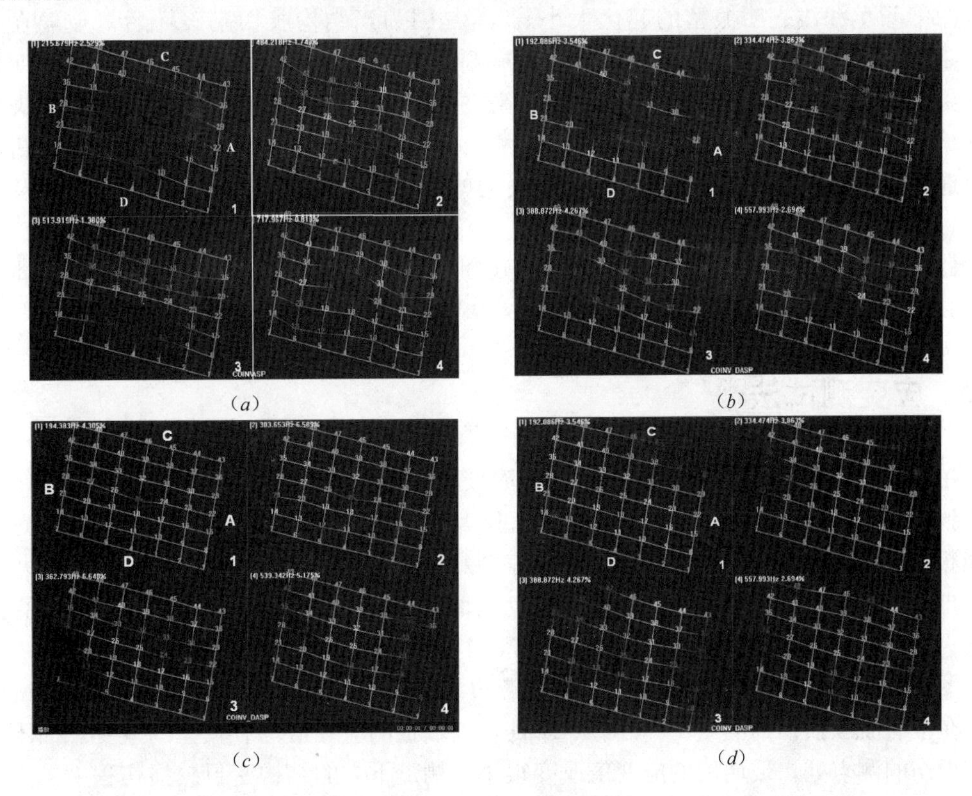

(a) (b) (c) (d)

图8-8 结构密封胶各种脱胶情况下玻璃前4阶位移模态振型图测试结果（一）

（a）未损伤；（b）A边损伤；（c）A+B边损伤；（d）A+B+C边损伤

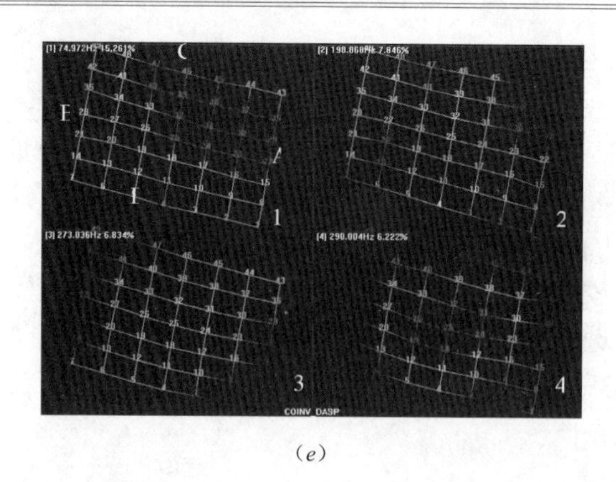

（*e*）

图 8-8　结构密封胶各种脱胶情况下玻璃前 4 阶位移模态振型图测试结果（二）
（*e*）A＋B＋C＋D 边损伤

验模拟各种结构密封胶脱胶失效状态下（试验采用人工切割结构胶方法进行模拟）对应的玻璃位移模态前四阶振型图，从图中可以看出，未切割前（结构密封胶粘结良好），玻璃的模态振型是典型的薄板在四边简支或边固支状态下的振动方式，说明此时各边因结构胶的粘结作用而受到横向振动方向上的位移约束。但当结构胶受到切割破坏而失效后，失效部位的玻璃边界的振型振幅明显增大。由图可以看出，无论按哪种方式切割，切割部位玻璃边界模态阶振型图的振幅都会增大，而未切割到的边的振型图没有振动起伏（图中颜色深浅表明振型的起伏大小）。这是因为当结构胶切割破坏后，玻璃在此处没有结构胶的粘结约束，因此该处的位移振幅明增大低。从图中还可以看出高阶变化比低阶更为明显，说明高阶振型识别精度更高。上面试验结果表明，结构胶的脱胶失效会引起玻璃位移模态发生明显改变。现场检测时，只要对幕墙玻璃面板进行模态分析，就可以通过模态振型图中玻璃四边的相对振动幅度变化，识别出结构胶是否脱胶及脱胶位置。

（2）结构密封胶脱胶及老化均会导致幕墙玻璃固有频率变化下降，具体分析见本书第 6 章 6.5 节和 6.6 节分析。

8.9　应变测试法[83]

在结构密封胶损伤的位置处，由于幕墙玻璃板和框架支座之间不能紧密的粘结，必然导致该位置处玻璃板振动时的动应变值比其他完好位置处更大。所以，只要测量出玻璃板在振动时各测点的动应变参数并综合比较，如果存在动应变数值相对很大的测点，即说明结构胶密封存在损伤状况，应变值相对很大的测点即对应着结构胶的损伤位置。

图 8-9 是通过试验获得的一块幕墙玻璃边缘带有脱胶损伤的应变测量结果，试验表明，在带有脱胶损伤的测点 19 和测点 21 处，玻璃板的应变值均有较大的改变，而不带有脱胶损伤的测点处，玻璃板的应变值改变很小。测点下方的结构密封胶损伤程度越大，则测点处的应变值改变越大。因此，玻璃板结构密封胶的损伤的位置和程度可以通过测点处的应变变化和变化程度来判断。

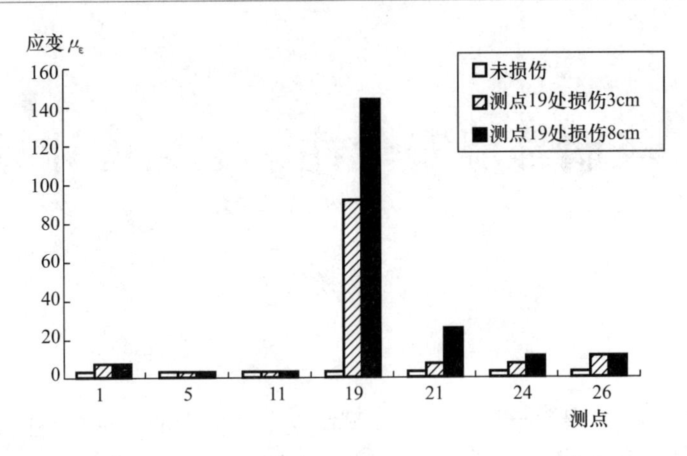

图 8-9 损伤和未损伤各测量点的最大动应变值[83]

第 9 章　玻璃幕墙安全性鉴定结构计算与验算

9.1　引言

对玻璃幕墙结构进行计算和验算是玻璃幕墙安全评估中的一道重要内容。对既有玻璃幕墙进行安全性鉴定时，存在如下几方面，需重新对玻璃幕墙结构进行计算和验算[22,58]：1）早期的玻璃幕墙由于缺乏设计规范和标准，致使该时段建设的幕墙没有进行结构计算；2）有些玻璃幕墙结构计算书存在计算模型错误、参数选择不合理等因素；3）部分玻璃幕墙（特别是早期的玻璃幕墙）没有对设计、施工、结构计算书等资料进行存档保管。

9.2　幕墙的结构理论[6,22,84,85]

众所周知，幕墙就其材质、用途、构造、外型和安装方法等划分类别很多，但从理论研究和设计计算的角度来说，建筑幕墙一般分为框格构造体系幕墙和嵌板构造体系幕墙。框格构造体系幕墙就是由垂直构件（立柱）和水平构件（横梁）以及镶嵌体（石材、玻璃、金属板等）组成。它们按制作与安装方法又可以分为元件式安装法和单元式安装法两种。嵌板构造体系幕墙是将板体整块固定在建筑物的主体结构上。由于外层是连续的薄的幕墙，承受水平荷载相对就差一些。通常可以采用凹槽、波浪（轧制）的板面，或者冲压成具有三维刚度的凹或凸形状，增强其承受水平荷载能力。这种幕墙按其制作与安装方法又可以分为层装设和预制嵌板整块装设等。我国目前采用的较多的是框格构造体系幕墙，明框幕墙、隐框幕墙、半隐框幕墙以及全玻璃幕墙皆属于这一类，因此幕墙的结构设计着重研究框格构造体系幕墙有着很大的现实意义。它的设计计算受力分析先从镶嵌件的计算入手，一般把它看作是四边都是铰接的简支板，并按照简支板的中线与 45°角分线相交的受荷分配法，将承受的荷载分别分配到四边的杆件上，然后按照简支梁来计算各杆件的内力，并把内力传至用于连接建筑物主体和镶嵌件的固定的支座上。相对来说，嵌板构造体系幕墙的内力分析就要简单一些，就是将板面（不带附框）受荷一次性传至建筑物的连接节点上。

幕墙是按照围护结构来进行设计和计算的。幕墙是悬挂在建筑物的主体结构上的，在小震下保持弹性，不产生损坏。这时，幕墙也应该是处于弹性状态的。因此，与幕墙有关的内力计算均可以采用弹性计算方法进行计算。目前，在我国以概率理论为基础的极限状态最大应力法已经逐渐取代了以经验为主的定值表达的允许应力设计法。由于幕墙同时承受重力荷载、风荷载多种荷载和作用，所产生的内力比较复杂。幕墙的结构设计标准是在正常荷载和作用下不产生损害，且幕墙结构处于弹性状态中。所以，幕墙的结构设计理论是采用以概率理论为基础的极限状态最大应力方法，同时采用弹性计算方法进行构件的内力计算。

9.3 幕墙的设计原理[22]

9.3.1 幕墙的设计

框格构造体系幕墙的计算主要是研究它的框格组成以及其受力分析。隐框玻璃幕墙的组成特点就是用硅酮结构胶将玻璃粘结在附框上，附框悬挂在框格上。因此，对于隐框（半隐框）玻璃还要对结构胶进行专门的承载力设计。所谓幕墙结构设计与计算就是研究幕墙承受荷载和作用的结构构件的受力分析和内力计算，进而研究幕墙的构件材料的承载力核算。

设计的一般原则有以下五条：

（1）幕墙是建筑物的外围护结构，是悬挂在主体结构上，因此是按围护结构进行设计的，它满足的基本功能要求就是不承受主体结构的荷载及作用，只承受自重作用以及直接作用于其上的风荷载、地震作用等；

（2）幕墙以及其连接件应该具有足够的刚度、承载力和相对于主体结构的一定的位移能力，能避免在荷载和作用下产生过大的变形、妨碍使用甚至破坏；

（3）对于非抗震设计的幕墙，在风荷载的作用下，玻璃要做到不破碎，连接件也应有足够的位移能力使幕墙不破损和不脱落；

（4）对于抗震设计的幕墙，在遇烈度地震作用下，幕墙要不破损，应保持完好；在设防烈度地震作用下，一般情况下只允许部分面板（玻璃、金属板、石材等）破碎，经过修理后幕墙仍可以继续使用；在罕遇地震作用下，幕墙虽然遭到严重破坏，但幕墙骨格不应产生脱落；

（5）幕墙构件。设计时，应考虑重力荷载、地震作用、风荷载、温度作用以及主体结构位移影响下的安全性。

9.3.2 幕墙的结构计算原理

（1）承载力表达方式

承载力表达方式有两种：一是我国多数设计规范所采用的内力表达方式；二是钢结构设计规范所采用的应力表达方式。

玻璃幕墙由于受外荷载、温度作用或地震作用产生的内力比较复杂，有轴向力、弯矩等，为了方便设计，采用应力表达式更合适：

$$\sigma \leqslant f \tag{9-1}$$

式中 σ——各种荷载及作用产生应力的设计值；

f——材料强度的设计值。

（2）幕墙结构安全度

幕墙结构的安全度 K 取决于荷载的取值和材料强度的比值，即

$$K \sim \frac{P}{f} \tag{9-2}$$

按某一规范进行设计时，必须要按照该规范的规定的计算方法计算荷载 P 和强度 f，不允许出现荷载采用某一规范计算，而强度又按照另一规范进行计算，这样会产生设计安全度过低的情况。

所以，在进行安全度的比较时，不能将我国规范与外国规范在“相同的风荷载”下比较，而是应该按照各自风荷载的计算方法进行计算。

（3）荷载与作用效应的组合

幕墙构件是按采用弹性方法计算的，其截面应力设计值不应超过材料的强度设计值。幕墙作为外围护结构，主要承受重力荷载、风荷载、地震作用及温度作用，这些荷载和作用产生的效应按最不利进行组合。荷载和作用效应按下列方式进行组合：

1）不需要考虑地震作用的时候，应按照下式进行组合：

$$S = \gamma_G S_{Gk} + \psi_W \gamma_W S_{Wk} \tag{9-3}$$

2）当需要考虑地震作用的时候，应按照下式进行组合：

$$S = \gamma_G S_{Gk} + \psi_W \gamma_W S_{Wk} + \psi_E \gamma_E S_{Ek} \tag{9-4}$$

式中　S——荷载和作用产生的效应经过组合后的设计值；

γ_E、γ_W、γ_G——分别为地震作用、风荷载、永久荷载的分项系数；

ψ_E、ψ_W——分别表示在进行作用效应组合时地震作用以及风荷载的组合值系数；

S_{Ek}、S_{Wk}、S_{Gk}——分别表示在进行组合之前各地震作用效应、风荷载效应以及永久荷载效应的标准值。

在荷载和作用效应组合时，永久荷载、风荷载、地震作用的分项系数 γ_G、γ_W、γ_E 的取值分别为：1.2、1.4、1.3。其中当永久荷载的效应是起控制作用的时候，并且进行组合的可变荷载效应只有竖向荷载效应，γ_G 可以取为 1.35；当永久荷载的效应对构件起到有利的作用时，γ_G 的取值不应大于 1。风荷载的组合值系数 γ_W 取 1.0，地震作用的组合值系数 γ_E 取 0.5。

（4）风荷载计算

风荷载是作用于幕墙上的一种主要直接作用，它垂直于幕墙的表面上。所以对于竖直的玻璃幕墙来说，风荷载是主要的作用，按照规范计算，其数值一般可达到 2.0～5.0kN/m²，玻璃面板会产生很大的弯曲应力。相对而言，幕墙自重较轻，地震作用即使按最大地震作用系数，也不过是 0.1～0.3kN/m²，远远小于风力，所以，对幕墙构件本身来说，抗风是最主要的考虑因素。

幕墙是一种薄壁的外围护结构，作用在幕墙上的风荷载的标准值可按下式进行计算：

$$w_k = \beta_{gz} \mu_{si} \mu_z w_0 \tag{9-5}$$

式中　w_k——作用在幕墙上的风荷载的标准值（kN/m²）；

β_{gz}——在高度 z 处考虑到瞬时风会比平均风较大而要乘的阵风系数；

μ_{si}——局部风压体型系数；

μ_z——风压随建筑物高度的增加而增大的风压高度变化系数；

w_0——基本风压（kN/m²），应根据《建筑结构荷载规范》GB 50009—2012 附录 E 中表 E.5 采用。

（5）地震作用计算

地震是一种突发性自然灾害，它是地球内部发生的急剧破裂产生的震波，在一定范围内引起地面振动的现象。地震对建筑物的破坏主要有三种方式：上下颠簸、水平摇摆、左右扭转。而且大多数情况下，是这三种方式的复合作用，这时破坏力很大。所以在幕墙结构设计中要充分考虑地震作用。

垂直于玻璃幕墙平面的分布水平地震作用标准值可按照式（9-6）进行计算：

$$q_{Ek} = \frac{\beta_E \alpha_{max} G_k}{A} \tag{9-6}$$

式中　q_{Ek}——垂直于幕墙平面的分布水平地震作用标准值（kN/m^2）；

β_E——动力放大系数，可取5.0；

α_{max}——水平地震影响系数最大值；

G_k——幕墙构件的总重（kN）；

A——玻璃幕墙平面面积（m^2）。

由于玻璃是脆性材料，为使在设防烈度下不产生破损伤人的安全事故，考虑了动力放大系数β_E，且按照《建筑抗震设计规范》中有关非结构构件的地震作用计算规定，取为5.0。这样经过放大后的地震作用，大体就相当于在设防地震下的地震作用。

（6）温度作用

在玻璃幕墙结构中，温度的变化能够使玻璃面板、支承结构和胶缝产生附加应力和变形。在结构设计中，温度作用的影响一般通过建筑或结构构造措施就可以解决，而不需要进行计算，实践也证明了这是简单且可行的办法。在2003年以前的旧规范中考虑了年温度变化下的玻璃挤压应力的计算以及玻璃边缘与中央温度差引起的应力计算，但在《玻璃幕墙工程技术规范》JGJ 102—2003中，温度作用的计算已被取消。

（7）雪载荷计算

雪载荷是玻璃幕墙采光顶主要载荷之一。在我国寒冷地区及其他大雪地区，玻璃采光顶对雪载荷更为敏感，因雪压导致玻璃采光顶破坏的事故时有发生，合理确定雪载荷的大小及其在玻璃采光顶上的分布，将直接影响玻璃采光顶的安全性、适用性和经济性。

玻璃采光顶水平投影面上的雪载荷标准按下式进行计算。

$$S_k = \mu_r S_0 \tag{9-7}$$

式中　S_k——雪载荷标准值（kN/m^2）；

μ_r——屋面积雪分布系数；

S_0——基本雪压（kN/m^2）。

9.4　框支承玻璃幕墙结构设计计算[85]

9.4.1　玻璃计算

框支承玻璃幕墙单片玻璃的厚度不应小于6mm，夹层玻璃的单片玻璃厚度不宜小于5mm，夹层玻璃和中空玻璃的单片玻璃厚度差不宜大于3mm。

（1）单片玻璃

1）单片玻璃在垂直于玻璃幕墙平面的风载荷和地震作用下，玻璃截面最大应力计算如下：

$$\sigma_{\mathrm{wk}}=\frac{6mw_{\mathrm{k}}a^2}{t^2}\eta \tag{9-8}$$

$$\sigma_{\mathrm{Ek}}=\frac{6mq_{\mathrm{Ek}}a^2}{t^2}\eta \tag{9-9}$$

$$\theta=\frac{w_{\mathrm{k}}a^4}{Et^2}\text{ 或 }\theta=\frac{(w_{\mathrm{k}}+0.5q_{\mathrm{Ek}})a^4}{Et^4} \tag{9-10}$$

式中　θ——参数；

σ_{wk}、σ_{Ek}——分别为垂直于玻璃幕墙平面的风载荷、地震作用下玻璃截面的最大应力标准值（$\mathrm{N/mm^2}$）；

w_{wk}、q_{Ek}——分别为垂直于玻璃幕墙平面的风载荷、地震作用标准值（$\mathrm{N/mm^2}$）；

a——矩形玻璃板材短边边长（mm）；

t——玻璃的厚度（mm）；

E——玻璃的弹性模量（$\mathrm{N/mm^2}$）；

m——弯矩系数，可由玻璃短边与长边边长之比（a/b）按表 9-1 采用；

η——折减系数，可由参数 θ 按表 9-2 采用。

四边支承玻璃板的弯矩系数 m　　**表 9-1**

a/b	0.00	0.25	0.33	0.40	0.50	0.55	0.60	0.65
m	0.1250	0.1230	0.1180	0.1115	0.1000	0.0934	0.0868	0.0804
a/b	0.70	0.75	0.80	0.85	0.90	0.95	1.00	—
m	0.0742	0.0683	0.0628	0.0576	0.0528	0.0483	0.0442	—

折减系数 η　　**表 9-2**

θ	≤5	10.0	20.0	40.0	60.0	80.0	100.0
η	1.00	0.96	0.92	0.84	0.78	0.73	0.68
θ	120.0	150.0	200.0	250.0	300.0	350.0	≥400.0
η	0.0742	0.0683	0.0628	0.0576	0.0528	0.0483	0.0442

2）单片玻璃在风载荷作用下的跨中挠度，按式（9-1）、式（9-2）进行：

① 单片玻璃的刚度计算公式为：

$$D=\frac{Et^3}{12(1-\nu^2)} \tag{9-11}$$

式中　D——玻璃的刚度（Nmm）；

t——玻璃的厚度（mm）；

ν——玻璃的泊松比（取值为 0.22）。

② 单片玻璃的跨中挠度按式（9-12）进行计算（也可采用有限元进行计算）：

$$d_{\mathrm{f}}=\frac{\mu w_{\mathrm{k}}a^4}{D}\eta \tag{9-12}$$

式中　d_{f}——在风载荷标准值作用下挠度最大值（mm）；

w_{k}——垂直于玻璃幕墙平面的风载荷标准值（$\mathrm{N/mm^2}$）；

μ——挠度系数，可由玻璃板短边与长边边长之比，按表 9-3 采用；

η——折减系数，按表 9-3 采用。

折减系数 η **表 9-3**

a/b	0.00	0.20	0.25	0.33	0.50	0.55	0.60	0.65
μ	0.01302	0.01297	0.01282	0.01223	0.01013	0.00940	0.00867	0.00796
a/b	0.70	0.75	0.80	0.85	0.90	0.95	1.00	—
μ	0.00727	0.00663	0.00603	0.00547	0.00496	0.00449	0.00406	—

（2）夹层玻璃

1）作用于夹层玻璃上的风载荷和地震作用按式（9-13）～式（9-16）进行计算。

$$w_{k1}=w_k\frac{t_1^3}{t_1^3+t_2^3} \tag{9-13}$$

$$w_{k2}=w_k\frac{t_2^3}{t_1^3+t_2^3} \tag{9-14}$$

$$q_{Ek1}=q_{Ek}\frac{t_1^3}{t_1^3+t_2^3} \tag{9-15}$$

$$q_{Ek2}=q_{Ek}\frac{t_2^3}{t_1^3+t_2^3} \tag{9-16}$$

式中 w_k——作用于夹层玻璃上的风载荷标准值（N/mm^2）；

w_{k1}、w_{k2}——分别为分配到各单片玻璃的风载荷标准值（N/mm^2）；

q_{Ek}——作用于夹层玻璃上的地震作用标准值（N/mm^2）；

q_{Ek1}、q_{Ek2}——分别为分配到各单片玻璃的地震作用标准值（N/mm^2）；

t_1、t_2——分别为各单片玻璃的厚度（mm）。

确定了分配到夹层玻璃各片玻璃上的载荷后，其应力可按单片玻璃计算公式进行计算。

2）夹层玻璃的挠度可按式（9-12）进行计算，此时，夹层玻璃按等效厚度进行计算，其等效厚度由式（9-17）确定：

$$t_e=\sqrt[3]{t_1^3+t_2^3} \tag{9-17}$$

式中 t_e——夹层玻璃的等效厚度（mm）。

（3）中空玻璃

中空玻璃是由两片玻璃和中间是空气层组成，所以中空玻璃的内、外两片玻璃均可以按以下单片玻璃分别进行计算。

1）作用在中空玻璃上的风荷载标准值可以按照式（9-18）、式（9-19）分配到两片玻璃上：

$$w_{k1}=1.1w_k\frac{t_1^3}{t_1^3+t_2^3} \tag{9-18}$$

$$w_{k2}=w_k\frac{t_2^3}{t_1^3+t_2^3} \tag{9-19}$$

式中 w_k——作用在中空玻璃上的风荷载标准值（N/mm^2）；

w_{k1}、w_{k2}——分别表示直接承受风荷载作用的单片玻璃所承受的风荷载标准值和不直接承受风荷载作用的单片玻璃所承受的风荷载标准值（N/mm^2）；

t_1、t_2——分别表示直接承受风荷载作用和不直接承受风荷载作用的单片玻璃厚度（mm）。

2）作用于中空玻璃上的地震作用标准值，可根据各单片玻璃的自重，按式（9-8）进行计算。

3）确定了分配到中空玻璃各片玻璃上的载荷后，其应力可按单片玻璃计算公式进行计算。

4）中空玻璃的挠度可按式（9-12）进行计算，此时，夹层玻璃按等效厚度进行计算，其等效厚度由式（9-20）确定：

$$t_e = 0.95\sqrt[3]{t_1^3 + t_2^3} \tag{9-20}$$

9.4.2　横梁以及立柱的截面的计算[85]

应根据板材在横梁上的支承状况决定横梁的载荷，并计算横梁承受的弯矩和剪力。当采用大跨度开口截面横梁时，宜考虑约束扭转产生的双力矩。单元式玻璃幕墙采用组合梁时，横梁上、下两部分应按各自承担的载荷和作用分别进行计算。

（1）横梁截面受弯承载力可以按照式（9-21）进行计算：

$$\frac{M_x}{\gamma W_{nx}} + \frac{M_y}{\gamma W_{ny}} \leqslant f \tag{9-21}$$

式中　M_x——横梁绕截面 x 轴（平行于幕墙平面方向）的弯矩设计值（N·mm）；

M_y——横梁绕截面 y 轴（垂直于幕墙平面方向）的弯矩设计值（N·mm）；

W_{nx}——横梁截面绕截面 x 轴（幕墙平面内方向）的净截面抵抗矩（mm^3）；

W_{ny}——横梁截面绕截面 y 轴（垂直于幕墙平面方向）的净截面抵抗矩（mm^3）；

γ——塑性发展系数，可取1.05；

f——型材抗弯强度设计值 f_a 或 f_s（N/mm^2）。

（2）横梁截面受剪承载力按下式进行计算：

$$\frac{V_y S_x}{I_x t_x} \leqslant f \tag{9-22}$$

$$\frac{V_x S_y}{I_y t_y} \leqslant f \tag{9-23}$$

式中　V_x——横梁水平方向（x 轴）的剪力设计值（N）；

V_y——横梁竖直方向（y 轴）的剪力设计值（N）；

S_x——横梁截面绕 x 轴的毛截面面积矩（mm^3）；

S_y——横梁截面绕 y 轴的毛截面面积矩（mm^3）；

I_x——横梁截面绕 x 轴的毛截面惯性矩（mm^3）；

I_y——横梁截面绕 y 轴的毛截面面积矩（mm^3）；

t_x——横梁截面垂直于 x 轴腹板的截面总宽度（mm）；

t_y——横梁截面垂直于 x 轴腹板的截面总宽度（mm）；

f——型材抗剪强度设计值（mm）。

玻璃在横梁上偏置使横梁产生较大的扭矩时，应进行横梁抗扭承载力计算。

（3）承受轴力和弯矩作用的立柱，其承载力应符合式（9-24）要求：

$$\frac{N}{A_n}+\frac{M}{\gamma W_n}\leqslant f \tag{9-24}$$

式中 N——立柱的轴力设计值（N）；

M——立柱的弯矩设计值（N·mm）；

A_n——立柱的净截面面积（mm^2）；

W_n——立柱在弯矩作用方向的净截面抵抗矩（mm^3）；

γ——截面塑性发展系数，可取1.05；

f——型材抗弯强度设计值 f_a 或 f_s（N/mm^2）。

（4）承受轴压力和弯矩作用的幕墙立柱，其在弯矩作用方向的稳定性按式（9-25）计算：

$$\frac{N}{\varphi A}+\frac{M}{\gamma W(1-0.8N/N_E)}\leqslant f \tag{9-25}$$

其中：$N_E=\frac{\pi^2 EA}{1.1\lambda^2}$

式中 N——立柱的轴压力设计值（N）；

N_E——临界轴压力（N）；

M——立柱的最大弯矩设计值（N·mm）；

φ——弯矩作用平面内的轴心受压的稳定系数，按表9-4采用；

A——立柱的毛截面面积（mm^2）；

W——在弯矩作用方向上较大受压边的毛截面抵抗矩（mm^3）；

λ——长细比；

γ——截面塑性发展系数，可以取值1.05；

f——型材抗弯强度设计值 f_a 或 f_s（N/mm^2）。

轴心受压柱的稳定系数 **表9-4**

长细比λ	钢型材		铝型材		
	Q235	Q345	6063-T5 6061-T4	6063-T6 6063A-T5 6063A-T6	6061-T6
20	0.97	0.96	0.98	0.96	0.92
40	0.90	0.88	0.88	0.84	0.80
60	0.81	0.73	0.81	0.75	0.71
80	0.69	0.58	0.70	0.58	0.48
90	0.62	0.50	0.63	0.48	0.40
100	0.56	0.43	0.56	0.38	0.32
110	0.49	0.37	0.49	0.34	0.26
120	0.44	0.32	0.41	0.30	0.22
130	0.39	0.28	0.33	0.26	0.19
140	0.35	0.25	0.29	0.22	0.16
150	0.31	0.21	0.24	0.19	0.14

9.5　全玻幕墙结构设计计算[85]

9.5.1　玻璃

（1）面板玻璃厚度不宜小于 10mm，夹层玻璃单片厚度不应小于 8mm；

（2）面板玻璃通过胶缝与玻璃肋相连接时，面板可作为支承于玻璃肋的单项简支板设计。其应力与挠度可分别按本章 9.4.1 给出的计算公式进行计算。公式中的 a 值应取为玻璃面板的跨度，系数 m 和 μ 可分别取为 0.125 和 0.013；面板为夹层玻璃或者中空玻璃时，可按本章 9.4.2 和 9.4.3 给出的公式计算；面板为点支承时，可按本章 9.6.1 中给出的公式计算。

（3）通过胶缝与玻璃肋连接的面板，在风载荷标准值作用下，其挠度限值宜取其跨度的 1/60；点支承面板的挠度限值宜取其支承点间较大边长的 1/60。

9.5.2　玻璃肋

（1）全玻幕墙玻璃肋的界面厚度不应小于 12mm，截面高度不应小于 100m；

（2）全玻幕墙玻璃肋的截面高度可按式（9-26）、式（9-27）计算：

$$h_r=\sqrt{\frac{3wlh}{8f_g t}}\text{（双肋）} \tag{9-26}$$

$$h_r=\sqrt{\frac{3wlh}{4f_g t}}\text{（单肋）} \tag{9-27}$$

式中　h_r——玻璃肋截面高度（mm）；

w——风载荷设计值（N/mm^2）；

l——两肋之间的玻璃面板跨度（mm）；

f_g——玻璃侧面强度设计值（N/mm^2）；

t——玻璃肋截面厚度（mm）；

h——玻璃肋上、下支点的距离，即计算跨度（mm）。

（3）全玻幕墙玻璃肋在风载荷标准值作用下的挠度，按式（9-28）、式（9-29）计算：

$$d_f=\frac{5}{32}\times\frac{w_k l h^4}{E t h_r^3}\text{（单肋）} \tag{9-28}$$

$$d_f=\frac{5}{64}\times\frac{w_k l h^4}{E t h_r^3}\text{（双肋）} \tag{9-29}$$

式中　w_k——风载荷标准值（N/mm^2）；

E——玻璃弹性模量（N/mm^2）。

（4）在风载荷标准值作用下，玻璃肋的挠度限值为计算跨度的 1/200。

9.5.3　胶缝

全玻幕墙胶缝承载力按下列公式计算：

1）与玻璃面板平齐或突出的玻璃肋：

$$\frac{ql}{2t_1} \leqslant f_1 \tag{9-30}$$

2）后置或骑缝的玻璃肋：

$$\frac{ql}{t_2} \leqslant f_1 \tag{9-31}$$

式中 q——垂直于玻璃面板的分布载荷设计值（N/mm^2），抗震设计时应包含地震作用计算的分布荷载设计值；

l——两肋之间的玻璃面板跨度（mm）；

t_1——胶缝宽度，取玻璃面板截面厚度（mm）；

t_2——胶缝宽度，取玻璃肋截面厚度（mm）；

f_1——硅酮结构密封胶在风载荷作用下的强度设计值，取值0.2N/mm^2。

9.6 点支承玻璃幕墙结构设计计算[85]

9.6.1 玻璃面板

在垂直于幕墙平面的风载荷和地震作用下，四点支承玻璃面板的应力和挠度的公式计算如下：

最大应力标准值和最大挠度按式（9-32）、式（9-35）计算，也可按考虑几何非线性的有限元方法计算。

$$\sigma_{wk} = \frac{6mw_k b^2}{t^2}\eta \tag{9-32}$$

$$\sigma_{Ek} = \frac{6mw_{Ek} b^2}{t^2}\eta \tag{9-33}$$

$$d_f = \frac{\mu w_k b^4}{D}\eta \tag{9-34}$$

$$\theta = \frac{w_k b^4}{Et^4} \text{ 或 } \theta = \frac{(w_k + 0.5q_{Ek})b^4}{Et^4} \tag{9-35}$$

式中 θ——参数；

σ_{wk}、σ_{Ek}——分别为风载荷、地震作用下玻璃截面的最大应力标准值（N/mm^2）；

d_f——在风载荷标准值作用下挠度最大值（mm）；

w_k、q_{Ek}——分别为垂直于玻璃幕墙平面的风载荷、地震作用标准值（N/mm^2）；

b——支承点间玻璃面板长边边长（mm）；

t——玻璃的厚度（mm）；

m——弯矩系数，可由支承点间玻璃板短边与长边边长之比 a/b 按表9-5采用；

μ——挠度系数，可由支承点间玻璃板短边与长边边长之比 a/b 按表9-6采用；

η——折减系数，可由参数 θ 按表9-2采用；

D——玻璃面板的刚度（N·mm）。

四点支承玻璃板的弯矩系数　　　　**表 9-5**

a/b	0.00	0.20	0.30	0.40	0.50	0.55	0.60	0.65
m	0.1250	0.1260	0.1270	0.1290	0.1300	0.1320	0.1340	0.1360
a/b	0.70	0.75	0.80	0.85	0.90	0.95	1.00	—
m	0.1380	0.1400	0.1420	0.1450	0.1480	0.1510	0.1540	—

四点支承玻璃板的挠度系数　　　　**表 9-6**

a/b	0.00	0.20	0.30	0.40	0.50	0.55	0.60	0.65
μ	0.01302	0.01317	0.01335	0.01367	0.01417	0.01451	0.01496	0.01555
a/b	0.70	0.75	0.80	0.85	0.90	0.95	1.00	—
μ	0.01630	0.01725	0.01842	0.01984	0.02157	0.02363	0.02603	—

9.6.2　支承装置

（1）支承装置应符合《建筑玻璃点支承装置》JG/T 138—2010 的规定；

（2）支承头应能适应玻璃面板在支承点处的转动变形；

（3）支承头的钢材与玻璃之间宜设置弹性材料的衬垫或衬套，衬垫和衬套的厚度不宜小于 1mm；

（4）除承受玻璃面板所传递的载荷作用外，支承装置不应兼做其他用途。

（5）驳接头螺杆的径向承载力设计值 F_1 应符合表 9-7 的规定。

驳接头螺杆的径向承载力设计值 F_1（kN）　　　　**表 9-7**

螺杆规格	螺杆长度（mm）		
	$l\leqslant30$	$30<l\leqslant40$	$40<l\leqslant50$
M8	0.22	0.17	0.14
M10	0.43	0.32	0.26
M12	0.76	0.57	0.45
M14	1.21	0.91	0.72
M16	1.87	1.40	1.12
M18	2.59	1.94	1.55

（6）驳接头螺杆的轴向承载力设计值 F_2 应符合表 9-8 的规定。

驳接头螺杆的轴向承载力设计值 F_2（kN）　　　　**表 9-8**

螺杆规格	M8	M10	M12	M14	M16	M18
轴向承载力 F_2	7.30	11.50	16.70	22.80	30.60	37.90

9.6.3　支承结构

（1）点支承玻璃幕墙的支承结构宜单独进行计算，玻璃面板不宜兼做支承结构的一部分。复杂的支承结构宜采用有限元方法进行计算分析；

（2）玻璃肋可按本章 9.5 节进行分析；

（3）支承钢结构的设计应符合《钢结构设计规范》GB 50017—2013 的有关规定；

（4）单根型钢或钢管作为支承结构时，应满足下列要求：

1）端部与主体结构的连接构造应能适应主体结构的位移；

2）竖向构件宜按偏心受压构件或偏心受拉构件设计；水平构件宜按双向受弯构件设计，有扭矩作用时，应考虑扭矩的不利影响；

3）受压杆件的长细比λ不应大于150；

4）在风载荷标准值作用下，挠度限值宜取其跨度的1/250，计算时，悬臂结构的跨度可取其悬挑长度的2倍。

（5）桁架或空腹桁架设计应符合下列规定：

1）可采用型钢或钢管作为杆件。采用钢管时宜在节点处直接焊接，主管不宜开孔，支管不应穿入主管内；

2）钢管外直径不宜大于壁厚的50倍，支管外直径不宜小于主管外直径的0.3倍。钢管壁厚不宜小于4mm，主管壁厚不应小于支管壁厚；

3）桁架杆件不宜偏心连接。弦杆与附件、附杆与附杆之间的夹角不宜小于30°；

4）焊接钢管桁架宜按刚接体系计算，焊接钢管空腹桁架应按刚接体系计算；

5）轴心受压或偏心受压的桁架杆件，长细比不应大于150；轴心受拉或偏心受拉的桁架杆件，长细比不应大于350；

6）当桁架或空腹桁架平面外的不动支承点相距较远时，应设置正交方向上的稳定支撑结构；

7）在风载荷标准值作用下，其挠度极限值宜取跨度的1/250。计算时，弦臂桁架的跨度可取其悬挑长度的2倍；

（6）张拉索杆体系设计应符合下列规定：

1）应在正、反两个方向上形成承受风载荷或地震作用的稳定结构体系。在主要受力方向的正交方向，必要时应设置稳定性拉杆、拉索或桁架；

2）连接件、受压杆和拉杆宜采用不锈钢材料，拉杆直径不宜小于10mm，自平衡体系的受压杆件可采用碳素结构钢。拉索宜采用不锈钢绞线、高强钢绞线、也可采用铝包钢绞线。钢绞线的钢丝直径不宜小于1.2mm，钢绞线直径不宜小于8mm。采用高强钢绞线时，其表面应作防腐涂层；

3）结构力学分析时宜考虑几何非线性的影响；

4）与主体结构的连接部位应能适应主体结构的位移，主体结构应能承受拉杆体系或拉索体系的预拉力和载荷作用；

5）自平衡体系、杆索体系的受压杆件的长细比不应大于150；

6）拉杆不宜采用焊接，拉索可采用冷挤压锚具连接，拉索不应采用焊接；

7）在风载荷标准值作用下，起挠度限值宜取其支承点距离的1/200。

（7）张拉杆索体系的预拉力最小值，应使拉杆或拉索在载荷设计值作用下保持一定的预拉力储备。

9.7 硅酮结构密封胶设计计算[85]

（1）硅酮结构密封胶的粘结宽度和粘结厚度应经计算确定，且粘结宽度不应小于

7mm，其粘结厚度不应小于 6mm，它的粘结宽度宜大于厚度，但不宜大于厚度的 2 倍。隐框玻璃幕墙的结构胶的粘结厚度不应大于 12mm。

（2）硅酮结构密封胶应根据不同的受力情况进行承载力极限状态验算。在风载荷、水平地震作用下，硅酮结构密封胶的应力设计值应不大于其短期载荷作用下的强度设计值（应取 0.2N/mm^2）；在永久载荷作用下，硅酮结构密封胶的应力设计值应不大于其长期载荷作用下的强度设计值（应取 0.01N/mm^2）。隐框幕墙中严禁硅酮结构密封胶单独承受剪切应力。

（3）隐框、半隐框玻璃幕墙中，玻璃和铝框之间硅酮结构密封胶的粘结宽度，应根据受力情况按下列公式进行计算和验算。

1）在风载荷作用下，粘结宽度 c_s 应按照式（9-36）进行计算：

$$c_s = \frac{wa}{2000 f_1} \tag{9-36}$$

式中　c_s——硅酮结构密封胶的粘结宽度（mm）；

w——作用在计算单元的风荷载设计值（kN/m^2）

a——矩形玻璃板的短边长度（mm）；

f_1——是结构胶在风荷载或地震作用下的强度设计值，可取 0.2N/mm^2。

2）在风荷载和水平地震作用下，硅酮结构密封胶粘结宽度 c_s 应按照下式（9-37）进行计算：

$$c_s = \frac{(w + 0.5q_E)a}{2000 f_1} \tag{9-37}$$

式中　q_E——作用在计算单元上的地震作用设计值（kN/m^2）。

3）在玻璃永久载荷作用下，硅酮结构密封胶粘结宽度 c_s 应按照下式进行计算：

$$c_s = \frac{q_G ab}{2000(a+b) f_2} \tag{9-38}$$

式中　q_G——幕墙面板单位面积重力载荷设计值（kN/m^2）；

a、b——矩形玻璃板的短边和长边长度（mm）；

f_2——硅酮结构密封胶在永久载荷作用下的强度设计值，取 0.01N/mm^2。

4）水平倒挂的隐框、半隐框玻璃和铝框之间的硅酮结构密封胶的粘结宽度 c_s 应按照式（9-39）进行计算：

$$c_s = \frac{q_G a}{2000 f_2} + \frac{wa}{2000 f_1} \tag{9-39}$$

5）硅酮结构密封胶的粘结厚度应按照式（9-40）、式（9-41）进行计算：

$$t_s \geqslant \frac{u_s}{\sqrt{\delta(2+\delta)}} \tag{9-40}$$

$$u_s = \theta h_g \tag{9-41}$$

式中　t_s——硅酮结构密封胶的粘结厚度（mm）；

u_s——幕墙玻璃的相对于铝合金框的位移（mm）；必要时应考虑温度变化产生的相对位移；

θ——风荷载标准值作用下主体结构的楼层弹性层间位移角限值（rad）；

h_g——玻璃面板高度（mm）；

δ——结构胶的变位承受能力，取对应于其受拉应力为 0.14N/mm² 时的伸长率。

9.8 幕墙用基本材料设计强度取值[85]

9.8.1 玻璃强度设计值

玻璃强度设计值按表 9-9 进行取值。

玻璃的强度设计值 f_g（N/mm²）[85] **表 9-9**

种类	厚度（mm）	短期载荷			长期载荷		
		中部强度	边缘强度	端面强度	中部强度	边缘强度	端面强度
浮法玻璃	5～12	28	22	20	9	7	6
	15～19	24	19	17	7	6	5
	≥20	20	16	14	6	5	4
半钢化玻璃	5～12	56	44	40	28	22	20
	15～19	48	38	34	24	19	17
	≥20	40	32	28	20	16	14
钢化玻璃	5～12	84	67	59	42	34	30
	15～19	72	58	51	36	29	26
	≥20	59	47	42	30	24	21

注：1. 夹层玻璃和中空玻璃的强度设计值按所采用的玻璃类型确定；
2. 钢化玻璃强度可达到浮法玻璃强度的 2.5～3.0 倍，表中数字按 3.0 倍取值；钢化玻璃强度标准值达不到浮法玻璃强度标准值的 3.0 倍时，应根据实测结果进行调整；
3. 半钢化玻璃强度可达到浮法玻璃强度的 1.6～2.0 倍，表中数字按 2.0 倍取值；半钢化玻璃强度标准值达不到浮法玻璃强度标准值的 2.0 倍时，应根据实测结果进行调整。

9.8.2 铝合金型材的强度设计值

铝合金型材强度设计值按《铝合金结构设计规范》GB 50429—2007 的规定采用，也可按表 9-10 进行取值。

铝合金型材强度设计值（N/mm²）[85] **表 9-10**

铝合金材料			用于构件计算		用于焊接连接计算		用于栓接
牌号	状态	厚度（mm）	抗拉、抗压和抗弯 f	抗剪 f_v	焊接热影响区抗拉、抗压和抗弯 $f_{u,has}$	焊接热影响区抗剪 $f_{v,has}$	局部承压 f_c^b
6061	T6	所有	200	115	100	60	305
6063	T5	所有	90	55	60	35	185
	T6	所有	150	85	80	45	240
6063A	T5	≤10	135	75	75	45	220
		>10	125	70	70	40	
	T6	≤10	160	90	90	50	255
		>10	150	85	85	50	

9.8.3 热轧钢材的强度设计值

热轧钢材的强度设计值按《钢结构设计规范》GB 50017—2003 的规定采用，也可按表 9-11 采用。

热轧钢材的强度设计值（N/mm²）[85] 表 9-11

钢材牌号	厚度或直径 d（mm）	抗拉，抗弯、抗压 f	抗剪 f_v	端面承压 f_{ce}
Q235	$d \leqslant 16$	215	125	325
	$16 < d \leqslant 40$	205	120	
	$40 < d \leqslant 60$	200	115	
Q345	$d \leqslant 16$	310	180	400
	$16 < d \leqslant 35$	295	170	
	$35 < d \leqslant 50$	265	155	

注：表中厚度系指计算点的钢材厚度；对轴心受拉和轴心受压构件系指截面中较厚板件的厚度。

9.8.4 冷成型薄壁型钢强度设计值

冷成型薄壁型钢的强度设计值按《冷弯薄壁型钢结构技术规范》GB 50018—2002 的规定，也可按表 9-12 采用。

冷成型薄壁型钢的强度设计值（N/mm²）[85] 表 9-12

钢材牌号	抗拉、抗压和抗弯 f	抗剪 f_v	端面承压（磨平顶紧）f_{ce}
Q235	205	120	310
Q345	300	175	400

9.8.5 耐候钢强度设计值

耐候钢的强度设计值按表 9-13 取值。

耐候钢的强度设计值（N/mm²）[85] 表 9-13

钢号	厚度	屈服强度	抗拉强度 f	抗剪强度 f_v	承压强度 f_{ce}
Q235NH	≤16	235	216	125	295
	>16～40	225	207	120	295
	>40～60	215	198	115	295
	>60	215	198	115	295
Q295NH	≤16	295	271	157	344
	>16～40	285	262	152	344
	>40～60	275	253	147	344
	>60	255	235	136	344
Q355NH	≤16	355	327	189	402
	>16～40	345	317	184	402
	>40～60	335	308	179	402
	>60	325	299	173	402

续表

钢号	厚度	屈服强度	抗拉强度 f	抗剪强度 f_v	承压强度 f_{ce}
Q460NH	≤16	460	415	240	451
	>16～40	450	405	235	451
	>40～60	440	396	230	451
	>60	430	387	224	451
Q295GNH（热轧）	≤6	295	271	157	320
	>6	295	271	157	320
Q295GNHL（热轧）	≤6	295	271	157	353
	>6	295	271	157	353
Q345GNH（热轧）	≤6	345	317	184	361
	>6	345	317	184	361
Q345GNHL（热轧）	≤6	345	317	184	394
	>6	345	317	184	394
Q390GNH（热轧）	≤6	390	359	208	402
	>6	390	359	208	402
Q295GNH（冷轧）	≤2.5	260	239	139	320
Q295GNHL（冷轧）	≤2.5	260	239	139	320
Q345GNHL（冷轧）	≤2.5	320	294	1711	369

9.8.6 不锈钢拉杆的抗拉强度设计值

不锈钢拉杆的抗拉强度设计值可按其屈服强度标准值 $\sigma_{0.2}$ 除以系数 1.4 采用。不锈钢钢绞线的强度设计值可按其极限抗拉承载力标准值除以系数 2.0，并按其等效截面面积换算后采用。

9.8.7 不锈钢型材和棒材强度设计值

不锈钢型材和棒材的抗拉、抗压强度设计值 f_{s1} 可按其屈服强度标准值 $\sigma_{0.2}$ 除以系数 1.15 采用，抗剪强度设计值 f_{s1}^{v} 可按抗拉强度设计值的 0.58 倍采用，也可按表 9-14 取值。

不锈钢型材和棒材的强度设计值（N/mm^2）[85] **表 9-14**

统一数字编号	牌号	$\sigma_{0.2}$	抗拉强度 f_{s1}	抗剪强度 f_{s1}^{v}	端面承压强度 f_{s1}^{c}	备注	
						旧牌号	美标
S30408	06Cr19Ni10	205	178	104	246	0Cr18Ni9	304
S30458	06Cr19Ni10N	275	239	139	330	0Cr19Ni9N	304N
S30403	022Cr19Ni10	175	152	88	210	00Cr19Ni10	304L
S30453	022Cr19Ni10N	245	213	124	294	00Cr18Ni10N	304LN
S31608	06Cr17Ni12Mo2	205	178	104	246	0Cr17Ni12Mo2	316
S31658	06Cr17Ni12Mo2N	275	239	139	330	0Cr17Ni12Mo2N	316N
S31603	022Cr17Ni12Mo2	175	152	88	210	00Cr17Ni12Mo2	316L
S31653	022Cr17Ni12Mo2N	245	213	124	294	00Cr17Ni12Mo2N	316LN

9.8.8　不锈钢板强度设计值

不锈钢板的抗拉、抗压强度设计值 f_{s2} 可按其屈服强度标准值 $\sigma_{0.2}$ 除以系数 1.15 采用，抗剪强度设计值 f_{s2}^{v} 可按抗拉强度设计值的 0.58 倍采用，也可按表 9-15 取值。

不锈钢板的强度设计值（N/mm²）[85]　　**表 9-15**

统一数字编号	牌号	$\sigma_{0.2}$	抗拉强度 f_{s2}	抗剪强度 f_{s2}^{v}	端面承压强度 f_{s2}^{c}	备注	
						旧牌号	美标
S30408	06Cr19Ni10	205	178	104	246	0Cr18Ni9	304
S31608	06Cr17Ni12Mo2	205	178	104	246	0Cr17Ni12Mo2	316
S31708	06Cr19Ni13Mo3	205	178	104	246	0Cr19Ni13Mo3	317

9.8.9　硅酮结构密封胶强度设计值

硅酮结构密封胶强度设计值应按表 9-16 取值。

硅酮结构密封胶强度设计值（N/mm²）[85]　　**表 9-16**

项目	强度设计值	项目	强度设计值
短期载荷作用下强度设计值 f_1	0.20	短期载荷作用下强度设计值 f_2	0.01

9.8.10　螺栓、铆钉、焊缝等连接材料强度设计值

螺栓、铆钉、焊缝等连接材料强度设计值按《钢结构设计规范》GB 50017—2003 规定采用，也可按表 9-17～表 9-20 采用。

螺栓连接的强度设计值（N/mm²）[85]　　**表 9-17**

螺栓的性能等级、锚栓和构件钢材的牌号		普通螺栓						锚栓	承压型连接高强度螺栓		
		C 级螺栓			A 级、B 级螺栓						
		抗拉 f_t^b	抗剪 f_v^b	承压 f_c^b	抗拉 f_t^b	抗剪 f_v^b	承压 f_c^b	抗拉 f_t^b	抗拉 f_t^b	抗剪 f_v^b	承压 f_c^b
普通螺栓	4.6 级、4.8 级	170	140	—	—	—	—	—	—	—	—
	5.6 级	—	—	—	210	190	—	—	—	—	—
	8.8 级	—	—	—	400	320	—	—	—	—	—
锚栓	Q235 钢	—	—	—	—	—	—	140	—	—	—
	Q345 钢	—	—	—	—	—	—	180	—	—	—
承压型连接高强度螺栓	8.8 级	—	—	—	—	—	—	—	400	250	—
	10.9 级	—	—	—	—	—	—	—	500	310	—
构件	Q235 钢	—	—	305	—	—	405	—	—	—	470
	Q345 钢	—	—	385	—	—	510	—	—	—	590
	Q390 钢	—	—	400	—	—	530	—	—	—	615

注：1. A 级螺栓用于公称直径 d 不大于 24mm、螺杆公称长度不大于 $10d$ 且不大于 150mm 的螺栓；
2. B 级螺栓用于公称直径 d 大于 24mm、螺杆公称长度大于 $10d$ 且不大于 150mm 的螺栓；
3. A、B 级螺栓孔的精度和孔壁表面粗糙度，C 级螺栓孔允许偏差和孔壁表面粗糙度，应符合现行国家标准《钢结构工程施工质量验收规范》GB 50205 的规定。

铆钉连接的强度设计值（N/mm²）[85] **表 9-18**

铆钉钢号和构件钢材牌号		抗拉（铆头拉脱）f_t^Y	抗剪 f_v^Y		承压 f_c^Y	
			Ⅰ类孔	Ⅱ类孔	Ⅰ类孔	Ⅱ类孔
铆钉	BL2、BL3	120	185	155	—	
构件	Q235 钢	—	—		450	365
	Q345 钢	—	—		565	460
	Q290 钢	—	—		590	480

注：1. 属于下列情况者为Ⅰ类孔：
1）在装配好的构件上按设计孔径钻成的孔；
2）在单个零件和构件上按设计孔径分别用钻模钻成的孔；
3）在单个零件上先钻成或冲成较小的孔径，然后在装配好的构件上再扩孔至设计孔径的孔。
2. 在单个零件上一次冲成或不用钻模钻成设计孔径的孔属于Ⅱ类孔。

不锈钢螺栓连接的强度设计值（N/mm²）[85] **表 9-19**

类别	组别	性能等级	σ_b	抗拉	抗剪
A（奥氏体）	A1、A2	50	500	230	175
	A3、A4	70	700	320	245
	A5	80	800	370	280
C（马氏体）	C1	50	500	230	175
		70	700	320	245
		100	1000	460	350
	C3	80	800	370	280
	C4	50	500	230	175
		70	700	320	245
F（铁素体）	F1	45	450	210	160
		60	600	275	210

焊缝的强度设计值（N/mm²）[85] **表 9-20**

焊接方法和焊条型号	构件钢材		对接焊缝				角焊缝
	牌号	厚度或直径 d(mm)	抗压 f_c^w	抗压、抗弯、抗拉 f_t^w		抗剪 f_v^w	抗拉、抗压、抗剪 f_f^w
				一级、二级	三级		
自动焊、半自动焊、E43 型焊条的手工焊	Q235	$d \leqslant 16$	215	215	185	125	160
		$16 < d \leqslant 40$	205	205	175	120	
		$40 < d \leqslant 60$	200	200	170	115	
自动焊、半自动焊、E50 型焊条的手工焊	Q345	$d \leqslant 16$	310	310	265	180	200
		$16 < d \leqslant 35$	295	295	250	170	
		$35 < d \leqslant 50$	265	265	225	155	
自动焊、半自动焊、E55 型焊条的手工焊	Q390	$d \leqslant 16$	350	350	300	205	220
		$16 < d \leqslant 35$	335	335	285	190	
		$35 < d \leqslant 50$	315	315	270	180	

续表

<table>
<tr><th rowspan="3">焊接方法和焊条型号</th><th colspan="2">构件钢材</th><th colspan="4">对接焊缝</th><th>角焊缝</th></tr>
<tr><th rowspan="2">牌号</th><th rowspan="2">厚度或直径 d(mm)</th><th rowspan="2">抗压 f_c^w</th><th colspan="2">抗压、抗弯、抗拉 f_t^w</th><th rowspan="2">抗剪 f_v^w</th><th rowspan="2">抗拉、抗压、抗剪 f_f^w</th></tr>
<tr><th>一级、二级</th><th>三级</th></tr>
<tr><td rowspan="3">自动焊、半自动焊、E55 型焊条的手工焊</td><td rowspan="3">Q420</td><td>$d \leqslant 16$</td><td>380</td><td>380</td><td>320</td><td>220</td><td rowspan="3">220</td></tr>
<tr><td>$16 < d \leqslant 35$</td><td>360</td><td>360</td><td>305</td><td>210</td></tr>
<tr><td>$35 < d \leqslant 50$</td><td>340</td><td>340</td><td>290</td><td>195</td></tr>
</table>

注：1. 表中的一级、二级、三级是指焊缝质量等级，应符合《钢结构工程施工质量验收规范》GB 50205 的规定。厚度小于 8mm 钢材的对接焊缝，不应采用超声探伤确定焊缝质量等级；
2. 自动焊和半自动焊所采用的焊丝和焊剂，应保证其焊接金属力学性能不低于现行国家标准《埋弧焊用碳钢焊丝和焊剂》GB/T 5293 和《埋弧焊用低合金焊丝和焊剂》GB/T 12470 的规定；
3. 表中厚度是指计算点钢材厚度，对轴心受力构件是指截面中较厚板件的厚度。

第 10 章　既有玻璃幕墙安全性能现场检测案例

10.1　引言

前面各章节就玻璃幕墙失效机理、失效表现、检测方法、检测设备等各方面进行了论述。引起玻璃幕墙安全隐患的因素非常复杂，有各种表现形式，有些是由单一因素引起的，比如，有些新建不久的玻璃幕墙只发生钢化玻璃不断自爆带来的安全隐患现象，但其他方面安全状态仍完好；有些使用年限很久的玻璃幕墙，钢化玻璃自爆概率反而出现几率很低，但其结构、连接、材料等却存在一系列问题。因此，现场检测，可针对玻璃幕墙安全问题已出现的表现形式，结合业主检测要求，可有针对性地对某一类及几类问题进行检测或全面检测。重点的两类玻璃幕墙实效的案例可以归纳为：钢化玻璃的自爆和玻璃脱落，本章节就前面各章节提出的检测方法，分别给出在实际工程检测中的实施案例，以便给读者提供参考。

10.2　钢化玻璃自爆现场检测

1. 检测案例 1

(1) 工程概述

广州某大型公用建筑，建筑物顶棚及外立面部分部位用了玻璃幕墙。从建筑物交付之日起，已陆续发生了部分幕墙钢化玻璃自爆现象。由于该公用建筑物人员来往密集，幕墙玻璃自爆坠落不仅会引发公共安全事故，甚至会给人们带来一定的恐慌情绪，造成不良社会影响。根据相关领导要求及安排，检测人员对该建筑物外立面及顶棚部位部分幕墙钢化玻璃进行自爆源扫描检测，以确定被检测的钢化玻璃是否存在自爆源及自爆风险。

(2) 检测标准

1) 国家标准《建筑用安全玻璃 第 2 部分：钢化玻璃》GB 15763.2—2005；

2) 国家标准《玻璃缺陷检测方法 光弹扫描法》GB/T 30020—2013；

3) 行业标准《建筑玻璃应用技术规程》JGJ 113—2009；

4) 国家标准《建筑幕墙》GB/T 21086—2007；

5) 行业标准《玻璃幕墙工程质量检验标准》JGJ/T 139—2001；

6) 行业标准《玻璃幕墙工程技术规范》JGJ 112—2003。

(3) 检测设备

1) 透射、反射两用光弹扫描仪（专利研发设备）；

2) 高层幕墙爬墙机器人（专利研发设备）；

3) 图像远程传输装置，高倍数码显微镜；

4）照相机及其他辅助设备等；

5）升降作业车（由业主提供）。

（4）检测方法

由于本次只针对幕墙玻璃自爆风险检测，因此，现场检测主要采用了中国建材检验认证集团股份有限公司自主开发的钢化玻璃自爆源现场检测技术。由检测人并配合建筑玻璃幕墙爬墙机器人及升降作业车携带透射、反射两用光弹仪至检测地点，对被检测幕墙钢化玻璃整个面域内进行扫描检测。在扫描检测过程中，当发现钢化玻璃内有疑似自爆源时，对自爆源位置标记，并用数码显微镜对疑似自爆源进行进一步观察和尺寸测量，现场检测图片见图 10-1。

图 10-1　现场检测照片

（5）检测结果及分析

通过现场检测，共发现 6 个钢化玻璃自爆源，自爆源详情见表 10-1。

被检测到的钢化玻璃自爆源详情　　**表 10-1**

编号	自爆源光弹形貌	尺寸（mm）	自爆风险评价
1		ϕ0.6	C_u
2		ϕ0.8	C_u

续表

编号	自爆源光弹形貌	尺寸（mm）	自爆风险评价
3	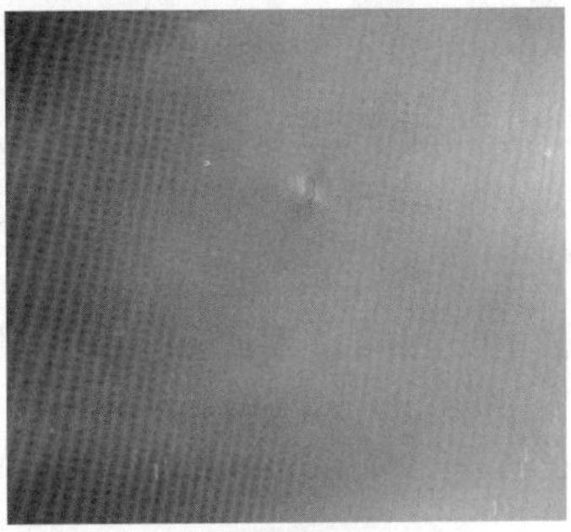	ϕ2.1	B_u
4	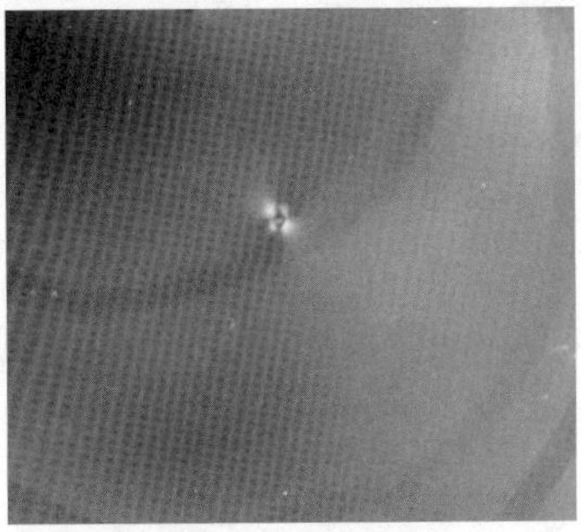	ϕ2.7	A_u
5	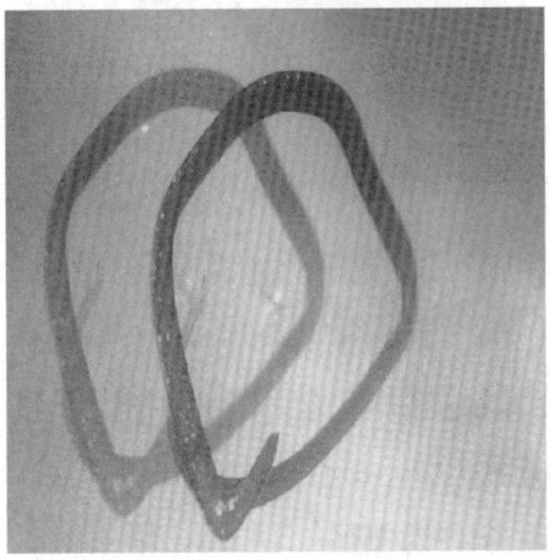	ϕ1.3	C_u
6	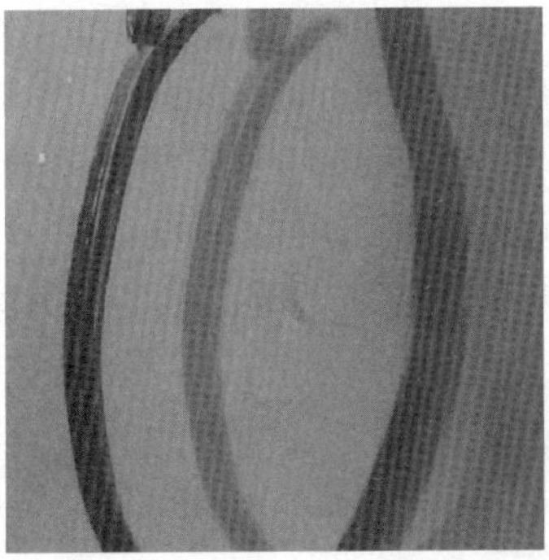	ϕ0.8	B_u

（6）说明

1）影响钢化玻璃自爆风险大小的主要因素有如下：

① 钢化应力的影响：钢化应力越强越容易自爆；

② 自爆源颗粒尺寸的影响：颗粒尺寸越大越容易自爆；

③ 自爆源颗粒位置的影响：颗粒距中间层越近越容易自爆；

④ 温度的影响：温度变化（升或降）越大越容易自爆；

⑤ 外部载荷的影响：玻璃受力越大越容易自爆。

对于现场检测到的钢化玻璃自爆源，由于受到的影响因素较多，因此，检测到含自爆源的钢化玻璃自爆源存在自爆风险，但不一定就 100％会自爆。钢化玻璃自爆源自爆风险可划分为如下 4 个等级：

① A_u——钢化玻璃存在严重自爆风险；

② B_u——钢化玻璃存在较严重自爆风险；

③ C_u——钢化玻璃存在一定自爆风险；

④ D_u——钢化玻璃不存在自爆风险。

2）对于没有检测到自爆源的钢化玻璃，可以不用采取安全防患措施，对于已经查出自爆源的钢化玻璃，可以根据实际情况进行安全处理，如更换玻璃或贴上玻璃安全膜等。

3）没有检测到自爆源的钢化玻璃，也不一定 100％不会自爆，但总体自爆概率会明显降低。

2. 检测案例 2

（1）工程概述

西安某会展中心出现大量玻璃破裂，为分析玻璃破裂原因，经过现场勘察，该展馆幕墙与天棚玻璃均为复合中空玻璃，幕墙中空玻璃结构为：10mm 低辐射镀膜钢化玻璃＋12mmA＋8mm 钢化玻璃组成；天棚中空玻璃结构为：10mm 低辐射镀膜钢化玻璃＋12mmA＋2×6mm 夹 1.52mmPVB 夹胶玻璃组成。玻璃边部未经精磨处理，安装在铝合金材质两面衬有橡胶垫的框架中。

玻璃安装后在未受外部载荷或冲击情况下，陆续出现了破裂，据委托方介绍已更换了上千平方米的破裂玻璃，现场考察时还能见到上百平方米的破裂玻璃。破裂玻璃主要集中在展馆的屋顶天棚玻璃，少部分为展馆的幕墙侧窗（仅能见到靠近窗框和夹在橡胶垫内的碎片，其他已被清除）。破裂部分均为中空结构外侧的 11mm 低辐射镀膜钢化玻璃，破裂玻璃有以下共同特点：①破裂玻璃都有明显的破裂起始点，形成由此点为中心的放射状的碎片（如图 10-2 所示）。起始点大都位于玻璃板中间或靠近中间部位，未见位于边缘或角部位的；②在破裂起始点蝴蝶斑碎片的横断面上，均可见位于钢化玻璃张应力区的细小杂质颗粒（如图 10-3 所示）；③展馆顶部的天棚玻璃破碎数量比展馆侧面幕墙破碎数量多；④玻璃碎粒的平均尺寸较小，小于其厚度尺寸。

由于钢化玻璃中间层张应力部位存在杂质颗粒，杂质周围的应力集中很大，超出玻璃的局部强度引起破裂。钢化玻璃的钢化应力越大，引起破裂的杂质颗粒的临界尺寸越小，所以钢化应力越大则自爆概率也越大。另外，现场未发现从边缘或角部开始破裂的情况，可排除施工安装不当引起破裂的可能。

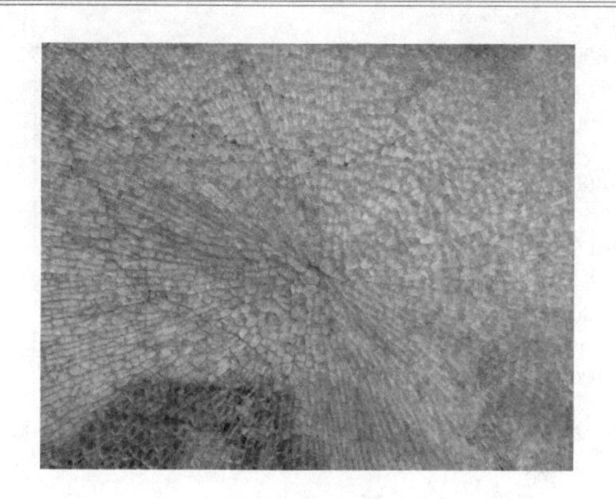

图 10-2 破碎天棚玻璃的破碎形貌和从起始点向外破裂的放射状照片

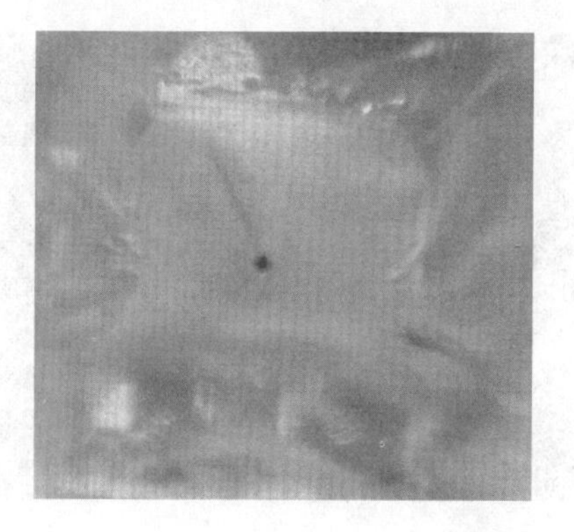

图 10-3 破裂起始点蝴蝶斑碎片横断面中存有细小杂质颗粒的照片

（2）破裂起始点检测结果

仔细观察委托方从现场提取的含有夹杂物颗粒碎片的样品（位于破裂的起始点），获得两颗直径小于 0.5mm 的微小颗粒（如图 10-4 所示）。采用扫描电子显微镜，对微小颗粒进行了微区形貌观察与成分分析。颗粒 1、2 分别为 350μm 与 180μm 微小圆形颗粒，成分均为硫化镍，参见图 10-5、图 10-6。

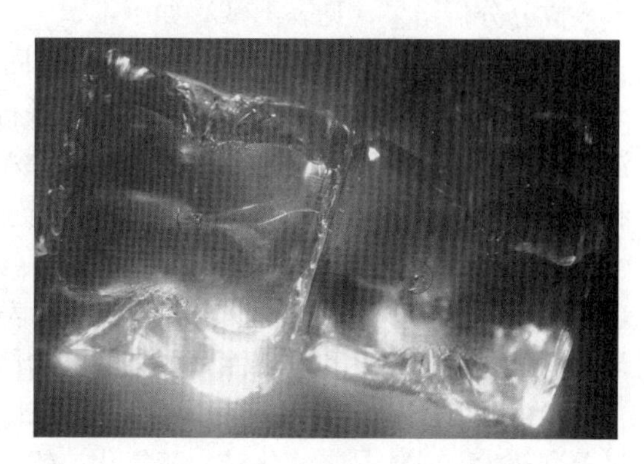

图 10-4 在玻璃碎块中两个引起玻璃爆裂的颗粒光学照片

钢化玻璃中间层张应力部位存在硫化镍微小颗粒，当硫化镍发生相变时，体积膨胀形成张应力，与钢化玻璃固有的张应力叠加，引发钢化玻璃的破裂即自爆。统计资料表明，硫化镍微小颗粒的存在是钢化玻璃自爆的主要原因。

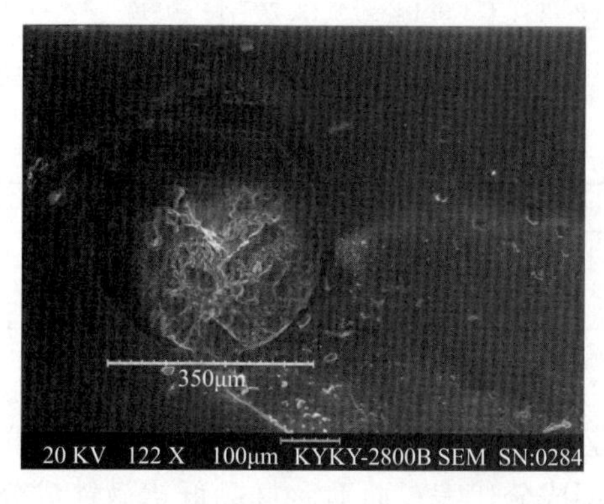

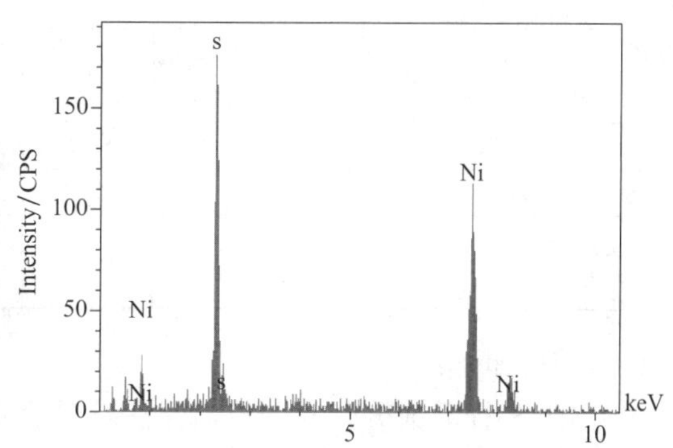

图 10-5 在玻璃碎块中引起玻璃爆裂的颗粒的微区形貌与成分

（3）两批玻璃原片的样品分析结果

对委托方提供的南玻工程玻璃有限公司的玻璃原片样品（编号 B）与在该工程中使用的幕墙玻璃爆裂碎片样品（编号 A），经采用 X 射线荧光光谱分析方法、使用 ARL ADVANT’X 型仪器进行成分分析和对比，分析得到 A、B 两批玻璃成分。

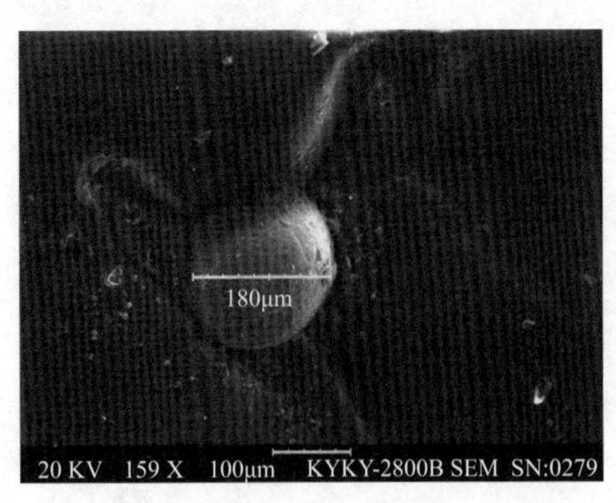

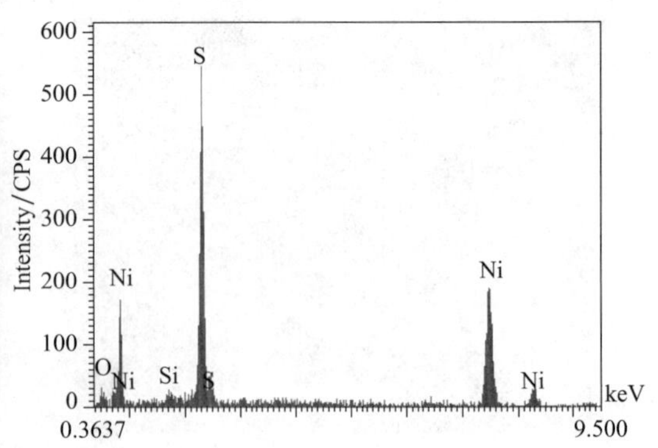

图 10-6　在玻璃碎块中引起玻璃爆裂的另一颗粒的微区形貌与成分

成分分析结果（见表 10-2）如下：

1）编号 A 为现场破裂碎片样品，从不同碎片分析两个样品分别为 A1 与 A2。样品在单侧胶带粘结基本保持无缺损颗粒状态下进行分析（如图 10-7 所示），分析前对样品进行清洗，去除膜层对其影响。分析结果表明，A1 与 A2 的 8 种主要元素含量有较好的一致性和重现性，可以认定编号 A 的玻璃为同一企业所生产。

2）编号 B 为南玻生产的 B1、B2、B3（分别对应 11mm、8mm、6mm 三个规格）的玻璃原片样品（如图 10-8 所示）。分析结果表明，三个规格的样品的 8 种主要元素含量结果具有很好的一致性和重现性，可以认定为同一企业所生产。

3）将上述 A、B 两种样品成分进行对比，发现两种样品 8 种主要元素中的 6 种的含量差别较大。具体是二氧化硅、三氧化二铝、三氧化二铁、氧化钙、氧化镁和氧化钾的成分差异明显。

取样玻璃成分比对分析结果　　　　**表 10-2**

样品	SiO_2	Al_2O_3	Fe_2O_3	CaO	MgO	K_2O	Na_2O	SO_3	总量
现场 A1	71.90	1.11	0.13	8.24	3.89	0.14	13.76	0.47	99.63
现场 A2	71.88	1.30	0.13	8.27	3.88	0.13	13.86	0.32	99.57
B1（11mm）	71.93	0.87	0.08	8.53	3.70	0.28	13.69	0.25	99.33
B2（8mm）	71.96	0.86	0.08	8.49	3.71	0.29	13.77	0.24	99.40
B3（6mm）	71.96	0.86	0.08	8.54	3.71	0.29	13.78	0.24	99.46
两种成分平均差值	0.06	0.34	0.05	0.27	0.17	0.15	—	—	—

分析结论如下：

A、B 两种样品成分是我国目前浮法玻璃企业常用的两类典型的成分系统。A 种样品高铝低铁成分是中国洛阳浮法玻璃技术使用的典型成分代表；而 B 种样品低铝微铁成分是大多引进国外浮法玻璃技术使用的典型成分代表。A、B 两种样品不可能出自同一生产企业。检测结果表明该工程玻璃使用的与委托方提供南玻生产的玻璃原片不同。

3. 检测案例 3

（1）工程概述

北京某图书馆工程至竣工验收交付使用后陆续出现多块玻璃破裂情况，由于图书馆为

图 10-7 分析用现场样品

图 10-8 南玻生产的玻璃原片样品

人员密集聚集区，玻璃破裂不仅会给读者造成人身安全伤害，而且会给读者心灵带来负面情绪。通过现场勘察、检测与取样，并阅读了幕墙工程相关设计、施工及竣工资料。该图书馆玻璃幕墙主要包括外立面玻璃幕墙、屋顶采光顶、室内中厅玻璃幕墙及室内玻璃隔断，其中外立面玻璃幕墙首层和二层采用 6mm 钢化玻璃＋12A＋6mm 钢化高透 Low-E 中空玻璃，三层、四层、五层采用 8mm 钢化玻璃＋12A＋8mm 钢化高透 Low-E 中空玻璃；屋顶采光顶标准玻璃（3750mm×1875mm）采用 8mm 钢化玻璃＋12A＋6mm 钢化玻璃＋1.52PVB＋6mm 钢化高透 Low-E 中空玻璃，4050mm×2090mm 尺寸的玻璃采用该 8mm 钢化玻璃＋12A＋8mm 钢化玻璃＋1.52PVB＋8mm 钢化高透 Low-E 中空玻璃；室内中厅幕墙玻璃采用双钢化夹层玻璃，室内玻璃隔断采用单层钢化玻璃。

玻璃安装后在未受外部载荷或冲击情况下，陆续出现了破裂，据委托方介绍已更换了上百平方米的破裂玻璃，现场考察时还能见到破裂但未及时更换下来的玻璃。破裂玻璃在幕墙各部位均有出现，其中主要集中在屋顶采光顶，部分为幕墙外立面（仅能见到靠近窗框和夹在橡胶垫内的碎片，其他已被清除）及中庭，图 10-9 为中庭夹层玻璃一面自爆后未更换的图片。破裂玻璃有以下共同特点：

1）破裂玻璃都有明显的破裂起始点，形成由此点为中心的放射状的碎片（如图 10-10 所示）。起始点大都位于玻璃板中间或靠近中间部位，未见位于边缘或角部位的；

图 10-9 中庭幕墙玻璃自爆整体形貌

图 10-10 玻璃自爆从起始点向外破裂的放射状照片

2）在破裂起始点蝴蝶斑碎片的横断面上，均可见位于钢化玻璃张应力区的细小杂质颗粒（如图 10-11 所示）；

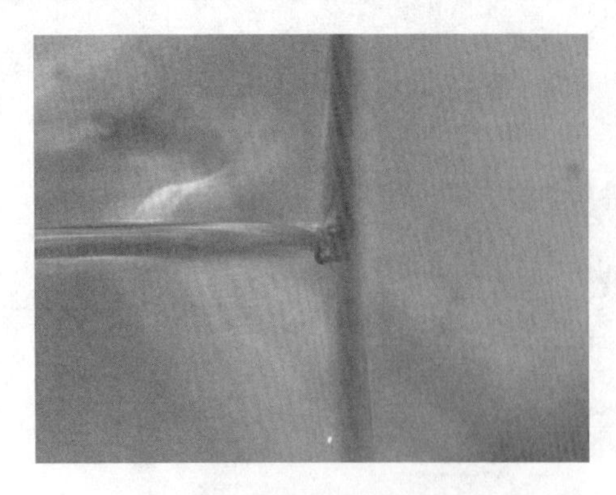

图 10-11　破裂起始点蝴蝶斑碎片中存有细小杂质颗粒的照片

3）夹层玻璃一面破裂比单片玻璃破裂比例多；

4）玻璃碎粒的平均尺寸较小，颗粒尺寸均匀。

（2）破裂起始点检测结果

仔细观察从现场提取的含有夹杂物颗粒碎片的样品（位于破裂的起始点），获得一颗直径为 0.1mm 的微小颗粒（如图 10-12 所示）。采用扫描电子显微镜，对微小颗粒进行了微区形貌观察与成分分析。颗粒为微小圆形颗粒，从能谱图上可以看出，颗粒成分主要为硫和镍两种元素，证明是硫化镍，参见图 10-13、图 10-14。

图 10-12　在玻璃碎块中引起玻璃爆裂的颗粒光学照片

图 10-13　在玻璃碎块中引起玻璃爆裂的颗粒扫描电子显微镜照片

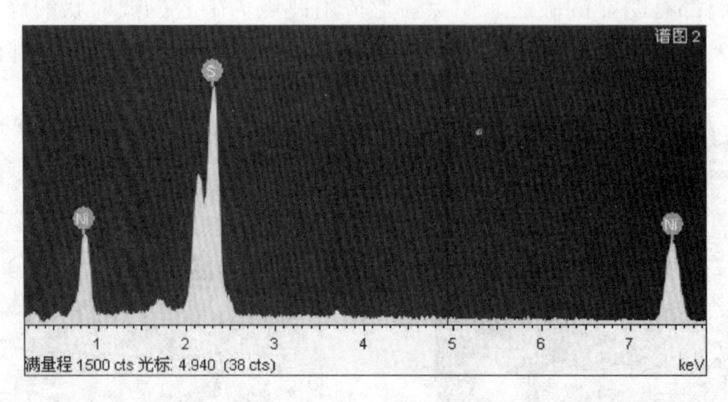

图 10-14　在玻璃碎块中引起玻璃爆裂的颗粒成分能谱分析图片

钢化玻璃中间层张应力部位存在硫化镍微小颗粒，当硫化镍发生相变时，体积膨胀形成张应力，与钢化玻璃固有的张应力叠加，引发钢化玻璃的破裂即自爆。统计资料表明，硫化镍微小颗粒的存在是钢化玻璃自爆的主要原因。

硫化镍是玻璃生产过程中不可避免的有害杂质，硫化镍本身对玻璃并无任何损害，只是当含有硫化镍的幕墙玻璃被安装在幕墙时，由于外界温度升高，导致硫化镍体积产生微小的变化，使玻璃内部产生微小的裂缝（图10-13可明显看到颗粒边缘玻璃因硫化镍膨胀被挤成为破碎颗粒），这些裂缝透过钢化玻璃的张力层后将内部的能量释放出来，造成玻璃破碎。

（3）钢化玻璃自爆带来的安全隐患及防患措施

钢化玻璃是一种安全玻璃，玻璃自爆后呈细颗粒状，破碎的玻璃颗粒脱落后对人体伤害不大，但对于高空坠落的玻璃碎片颗粒速率很高，而且破碎玻璃散布面积大，对人体具有一定的砸伤可能性。该图书馆是人员密集区，每天接待成千上万读者光临，因此，不允许有任何玻璃碎片坠落伤人事故发生。

该图书馆二期工程幕墙使用的玻璃规格主要有单片钢化玻璃，双钢化夹层玻璃及夹层＋中空复合玻璃。因此，要针对不同使用部位的不同规格钢化玻璃，采取不同的安全防患措施。

1）针对单层钢化玻璃，其主要应用于室内玻璃隔断（如办公室隔断等），钢化玻璃自爆后玻璃颗粒会立即散落，可对附近人员造成一定伤害，因此，建议对所有室内单片钢化玻璃贴上安全防护膜，从而保证玻璃破碎后仍呈一整体，不会散落伤人。

2）针对夹层钢化玻璃，其主要应用于室内中庭幕墙。夹层玻璃的一面钢化玻璃自爆后由于中间PVB胶片的粘结作用，玻璃碎片不会散落，玻璃在另一面完好玻璃的支撑作用下仍呈一整体，且还具有一定的支撑及承载作用。因此，对于正常使用的夹层钢化玻璃，可以不采取安全防患措施，但由于该图书馆二期均使用的是双钢化夹层玻璃，当一面玻璃自爆后，另一面玻璃还存在自爆的可能，当两面玻璃全部自爆后，玻璃会整体塌落伤人，因此，对于已经发生一面自爆的夹层玻璃，建议及时对玻璃给予更换处理。

3）针对屋顶采光顶用夹层＋中空玻璃，其安装方式为中空玻璃内片（双钢化夹层玻璃）朝室内，中空玻璃外片（单片钢化玻璃）朝室外，玻璃四边支承且平放。根据目前检测情况，此处玻璃以内片（夹层玻璃）一面自爆居多。当屋顶采光顶中空玻璃内片夹层玻璃的一面破裂后，夹层玻璃还能保持完整性并具有一定的承载能力且不至于立即整体脱落。但是，由于内片夹层玻璃均采用双钢化玻璃，当夹层玻璃一面自爆后，另一面仍存在自爆可能，特别是，屋顶采光顶玻璃当夹层玻璃两面均自爆后，玻璃将存在整体塌落危险，可对下面的读者造成严重安全隐患，因此，建议当采光顶中空玻璃内片（夹层玻璃）的一面发生自爆时，必须及时给予更换，且每三个月必须对采光顶玻璃进行集中检测一次，并随时检查玻璃是否发生自爆。采光顶夹层中空玻璃外片（单片钢化玻璃）自爆后由于玻璃碎片撒落在内片，不会导致安全隐患，但会影响中空玻璃的整体承载性能，也使中空玻璃隔热性能伤失，因此，外片破裂后也需对玻璃进行及时更换。

4）针对外立面玻璃幕墙用夹层＋中空玻璃，其带来的安全隐患更来自于外片（单片钢化玻璃）自爆，因为玻璃自爆后碎片从高空坠落容易砸伤下面的行人。因此，建议对正常服役的外立面幕墙中空玻璃外片贴上安全防护膜。无论外片还是内片（双钢化夹层玻璃）一面自爆，均会导致复合中空玻璃气体泄漏，整体承载性能降低，外立面玻璃要承受风载荷等作用，增加了玻璃整体破裂脱落概率，且玻璃失去隔热保温功能，因此，外立面玻璃出现自爆破裂后也需及时更换处理。

10.3　幕墙玻璃整体坠落风险现场检测——动态法

检测案例

（1）工程概述

北京某大学游泳馆玻璃幕墙采用四边明框支承结构形式，幕墙整体面积 500m^2，幕墙整体高度为 12m，幕墙面板采用单片钢化玻璃，玻璃厚度为 6mm，玻璃为矩形，长宽尺寸为 2000mm×740mm，玻璃幕墙结构外表见图 10-15。

图 10-15　玻璃幕墙外观图

（2）确定幕墙玻璃分级频率

根据第 6 章式（6-12）和式（6-13）及表 6-5，确定该幕墙玻璃的安全等级频率区间为：A_u 级（39.80～64.20Hz）、B_u 级（36.72～39.80Hz）、C_u 级（30.60～36.72Hz），D_u 级（≤30.60Hz）。

（3）现场采样试验

1）取样方式：

采用均匀取样方法，从而保证每处能够检测到样品，取样概率为 11%，共取得样品总数为 34 块。

2）试验方法及程序

采用幕墙玻璃动态性能测试仪对幕墙玻璃频率进行测量，采用触发激励，获得玻璃的典型的触发激励振动全程波形图见图 10-16（*a*），对振动信号进行傅立叶积分变换，得到玻璃振动频谱图，见图 10-16（*b*），由图可以直接得到玻璃的振动一阶频率。幕墙玻璃频率测试现场见图 10-17。

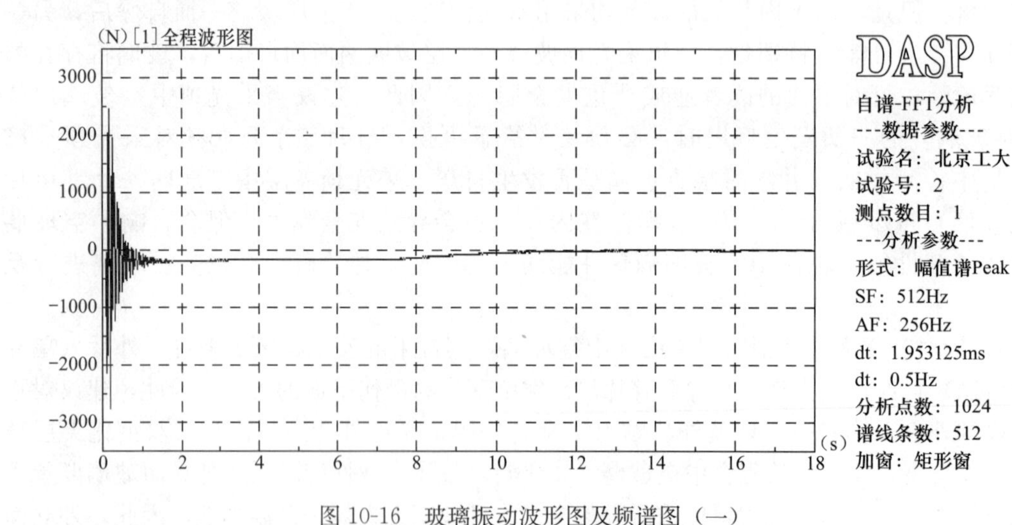

图 10-16　玻璃振动波形图及频谱图（一）

（*a*）触发激励振动全程波形图

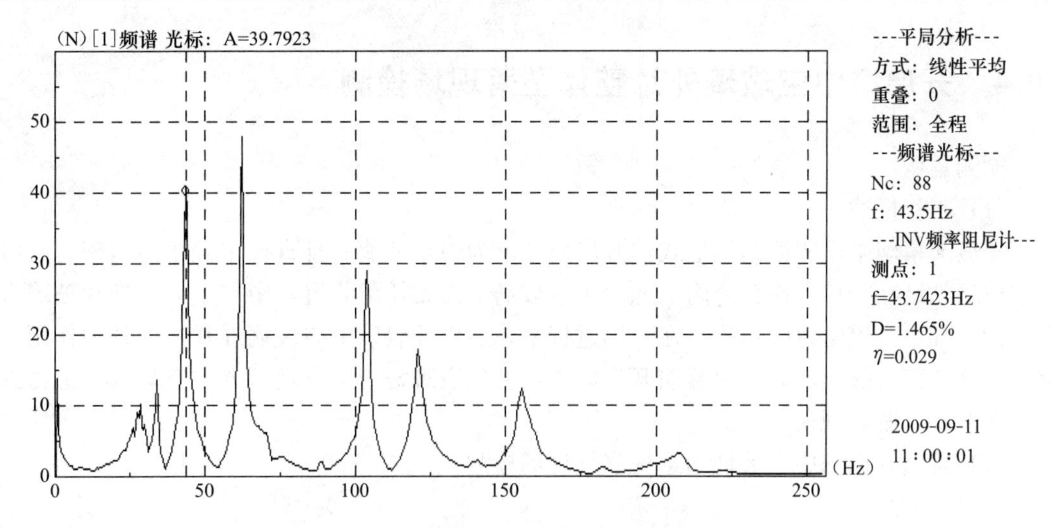

图 10-16 玻璃振动波形图及频谱图（二）

(*b*) 玻璃振动频谱图

各玻璃样品频率测量结果见表 10-3。

（4）幕墙玻璃坠落风险安全等级分析

由表 10-3 可知，整个实测幕墙玻璃样本频率，42Hz 占 4 块，43Hz 占 15 块，44Hz 占 14 块，45Hz 占 1 块。实测幕墙玻璃频率变化起伏很小，说明玻璃幕墙安全状态比较均匀，应属于同一个安全等级状态。根据计算得到的安全频率区间，可知所测量的玻璃频率均分布在 A_u 级别（39.8～64.2Hz）频率区间中。对玻璃幕墙整体外观检测，玻璃外观良好，为出现破裂现象，幕墙使用的结构胶表面光滑，颜色亮丽，打胶饱满，未发现龟裂、脱胶、断胶现象。玻璃幕墙支承框架表面亮丽，为腐蚀。根据实测结果，该玻璃幕墙安全性能符合要求，玻璃幕墙可以继续使用，不需采取任何维护和加固措施。

图 10-17 玻璃频率现场测试

幕墙玻璃固有频率现场检测数据 **表 10-3**

玻璃样品编号	1	2	3	4	5	6	7	8	9	10
固有频率（Hz）	44	44	43	43	43	43	43	44	45	44
玻璃样品编号	11	12	13	14	15	16	17	18	19	20
固有频率（Hz）	42	44	44	43	43	44	44	43	44	44
玻璃样品编号	21	22	23	24	25	26	27	28	29	30
固有频率（Hz）	42	42	43	43	43	44	43	44	44	44
玻璃样品编号	31	32	33	34						
固有频率（Hz）	42	43	43	43						

10.4　开启扇中空玻璃外片整体坠落现场检测

检测案例

（1）工程概述

某玻璃幕墙采用明框结构形式，开启扇玻璃为中空玻璃，且直接用硅酮结构密封胶将中空玻璃粘结在开启扇铝合金附框上。中空玻璃下面无托附装置，中空玻璃的外片玻璃自重载荷全部由二道密封胶承受。在使用过程中，发生开启扇中空玻璃外片在无外力作用下突发整体坠落事故。同时，对幕墙开启扇中空玻璃表观普查，发现部分中空玻璃二道密封胶存在开胶、脱胶现象。

（2）幕墙开启扇中空玻璃通透性漏气现场检测

1）检测原理

中空玻璃外片脱落，主要是由于中空玻璃二道密封发生粘结失效，从而导致其与玻璃之间的粘结强度不足以承担外片玻璃自重的原因造成的。完好的中空玻璃，间隔层空气是完全密封的。二道密封胶一旦脱胶，会同时引起一道密封胶脱胶失效，从而使中空玻璃间隔层空气与外部空气相通，形成通透性漏气现象，是中空玻璃外片整体坠落前的先兆。一旦中空玻璃发生通透性漏气，则预示着中空玻璃外片脱落风险概率急剧增大。因此，检测中空玻璃通透性漏气是预测中空玻璃外片存在脱落风险的一个有效方法。

2）检测标准依据

① 行业标准《建筑玻璃应用技术规程》JGJ 113—2009；

② 国家标准《建筑幕墙》GB/T 21086—2007；

③ 行业标准《玻璃幕墙工程质量检验标准》JGJ/T139—2001；

④ 行业标准《玻璃幕墙工程技术规范》JGJ 112—2003；

⑤ 国家标准《中空玻璃》GB/T 11944—2002；

⑥ 国家标准《中空玻璃结构安全隐患现场检测方法》（报批稿）。

3）现场检测

① 检测区域及取样

2号楼1～6单元随机取样，具体位置见表10-4，各楼层取样位置编号示意图见图10-18。

中空玻璃通透性漏气现场检测结果　　表10-4

编号	取样位置	加载载荷(N)	中空层和厚度（mm）			理论计算漏气板中心中空层厚度(mm)	理论计算未漏气板中心中空层厚度(mm)	接近度		检测结果
			加载前		加载后			漏气	未漏气	
			边部	板中心	板中心					
1	1单元29层1号	130	12.16	11.33	11.17	11.374	11.147	0.796	0.023	未漏气
2	1单元29层2号	145	13.37	14.23	13.96	13.16	14.019	0.80	0.059	未漏气
3	1单元29层3号	140	12.49	11.00	11.77	9.968	11.80	0.802	0.03	未漏气
4	1单元29层4号	140	12.82	13.63	13.43	12.598	13.429	0.832	0.001	未漏气
5	1单元28层1号	150	13.00	12.16	11.96	11.051	11.943	0.909	0.017	未漏气

续表

编号	取样位置	加载载荷(N)	中空层和厚度(mm)			理论计算漏气板中心中空层厚度(mm)	理论计算未漏气板中心中空层厚度(mm)	接近度		检测结果
			加载前		加载后			漏气	未漏气	
			边部	板中心	板中心					
6	1单元28层2号	145	12.89	12.82	12.59	11.75	12.611	0.84	0.021	未漏气
7	1单元28层3号	135	12.77	12.59	12.44	11.596	12.397	0.844	0.043	未漏气
8	1单元28层4号	135	13.07	13.32	13.07	12.326	13.126	0.744	0.056	未漏气
9	1单元8层2号	130	12.62	12.19	12.01	11.196	11.997	0.814	0.013	未漏气
10	1单元8层4号	135	12.87	13.68	13.40	12.686	13.486	0.714	0.086	未漏气
11	2单元6层1号	160	13.07	14.82	14.56	13.639	14.589	0.921	0.029	未漏气
12	2单元6层2号	120	13.22	13.86	13.70	12.978	13.687	0.722	0.013	未漏气
13	2单元6层3号	125	13.15	11.98	11.86	11.053	11.80	0.801	0.06	未漏气
14	2单元6层4号	150	12.21	11.73	11.48	11.621	11.517	0.859	0.037	未漏气
15	2单元5层1号	120	13.45	13.60	13.48	12.718	13.426	0.762	0.054	未漏气
16	2单元5层2号	145	13.58	14.06	13.80	12.99	13.849	0.81	0.049	未漏气
17	2单元5层3号	130	12.79	15.65	15.40	14.694	15.464	0.706	0.064	未漏气
18	2单元5层4号	120	12.72	13.07	12.84	12.191	12.899	0.649	0.059	未漏气
19	5单元11层1号	115	12.92	11.96	11.88	11.113	11.797	0.767	0.085	未漏气
20	5单元11层2号	180	13.02	13.80	13.58	12.474	13.541	1.117	0.039	未漏气
21	5单元11层3号	130	13.20	13.73	13.58	12.773	13.542	0.807	0.038	未漏气
22	5单元11层4号	185	12.34	11.82	11.54	9.457	11.557	1.083	0.017	未漏气
23	6单元23层1号	140	12.77	11.86	11.65	11.828	11.659	0.822	0.009	未漏气
24	6单元23层2号	180	12.97	12.69	12.54	11.361	12.431	1.179	0.119	未漏气
25	6单元23层3号	150	13.48	14.16	13.98	13.054	13.942	0.926	0.038	未漏气
26	6单元23层4号	140	12.67	12.71	12.51	11.678	12.51	0.832	0	未漏气
27	取下样品1号	160	13.15	13.60	13.37	12.421	13.369	0.949	0.001	未漏气
28	取下样品2号	150	13.05	14.86	14.59	13.751	14.643	0.839	0.053	未漏气

② 检测设备

A. 中空玻璃厚度仪；

B. 中空玻璃密封失效数显加载设备；

C. 钢卷尺、照相机及其他辅助设备等。

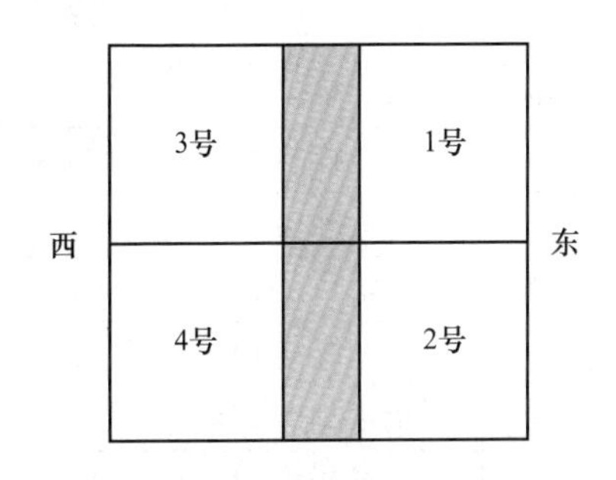

图 10-18 各楼层取样位置编号示意图

③ 检测方法

A. 幕墙中空玻璃厚度采用中空玻璃厚度仪测量，分别选择中空玻璃边部和板中心区域测量，以确定中空玻璃的表面弯曲度及初始间隔层厚度；

B. 采用中空玻璃密封失效数显加载设备，通过人力推动设备，对中空玻璃板中心施加集中载荷，同时记录施加的载荷大小及板中心加载前后的间隔层厚度；

C. 根据加载前后中空玻璃间隔层厚度，计算中空玻璃是否存在通透性漏气现象；

D. 采用钢卷尺测量中空玻璃二道密封胶的打胶宽度、中空玻璃密封单元（一道和二道密封胶）质量情况，检查其是否发生明显脱胶、断胶现象；

E. 是否发生开裂、粉化现象。

4）检测结果及分析

① 中空玻璃通透性漏气现场检测

中空玻璃通透性漏气现场检测结果见表10-4。

② 中空玻璃密封单元现场检测

中空玻璃密封单元现场检测结果见表10-5。

中空玻璃密封单元现场检测结果　　表10-5

编号	取样位置	二道密封胶打胶宽度（cm）		二道密封胶打胶宽度验算结果	密封单元外观描述（只限可视范围内）
		长边方向	短边方向		
1	1单元29层1号	—	—	—	—
2	1单元29层2号	—	—	—	—
3	1单元29层3号	0.5	1.0	不满足要求	未发现脱胶现象
4	1单元29层4号	—	—	—	—
5	1单元28层1号	—	—	—	—
6	1单元28层2号	0.9	0.5	不满足要求	未发现脱胶现象
7	1单元28层3号	—	—	—	—
8	1单元28层4号	0.9	1.0	满足要求	未发现脱胶现象
9	1单元8层2号	0.8	1.0	满足要求	未发现脱胶现象
10	1单元8层4号	0.6	0.9	不满足要求	未发现脱胶现象
11	2单元6层1号	—	—	—	—
12	2单元6层2号	0.9	1.0	满足要求	未发现脱胶现象
13	2单元6层3号	—	—	—	—
14	2单元6层4号	0.9	1.0	满足要求	未发现脱胶现象
15	2单元5层1号	—	—	—	—
16	2单元5层2号	0.7	0.8	满足要求	未发现脱胶现象
17	2单元5层3号	—	—	—	—
18	2单元5层4号	0.4	1.0	不满足要求	未发现脱胶现象，中空玻璃无一道密封胶
19	5单元11层1号	—	—	—	—
20	5单元11层2号	0.8	1.0	满足要求	未发现脱胶现象
21	5单元11层3号	—	—	—	—
22	5单元11层4号	0.8	1.1	满足要求	未发现脱胶现象
23	6单元23层1号	—	—	—	—
24	6单元23层2号	0.7	0.9	满足要求	未发现脱胶现象
25	6单元23层3号	—	—	—	—
26	6单元23层4号	0.5	0.9	不满足要求	未发现脱胶现象
27	取下样品1号	0.5	1.0	不满足要求	未发现脱胶现象
28	取下样品2号	0.8	1.0	不满足要求	未发现脱胶现象

③ 检测结果分析

A. 检测结果说明所测开启扇中空玻璃样品密封单元未出现通透性漏气现象，但并不能代表中空玻璃外片以后就不存在脱落风险，其脱落风险还需根据硅酮结构胶的实际粘结性能进行综合判定；

B. 行业标准《玻璃幕墙工程技术规范》JGJ 112—2003 第 5.6.7 条中规定隐框、半隐框中空玻璃的二道密封硅酮结构胶应能承受外侧面板传递的荷载作用，且不宜小于 7mm，本检测规定检测到的中空玻璃二道密封硅酮结构胶最小宽度小于 7mm 则定为打胶宽度不合格，由检测结果可知，部分开启扇中空玻璃二道密封胶打胶宽度不符合要求。

（3）幕墙开启扇中空玻璃二道密封胶拉伸粘结强度检测

1）检测标准依据

① 行业标准《建筑玻璃应用技术规程》JGJ 113—2009；

② 国家标准《建筑幕墙》GB/T 21086—2007；

③ 行业标准《玻璃幕墙工程质量检验标准》JGJ/T 139—2001；

④ 行业标准《玻璃幕墙工程技术规范》JGJ 112—2003；

⑤ 国家标准《中空玻璃》GB/T 11944—2002；

⑥ 国家标准《建筑用硅酮结构密封胶》GB 16776—2005；

⑦ 国家标准《中空玻璃用硅酮结构密封胶》GB 24266—2009；

⑧ 上海市工程建设规范《建筑幕墙安全性能检测评估技术规程》DG/TJ 08—803—2013。

2）试验室检测

① 检测环境

室温为 23℃。

② 检测区域及取样

取样部位共两处，第一处为中空玻璃表观完好开启扇单元（具体取样地点为 2 号楼 1 单元 2 层，记为 1 号样品），第二处为中空玻璃外片已脱落的开启扇单元（具体取样地点为 2 号楼 1 单元 8 层，记为 2 号样品）。将 2 个开启扇单元运回实验室，对中空玻璃二道密封胶样品进行切割加工，并保持二道密封胶与玻璃粘结的一面完好，见图 10-19。

图 10-19 中空玻璃二道密封胶拉伸粘结性能试样制作图片

③ 检测方法

采用快速高强胶粘剂将二道密封胶未与玻璃粘结的一面与拉伸夹具粘结牢固，力学实验机拉伸夹具时，此时，二道密封胶横截面受均匀拉应力作用，见图 10-20。试验步骤按国家标准《建筑用硅酮结构密封胶》GB 16776—2005 第 6.8.3 条规定进行。记录二道密封胶拉断后的最大载荷，同时记录拉断后的二道密封胶断裂（或脱粘）横截面积，计算出二道密封胶的拉伸粘结强度（试验结果必须保证二道密封胶与玻璃粘结界面或结构密封胶本身被拉断才算有效）。

3）检测结果及分析

① 中空玻璃二道密封胶与玻璃的粘结拉伸强度结果

中空玻璃二道密封胶与玻璃的粘结拉伸强度见表 10-6。

图 10-20　中空玻璃二道密封胶拉伸粘结强度试验室检测

中空玻璃二道密封胶与玻璃的拉伸粘结强度　　**表 10-6**

取样部位	编号	最大拉伸载荷（N）	二道密封胶胶粘结破坏面积（mm^2）	拉伸粘结强度（MPa）	二道密封胶胶破坏模式	邵氏硬度 *HA*
1 号样品	1	11.98	36	0.305	内聚破坏	60.5
	2	17.08	75	0.230	内聚破坏	63.5
	3	14.41	56	0.260	内聚破坏	65.0
	4	12.20	48	0.254	内聚破坏	60.0
	5	15.62	64	0.244	内聚破坏	65.5
	6	14.80	56	0.264	内聚破坏	58.0
	7	13.65	48	0.284	内聚破坏	62.5
	8	15.38	60	0.256	内聚破坏	62.5
	9	14.32	64	0.224	内聚破坏	68.0
	10	14.11	56	0.252	内聚破坏	63.0
	11	13.19	50	0.264	内聚破坏	62.5
	12	14.41	63	0.230	内聚破坏	63.0
	平均值			0.256		
2 号样品	1	13.70	70	0.196	内聚破坏	45.5
	2	14.25	63	0.226	内聚破坏	43.5
	3	11.70	50	0.214	内聚破坏	40.5
	4	11.25	55	0.186	内聚破坏	60.5
	5	12.30	60	0.205	内聚破坏	43.0
	6	14.43	64	0.225	内聚破坏	45.0
	7	13.80	64	0.216	内聚破坏	45.0
	8	14.25	70	0.204	内聚破坏	42.5
	9	12.31	60	0.205	内聚破坏	42.5
	10	12.22	64	0.191	内聚破坏	43.0
	11	13.63	70	0.195	内聚破坏	61.0
	12	13.88	72	0.193	内聚破坏	43.5
	平均值			0.205		

② 结果分析

A. 根据国家标准《建筑用硅酮结构密封胶》GB 16776—2005 中第 5.2 节中表 1 及国

家标准《中空玻璃用硅酮结构密封胶》GB 24266—2009 中 4.2.2 中表 1 中的规定，硅酮结构密封胶硬度/Shore A 规定为 30～60，拉伸粘结强度在 23℃的测试温度条件下的大于等于 0.6MPa。由表 10-6 实测结果，所测中空玻璃样品二道密封胶实际拉伸粘结强度不满足现行国家标准要求；部分测试点位硬度/Shore A 超过 60，说明二道密封胶存在粘结性能退化及老化硬化等现象；

B. 鉴于该工程幕墙开启扇中空玻璃外片重量全部由二道密封硅酮结构胶承担，根据试验所测结果，该工程幕墙开启扇所用中空玻璃二道密封硅酮结构胶已经存在较严重粘结性能退化，且其粘结强度不足以能保证开启扇中空玻璃继续安全使用，因此，建议对该工程幕墙开启扇所用的且与被检测样品同一规格的中空玻璃进行拆除更换或防整体坠落加固处理。

10.5 玻璃幕墙安全性能综合评估

检测案例

（1）既有建筑幕墙概况

某体育中心由体育馆及训练馆组成。主体结构类型为钢筋混凝土框架结构，主馆屋盖为钢网壳结构，训练馆屋盖为平板网架结构。应委托方要求，本次幕墙安全性评估只针对体育馆，幕墙评估范围包括半隐框玻璃幕墙和全隐框玻璃球采光顶，其中半隐框玻璃幕墙面积为 3481m^2，全隐框玻璃球采光顶面积约为 551m^2，总面积约 4032m^2。

（2）检查依据

1）《建筑幕墙安全性能检测评估技术规程》DG/T J08—803—2013；

2）《建筑结构荷载规范》GB 50009—2012；

3）《建筑幕墙工程检测方法标准》JGJ/T 324—2014；

4）《玻璃幕墙工程技术规范》JGJ 102—2003；

5）《建筑装饰装修工程质量验收规范》GB 50211—2001；

6）《玻璃幕墙工程质量检验标准》JGJ/T 139—2001；

7）《建筑幕墙工程技术规范》DGJ 08—56—2012；

8）《建筑幕墙》GB/T 21086—2007；

9）《采光顶与金属屋面技术规程》JGJ 255—2012；

10）《上海市建筑玻璃幕墙管理办法》（上海市人民政府令第 77 号）；

11）《建筑用硅酮结构密封胶》GB 16776-2005；

12）委托方提供的文件：施工图、相关技术资料等。

（3）检查设备

1）涂层厚度测量仪；2）激光测距仪；3）游标卡尺；4）钢卷尺；5）钢直尺；6）玻璃测厚仪；7）邵氏硬度计；8）韦氏硬度计；9）电动剪叉式高空作业平台；10）直臂式高空作业平台。

（4）既有建筑幕墙材料的检查检测

1）半隐框玻璃幕墙

① 立柱、横梁

A. 外观检查；

B. 参数检测。

② 玻璃面板

A. 玻璃破碎问题调查；

B. 外观质量检查；

C. 玻璃面板品种、厚度检测。

③ 硅酮结构胶及密封材料

A. 外观质量检查；

B. 粘结厚度、宽度检测；

C. 五金件及其他配件。

2）隐框玻璃球采光顶

① 立柱、横梁

② 玻璃面板

A. 玻璃破碎问题调查；

B. 外观质量检查；

C. 玻璃面板品种、厚度检测。

③ 硅酮结构胶及密封材料

(5) 既有建筑幕墙结构和构造的检查检测

1）半隐框玻璃幕墙

① 幕墙与主体结构节点构造检查

② 立柱与横梁节点构造检查

③ 开启部分构造检查

④ 防火、防雷节点检查

2）隐框玻璃球采光顶

① 幕墙与主体结构节点构造检查

② 防火、防雷节点检查

A. 资料检查；

B. 现场检查。

(6) 结构承载力验算

1）半隐框玻璃幕墙

① 玻璃面板承载能力验算

根据《玻璃幕墙工程技术规范》JGJ 112—2003，对玻璃面板进行强度和挠度验算。

② 硅酮结构胶承载能力验算

根据《玻璃幕墙工程技术规范》JGJ 112—2003，对硅酮结构胶进行粘结厚度及宽度验算。

2）隐框玻璃球采光顶

① 玻璃面板承载能力验算

根据《采光顶与金属屋面技术规程》JGJ 255—2012，对玻璃面板进行强度和挠度验算。

② 硅酮结构胶承载能力验算

根据《采光顶与金属屋面技术规程》JGJ 255—2012，对硅酮结构胶进行粘结厚度及宽度验算。

(7) 鉴定评级

1) 半隐框玻璃幕墙

① 结构构件

A. 立柱、横梁

立柱、横梁表面无明显变形、裂纹，依据竣工资料铝合金型材检验报告，该幕墙使用的型材为6063-T5，测得的韦氏硬度满足规范要求，测得的壁厚、涂膜膜厚符合竣工图设计要求。

B. 玻璃面板

半隐框玻璃幕墙玻璃面板外观质量良好。

C. 硅酮结构胶及密封材料

邵氏硬度满足规范要求；密封胶厚度满足规范要求，局部有开裂现象。

D. 五金件及其他配件

该幕墙多处开启扇开启不灵活，部分角码锈蚀严重。部分固定副框与立柱的压块有松动现象。

② 结构构造

A. 部分幕墙立柱与主体结构连接的埋板翘起，环形车道护栏顶部与幕墙连接部分脱落。

B. 立柱与横梁连接良好。

C. 开启扇的玻璃采用全隐框形式，且玻璃底部没有衬托装置，不符合规范要求。

D. 防火、防雷隐蔽工程验收符合要求。

③ 承载能力

对于玻璃面板，根据相关规范，进行强度和变形验算，验算结果显示玻璃面板强度满足要求，最大挠度满足要求；对于硅酮结构胶，根据相关规范，进行粘结厚度及宽度验算，验算结果显示粘结宽度及厚度满足要求。

④ 鉴定评级

幕墙结构子项评级 **表 10-7**

项目	结构承载能力评定等级	结构和构造评定等级	构件和节点变形评定等级
评定级别	a_u	b_u	b_u

2) 隐框玻璃球采光顶

① 结构构件

A. 立柱、横梁

立柱、横梁表面无明显缺陷。

B. 玻璃面板

玻璃面板外观质量良好，玻璃规格符合竣工图设计要求。

C. 硅酮结构胶及密封材料

密封胶外观质量良好，无明显开裂。

② 结构构造

该玻璃球采光顶结构形式符合竣工图设计要求。避雷带缺少且锈蚀较为严重。

③ 承载能力

对于玻璃面板，根据相关规范，进行强度和变形验算，验算结果显示玻璃面板强度满足要求，最大挠度满足要求；对于硅酮结构胶，根据相关规范，进行粘结厚度及宽度验算，验算结果显示粘结厚度及宽度满足要求。

④ 鉴定评级

幕墙结构子项评级　　**表10-8**

项目	结构承载能力评定等级	结构和构造评定等级	构件和节点变形评定等级
评定级别	a_u	b_u	b_u

（8）结论及处理建议

1）半隐框玻璃幕墙

① 鉴定结论

根据以上检测结果及结构验算，并依据《建筑幕墙安全性能检测评估技术规程》DG/TJ 08—803—2013做综合评定，该玻璃幕墙安全使用性能达到B_u级标准，安全性能略低，尚不显著影响建筑幕墙的继续使用。

② 处理建议

2）隐框玻璃球采光顶

① 鉴定结论

根据以上检测结果及结构验算，并依据《建筑幕墙安全性能检测评估技术规程》DG/TJ 08—803—2013做综合评定，该玻璃幕墙安全使用性能达到B_u级标准，安全性能略低，尚不显著影响建筑幕墙的继续使用。

② 处理建议

参 考 文 献

[1] 赵西安. 建筑幕墙工程手册 [M]. 北京：中国建筑工业出版社，2002.

[2] 张芹. 新编建筑幕墙技术手册 [M]. 济南：山东科学技术出版社，2004.

[3] 黄宝锋. 建筑幕墙结构检测与评价方法研究 [D]. 上海：同济大学硕士学位论文，2006.

[4] Ozlem E. Glass Facades on steel structures [M]. Glass processing days. Finland，2001.

[5] Riek Quirouette. Glass and Aluminum curtain wall [J] journal of structural engineering. 2002 (8)：1374-1382.

[6] 刘正权，刘海波. 门窗幕墙及其材料检测技术 [M]. 北京：中国计量出版社，2008.

[7] 宋秋芝，刘志海. 我国玻璃幕墙发展现状及趋势 [J]. 玻璃，2009 (02)：28-31.

[8] 王丽. 玻璃幕墙的技术特征及其表现力研究 [D]. 杭州：浙江大学硕士学位论文，2013.

[9] Daniel Adrian Doss，William H. Glover Jr.，Rebecca A. Goza. Glass in Architecture [M]. CRC Press，1996.

[10] Christian Schittich，Gerald Staib，Dieter Balkow，Matthias Schuler，Werner Sobek. Glass Construction Manual [M]. Birkhauser Verlag AG；2nd Revised edition，2007.

[11] Hisham Elkadi，Professor Matthew Carmona. Cultures of Glass Architecture [M]，Ashgate Publishing Limited；New edition，2006.

[12] 帕特里克. 洛克伦（周洵译）. 坠落的玻璃-玻璃幕墙在当代建筑中的问题与解决方案 [M]. 北京：中国建筑工业出版社，2008.

[13] Peter Hyatt，Designing with Glass：Great Glass Buildings [M]. Images Publishing Dist A/C，2006.

[14] Chris van Uffelen. Clear Glass：Creating New Perspectives [M]. Braun Publishing AG，2009.

[15] JGJ 102—2003. 玻璃幕墙工程技术规范 [S]，2003.

[16] 褚智勇. 建筑设计的材料语言 [M]. 北京：中国电力出版社，2006.

[17] 王静. 日本现代空间与材料表现 [M]. 南京：东南大学出版社，2005.

[18] 陆津龙. 既有玻璃幕墙安全性能检测评估 [J]. 上海建材，2006 (05)：19-20.

[19] 张元发，陆津龙. 玻璃幕墙安全性能现场检测评估技术探讨 [J]. 新型建筑材料，2002 (05)：49～52.

[20] 黄宝锋，卢文胜，曹文清. 既有建筑幕墙的安全评价方法初探 [J]. 结构工程师，2006 (03)：76-79.

[21] 方东平，李铭恩，毕庶涛. 建筑幕墙的安全问题及评估方法 [J]. 新型建筑材料，2001 (04)：12-15.

[22] 张芹. 玻璃幕墙工程技术规范理解与应用 [M]. 北京：中国建筑工业出版社，2004.

[23] GB 11614—2009. 平板玻璃 [S]，2009.

[24] GB 15763.2—2005. 建筑用安全玻璃 第 2 部分：钢化玻璃 [S]，2005.

[25] GB 15763.3—2005. 建筑用安全玻璃 第 3 部分：夹层玻璃 [S]，2005.

[26] GB/T 11944—2002. 中空玻璃 [S]，2002.

[27] GB/T 18915.1—2013. 镀膜玻璃阳光控制镀膜玻璃 [S]，2013.

[28] GB/T 18915.2—2013. 镀膜玻璃低辐射镀膜玻璃 [S]，2013.

[29] JC/T 1079－2008. 真空玻璃标准 [S]，2008.

[30] GB/T 14683—2003. 硅酮建筑密封胶 [S]，2003.

[31] JC/T 482—2003. 聚氨酯建筑密封胶 [S]，2003.

[32] JC/T 882—2001. 幕墙玻璃接缝用密封胶 [S]，2001.

[33] GB 16776—2005. 建筑用硅酮结构密封胶 [S]，2005.

[34] GB/T 29755—2013. 中空玻璃用弹性密封胶 [S]，2013.

[35] JC/T 914—2014. 中空玻璃用丁基热溶密封胶 [S]，2014.

[36] GB/T 16474—2008. 变形铝及铝合金牌号表示方法 [S]，2008.

[37] GB/T 3190—2008. 变形铝及铝合金化学成分 [S]，2008.

[38] GB/T 5237.1—2008. 铝合金建筑型材 第1部分：基材 [S]，2004.

[39] GB/T 5237.2—2008. 铝合金建筑型材第2部分阳极氧化、着色型材 [S]，2000.

[40] GB/T 5237.3—2008. 铝合金建筑型材第3部分：电泳涂漆型材 [S]，2000.

[41] GB/T 5237.4—2008. 铝合金建筑型材第4部分粉末喷涂型材 [S]，2000.

[42] GB/T 5237.5—2008. 铝合金建筑型材第5部分：氟碳漆喷涂型材 [S]，2000.

[43] GB 700—2006. 碳素结构钢 [S]，2006.

[44] GB/T 3098.1—2010. 紧固件机械性能 螺栓、螺钉和螺柱 [S]，2000.

[45] GB/T 16823.1—1997. 螺纹紧固件应力截面积和承载面积 [S]，1997.

[46] GB 50210—2001. 建筑装饰装修工程质量验收规范 [S]，2001.

[47] JGJ/T 139—2001. 玻璃幕墙工程质量检验标准 [S]，2001.

[48] GB 50411—2007. 建筑节能工程施工质量验收规范 [S]，2007.

[49] GB 50057—2010. 建筑物防雷设计规范 [S]，2010.

[50] JGJ/T 163—2008. 城市夜景照明设计规范 [S]，2008.

[51] GB 50016—2014. 建筑设计防火规范 [S]，2014.

[52] 陆震龙，张云龙. 建筑幕墙检测中的常见问题及分析 [J]. 江苏建筑，2004 (4)：42-47.

[53] JGJ 102—2003. 玻璃幕墙工程技术规范 [S]，2003.

[54] 刘小根，王秀芳，王占景，万德田，周云. 环境温度作用下中空玻璃密封单元变形解析 [J]. 中国建筑防水，2015 (12)：10-13.

[55] 刘小根，包亦望，邱岩，万德田，许海凤. 安全型真空玻璃结构功能一体化优化设计 [J]. 硅酸盐学报，2010，38 (7)：1310-1317.

[56] 刘小根，包亦望，邱岩，王秀芳. 隐框玻璃幕墙结构胶损伤检测 [J]. 中国建筑防水，2011 (17)：26-30.

[57] 刘小根，邱岩，包亦望. 结构胶的长期力学性能及其时间-应力等效性研究 [J]. 中国建筑防水，2014 (05)：14-16.

[58] DG/TJ 08—803—2013. 建筑幕墙安全性能检测评估技术规程 [S]，2013.

[59] 既有玻璃幕墙安全检查及整治技术导则 [OL]. http://www.bjjs.gov.cn/publish/portal0/tab662/info70876.htm.

[60] Y. W. Bao，J. Yang，Y. Qiu，Y. L. Song，Space and time effect stress on cracking of glass [J]. Mater. Sci. Engin. A，512，45-52，2009.

[61] 万德田，包亦望，刘小根，邱岩，张伟. 门窗幕墙用钢化玻璃自爆源和自爆机理分析及在线检测技术 [J]. 中国建材科技，2011 (建院60周年特刊)：178-183.

[62] 包亦望，万德田，刘立忠，韩松，石新勇. 钢化玻璃自爆源和自爆机理分析 [J]. 建筑玻璃与工业玻璃，2007 (12)：23-28.

[63] Bao，YW；Gao，SJ，Local strength evaluation and proof test of glass components via spherical indentation [J]. JOURNAL OF NON-CRYSTALLINE SOLIDS Volume：354 Issue：12-13 Pages：

1378-13812008.

［64］ GB/T 30020-2013. 玻璃缺陷检测方法 光弹扫描法［S］，2013.

［65］ Eduard Ventsel，Theodor Krauthammer. Thin plates and shells-theory analysis and applications［M］. New York：Marcel Dekker，2001.

［66］ S Timoshenko，S W-Krieger. Theory of plates and shells［M］. New York：McGraw -Hill Book Co，1977.

［67］ 徐芝纶. 弹性力学（第二版）［M］. 北京：人民教育出版社，1982.

［68］ 杜庆华，杨锡安等. 工程力学手册［M］. 北京：高等教育出版社，1994.

［69］ 傅志方，华宏星. 模态分析理论与应用［M］. 上海：上海交通大学出版社，2000.

［70］ 刘小根，包亦望. 基于固有频率变化的框支承玻璃幕墙安全评估［J］. 沈阳工业大学学报，2011，33（5）：595-600.

［71］ 张兆德，王德禹. 基于模态参数的海洋平台损伤检测［J］. 振动与冲击，2004，23（3）：5-9.

［72］ 刘小根，包亦望，万德田，邱岩，王秀芳，宋一乐. 基于模态参数的隐框玻璃幕墙结构胶损伤检测［J］. 门窗，2009（10）：21-26.

［73］ 刘西拉，左勇志. 基于 Bayes 方法的结构可靠性评估和预测［J］. 上海交通大学学报，2006，40（12）：2137-2141.

［74］ 刘小根，包亦望，邱岩，万德田，王秀芳. 幕墙中空玻璃失效在线检测技术［J］. 土木工程学报，2011，4（11）：52-58.

［75］ 国家标准：中空玻璃结构安全隐患现场检测方法（报批稿）［S］.

［76］ 刘小根，包亦望，宋一乐，邱岩. 真空玻璃真空度在线检测技术与应用［J］. 郑州大学学报，2009，30（1）：101～105.

［77］ 国家标准：真空玻璃真空度衰减率现场检测方法（报批稿）［S］.

［78］ DBJ/T 1588—2011. 建筑幕墙可靠性鉴定技术规程［S］，2011.

［79］ DB51/T5068—2010. 既有玻璃幕墙安全使用性能检测鉴定技术规程［S］，2010.

［80］ 谭志催，王永焕，张会东，赵锋. 既有建筑玻璃幕墙胶的现场检测方法［J］. 工业建筑，2013（S1）：24-27.

［81］ ASTM C 1392—00（2005）. 结构密封胶装配玻璃失效评估标准指南［S］，2011.

［82］ 赵守义，刘盈. 浅议推杆法现场无损检测既有玻璃幕墙结构胶粘结可靠性［J］，工程质量，2 015，33（6）：42-44.

［83］ 林圣忠，邵晓蓉，王晨，房文字，王建栋，杨秋伟. 基于应变的玻璃幕墙结构胶损伤检测研究［J］. 门窗，2010（12）：22-23.

［84］ 曾赛丽. 玻璃幕墙的抗风性能和安全评估方法研究［D］. 长沙：湖南大学硕士学位论文，2012.

［85］ DGJ 08—56—2012. 建筑幕墙工程技术规范［S］，2012.